U0180032

太空中的原子能 II
美国空间核电源与推进史

Atomic Power In Space II

A History of Space Nuclear Power and
Propulsion in the United States

美国能源部 ◎组编

向清沛 彭述明 郝樊华 ◎译

北京大学出版社
PEKING UNIVERSITY PRESS

Atomic Power In Space II
A History of Space Nuclear Power and Propulsion in the United States

INL/EXT-15-34409

Prepared by:
Idaho National Laboratory
Battelle Energy Alliance, LLC
Space Nuclear Power and Isotope Technologies Division

Day-to-day management and operation of Idaho National Laboratory is the responsibility of Battelle Energy Alliance, LLC for the U.S. Department of Energy under contract DE-AC07-05ID14517
September 2015

中译本序言一

习近平总书记指出:"探索浩瀚宇宙,发展航天事业,建设航天强国,是我们不懈追求的航天梦。"我国航天经过 60 多年的发展,创造了以"东方红一号""神舟五号""嫦娥一号"为标志的辉煌成就。特别是进入新时代以来,"嫦娥"揽月,"北斗"指路,"祝融"探火,"羲和"逐日,"天和"遨游星辰,"悟空""慧眼"探索宇宙奥秘,我国航天砥砺奋进,不断创造出新的成就,实现新的跨越。

今年,党的二十大胜利召开,明确提出要加快建设航天强国,为我国航天后续发展擘画了宏伟蓝图。探索浩瀚宇宙离不开航天科技与核科技紧密配合,同位素热源、同位素电源已成功应用于"嫦娥三号""嫦娥四号"探测任务,为我国探月工程的顺利实施提供了坚实保障。面向未来,我国将持续开展空间探索,不断深化对宇宙的认识。核领域与航天领域科学技术的充分结合,是我国探索太空脚步走向更深、更远的重要基础。

我作为国家航天局局长、国家原子能机构主任,非常高兴看到航天科技与核科技在深空探测领域实现深度融合、密切协作,也希望空间核动力等技术为航天走向深空发挥更大作用,共同推动我国航天事业行稳致远。我深信,持续发展的空间核动力技术一定能为航天人追逐星辰的梦想插上更为强大的翅膀,合力推动我国深空探索向着广袤的宇宙持续迈进,共同谱写中国人探索浩瀚宇宙的新篇章。

空间核动力是支撑航天事业跨越发展的战略核心技术，世界航天强国高度关注并持续发展这一技术。我们清楚地知道，空间核动力是一项融核能、航天、信息、安全、环境等学科于一体的综合性前沿技术，技术高度复杂、安全要求苛刻，必须坚持高水平科技自立自强，将关键核心技术牢牢掌握在自己手中。同时，我们也要以开放包容的态度，积极借鉴参考他国的成功经验和失败教训。

"太空中的原子能"系列丛书的翻译出版为我们了解美国在发展空间核动力过程中的经验和教训提供了一个重要的窗口。在这套书中，我们可以看到放射性同位素电源在庞大复杂的航天任务中的重要作用，看到空间核动力技术的发展并非是一片坦途，看到空间和核科学技术深度融合的重要性，等等，这些都可以为我们发展自主的空间核动力技术提供有益的借鉴。

国家航天局局长　国家原子能机构主任

张克俭

2022 年 12 月 25 日

中译本序言二

　　从钻木取火到核能利用，对能源的开发和利用一直是人类文明发展的动力。在人类将触角伸向太空，不断探索未知世界、揭示宇宙奥妙的旅途中，空间能源动力为实现这一梦想插上了自由飞翔的翅膀。其中，太阳能是大多数空间任务所依赖的能源手段，而在一些太阳能不能满足需要的任务中，核能以其独特的优势保障了能源需要。到目前为止，美、俄已先后将搭载于航天器的53个放射性同位素电源、300多个放射性同位素热源、36个空间核反应堆电源送入太空。

　　空间核动力技术是持续、稳定、充沛的核能技术在空间的应用，是航天和核工业结合的交叉性战略前沿高科技领域，能根本性地解决因距离太阳远、星表昼夜交替等导致传统太阳能无法利用或其电源能力不足的问题，以及化学推进比冲低的难题，是高效开展空间探索的必要基础，也是大规模开发和利用空间资源的重要前提。在人类走向更遥远星际的征途上，空间技术与核能技术已不可分割，这种结合将推动人类对宇宙的探索进入一个崭新的时代。

　　嫦娥奔月，逐梦九天，探索浩瀚无垠的宇宙，一直是中华儿女的共同梦想。学科交叉融合、创新带动突破是我国探月工程取得辉煌成就的一个重要保障，其中空间核动力技术的应用就是一个典型的例证。"嫦娥三号"实现了我国地外天体软着陆探测的首次成功，"嫦娥四号"在人类历史上首次实现航天器在月球背面软着陆和巡视勘察。在这两次任务中我国分别首次使用了放射性同位素热源和放射性同位素电源，为月夜环境下仪器设备的保温生存和正常工作提供了必要的热能和电能，保障了任务顺利实施。毫无疑问，伴随我国载人登月、月球基地等重大工程的实施，以及未来的天基遥感与通信、星际轨道转移等领域的任务开展，空间核动力技术仍将发挥不可替代的重要作用。

　　源自内在的技术难度和外在的安全要求，空间核动力技术发展面临巨大挑战。我们必须加快实现高水平科技自立自强，以国家战略需求为导向，集聚力量进行原创性、引领性技术攻关，坚决打赢关键核心技术攻坚战，走出一条具有中国特色的空间核动力发展之路。同时，博采众家之长，充分借鉴和吸收国际空间核动力技术研究和发展中的经验教训，对高效支撑我国未来空间探索领域跨越式发展是十分必要的。

　　"太空中的原子能"系列丛书的翻译出版为我们了解空间核动力技术在美国的发展过程提供了丰富的材料。全书脉络清晰、细节丰富、语言生动、扣人心弦，是一套不可多得的、兼具可读性和专业性的作品，可为我国从事空间核动力技术相关工作的管理者、科技工作者提供有益的启迪和参考，也可以为关注空间核动力技术的爱好者们提供一个独特的视角，相信每一位读者都能从书中找到属于自己的那一处共鸣。

中国工程院院士　中国探月工程总设计师

吴伟仁

2022 年 12 月 28 日

目　录

序　言

　　《太空中的原子能 II：美国空间核电源与推进史》是《太空中的原子能：一段历史》的续篇 ①。它从简要概述 20 世纪 70 年代末的开发计划和系统开始，追溯了空间核动力系统的开发和使用，包括与其相关的任务和计划。这段历史主要是用非技术语言撰写的，便于普通读者阅读和经验丰富的空间核动力专业人员使用。

　　如果没有许多有奉献精神的人的帮助，这部书是不可能完成的。第一位也是最重要的是爱达荷国家实验室空间核动力和同位素技术部主任史蒂夫·约翰逊，他的远见和信心对完成这项任务至关重要，他在竞争性优先事项之间的平衡有助于确保这项任务的成功。美国能源部爱达荷运营办公室的卡尔·弗里森和能源部总部的韦德·卡罗尔为该项目的完成提供了许多所需资源。在爱达荷国家实验室空间核动力和同位素技术部参与之前，珍妮·芬内尔、理查德·普莱斯、艾伦·克拉克和他们的同事根据另一份美国能源部合同编写了部分手稿并建立了资源数据库，以供本项目使用。这些信息资料，包括对多年来参与空间核动力系统开发各个方面的许多个人的一系列采访，是在研究、撰写和塑造这段历史的过程中得到的。美国能源部还协调并组织专家对书稿进行了一项独立技术审查，这项审查

---

　　① 美国能源部于 1987 年出版的 *Atomic Power In Space*: *A History*，中译本为《太空中的原子能：一段历史》。——译者注

由加里·贝内特博士 (能源部、NASA[①] 职员，已退休)、厄尔·瓦勒奎斯特 (能源部职员，已退休)、约翰·沃伦 (能源部、NASA 职员)、罗伯特·威利 (国防部、能源部、NASA 承包商和能源部职员，已退休) 和罗伯特·卡彭特 (轨道科学公司职员) 具体实施。他们的评论、见解和建议极大地改进了最终的稿件。作为作者和技术负责人，本书中仍然存在的一切关于事实或技术的准确性错误都由我负责。

北风公司的克里斯·伯纳姆、安·里德塞尔、洛里·麦克纳马拉、特拉维斯·莫德尔和惠特尼·理查德森提供了图形开发和布局、技术编辑及其他帮助。爱达荷国家实验室技术图书馆的塔默·沃尔德龙、塔姆·埃林福德和杰基·卢普在查找期刊文章、技术报告、国会听证会手稿以及其他历史文献方面提供了宝贵的帮助。来自爱达荷国家实验室空间核动力和同位素技术部的詹姆斯·沃纳则提供了有关空间核系统技术在早期开发过程中的见解和观点。其他几位人员协助资料检索，并为本书提供了一些历史照片和图片，其中包括：俄亥俄州迈阿密斯堡土墩博物馆的道格·加布里埃尔和迪克·马丁；美国国家档案和记录管理局的尼古拉斯·纳坦森；美国能源部能源技术视觉收集和文件成像部门的海蒂·帕隆博；约翰·霍普金斯大学应用物理实验室的保罗·奥斯迪克；橡树岭国家实验室的乔治·乌尔里希；美国能源部萨瓦纳河国家实验室的杰伊·雷；爱达荷国家实验室的斯科特·沃尔德和克里斯·摩根；洛斯阿拉莫斯国家实验室的理查德·罗宾逊和艾伦·卡尔；圣地亚国家实验室的罗恩·利平斯基；NASA 的德韦恩·布朗。

我希望这部历史书能成为近 30 年前出版的那部历史书的有意义且准确的延续。我也希望读者在读讫掩卷的时候，能感受到我在了解空间核能系统及其在未来太空探索中已实现的能力和未实现的潜力时的震惊。最后，对于那些曾花费无数时间和岁月为这些卓越

---

① NASA，美国国家航空航天局（National Aeronautics and Space Administration）。
——译者注

系统奠定基础并继续推动技术进步的敬业人士来说，我希望这个故事能唤起人们对你们为民用和国防太空计划所付出的劳动和服务的回忆（绝大部分是美好的！）。

格雷格·胡拉

爱达荷国家实验室

空间核动力和同位素技术部　ii

艺术家对太阳系及以远的概念构想。（来源：NASA、喷气推进实验室）

前 言
——了解未知

　　渴望探索和寻求新事物，即了解未知和发现未见，是人类与生俱来的天性。人类不断发现关于地球的新事物，我们经常与卫星进行互动，这些卫星使我们能够在全球范围内进行通信，从太空中查看我们的家园图像，或者导航到达不熟悉的地方。为了满足探索的欲望，我们必须远离我们的星球，到达太阳系甚至更远的地方。但这样的探索需要可靠和长寿的电力，这一需求通常超出了太阳能和化学能系统的提供能力。

　　空间核动力系统具有独特的能力，特别适合于空间探索；如果没有这些系统，NASA许多雄心勃勃的任务就不可能实现。具有讽刺意味的是，核能对许多标志性太空任务的成功所作的贡献往往被公众所忽视，部分原因是其在运行过程中展现出的较高安全性和极高可靠性。核动力已经在26次成功的美国太空任务中得到应用，无论是在地球轨道还是在其他更远的轨道。空间核动力系统已经安装在卫星上，为导航、通信和天气预报提供了便利。许多空间核动力系统使科学和探索任务成为可能。维京号着陆器从火星表面发回了第一批图像，旅行者号探测器已经到达太阳系边际，其中一个已进入了星际空间，激励了一代科学家。好奇号核动力漫游车正在使用先进的科学仪器探索火星，以寻找并证明火星过去有适宜生命生存的条件。截至2015年，新视野号宇宙飞船完成了9年30亿英

里 ① 的柯伊伯带之旅，并继续执行探索发现任务，开始与冥王星和其他天体进行近距离接触。人类探索的本能自发地驱使我们放眼地球之外；到目前为止，我们所学到的东西令人震惊。最重要的是，我们的旅程仍处于起步阶段。

美国能源部在美国空间核动力历史上发挥着独特的作用。它已全面参与服役于民用和国防航天任务的空间核动力系统开发和应用。它拥有并运营用于生产和处理核燃料的设施，以及组装和测试燃料组件与系统的设施。这些系统对于 NASA 和国防部的任务应用都至关重要。与这两个机构合作，美国国防部克服了许多障碍，已作为合作伙伴参与了许多成功的任务。

安全是空间核动力历史上不可或缺的主题——从设计到制造，再到发射——安全一直是其发展和使用的核心关注点。核动力系统的建造、组装和使用都是安全的，核动力装置将采用多层安全壳设计，以防止任务失败。为服役于太空任务而设计的所有核动力系统都应在模拟极端条件下经过一系列详细的飞行鉴定测试，除非达到任务验收要求，否则任何系统都不会被允许使用。

为此目的，《太空中的原子能 II：美国空间核电源与推进史》介绍了美国在过去 30 年中空间核动力的发展和使用历史——它的任务以及推动技术进步的研究和成果。这是一个关于来自多个组织的专业人士共同努力构建令人惊叹且复杂的系统的故事。这也是一个与技术问题和非技术问题进行斗争的故事、一个取得非凡成就的故事、一个抓住绝佳机遇的故事。本书讲述了截至 2013 年的整个故事；然而，这只是介绍了由空间核动力驱动实现未来空间探索的可能性。

未来会怎样？由核动力驱动的伽利略号和卡西尼号航天器在木星和土星的卫星上发现了地下海洋的证据。这些海洋有孕育生命的潜力，但还需要进一步的探索。天王星和海王星这两颗行星只有通过旅行者号飞船的短暂飞越才得以被探测到，未来的任务可能会有

---

① 1 英里≈1609.3 米。——译者注

惊人的发现。在离地球家园较近的月球，对其进一步的探索发现需要不间断的电源，以确保工作能够在漫长的月夜中继续进行。或许最吸引人的是地球以外的载人探索，包括人类登陆火星。这些任务何时以及是否成为现实还有待观察，但核动力很可能是实现这些任务的手段。

爱丽丝·卡波提娅
美国能源部
空间与防御动力系统计划主任
2015 年　　　　　　　vi

　　2011 年 6 月 29 日，NASA 和位于华盛顿特区的史密森国家航空航天博物馆举行了一次活动①，纪念第一个空间核动力系统的发射，并表彰几十年来由于使用放射性同位素电源系统所导致的发现。照片从左至右分别是：美国能源部核能助理部长彼得·莱昂斯、史密森国家航空航天博物馆高级馆长罗杰·劳纽斯、获奖者唐·奥夫特、太空艺术家帕特·罗林斯、获奖者约翰·达索拉斯、康奈尔大学专家史蒂夫·斯奎尔斯、获奖者詹姆斯·哈根、应用物理实验室专家拉尔夫·纽特、获奖者保罗·迪克、NASA 副局长克里斯·斯科里斯、获奖者罗伯特·卡彭特。(来源：NASA)

　　① 2011 年 6 月 29 日是美国第一个空间核动力系统发射 (1961 年 6 月 29 日) 的 50 周年纪念日，合影中共有 5 位获奖者，他们为美国放射性同位素温差发电器计划做出了突出贡献。——译者注

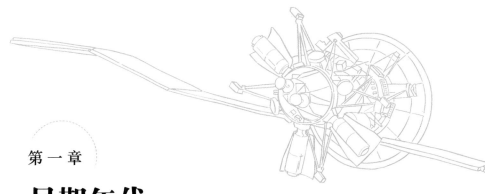

第一章

早期年代

——空间核电源系统腾飞

　　1942 年在芝加哥大学的人类第一个核反应堆运行 [1]，而美国首次开展在太空中使用核能的研究仅仅是几年之前。第二次世界大战结束后不久，当美国国会 1946 年颁布《原子能法案》时 [2]，原子能的控制权从军方转移到了民间。依据该法案，美国成立了原子能委员会 (Atomic Energy Commission，AEC)，并于 1947 年 1 月 1 日开始运作，当然其发展仍与军事目的有关。

　　到了 20 世纪 40 年代末和 50 年代初，AEC 和美国国防部的研究开始表明，放射性同位素衰变和核裂变过程产生的能量在除原子能武器之外的其他用途上具有很大的潜力。这些研究是在美苏冷战初期的背景下进行的。在冷战初期，双方都寻求拥有超越对方的军事和技术实力，这些研究设想了用于军事侦察卫星的放射性同位素电源和反应堆电源，以及用于洲际弹道导弹的核反应堆推进系统。

　　大约在同一时间，美国开始努力扩大和平时期原子能的发展。1953 年 12 月 8 日，美国总统艾森豪威尔在纽约联合国大会上发表了题为"和平利用原子能"的演讲，提出了国际原子能管理以及原子能开发和用于和平目的的愿景。第二年，即 1954 年，国会通过了一项新的《原子能法案》，为私营工业发展核能打开了大门，并促进了与其他国家的核技术交流。[3]

1946 年 8 月 1 日，哈里·杜鲁门总统签署了建立美国原子能委员会的法案。（来源：美国能源部的 Flickr 网站）

关于原子能为卫星供电的可行性研究很快得到了一项可行性演示的支持。1954 年初在俄亥俄州 AEC 的土墩实验室，两位孟山都公司的科学家展示了一种装置，能够将放射性同位素钋 -210 自然衰变产生的热能转换为电能。基于温差电原理（又称塞贝克效应【见附录 C1，C2】），研究人员利用来自钋同位素的热能在热电偶两端产生温差，结果产生了 1.8 mW_e[①] 的电力，世界上第一台

---

① 电功率单位 W_e=Watts electric，热功率单位 W_t=Watts thermal，下标表示区别。——译者注

放射性同位素温差发电器 (radioisotope thermoelectric generator，RTG) 诞生了。[4],[5]

肯尼斯·乔丹博士 (左一)、约翰·博登博士与第一台 RTG。(来源：土墩博物馆协会)

这些早期的努力在 1955 年促成了两项主要的 AEC 计划: (1) 核辅助电源系统 (Systems for Nuclear Auxiliary Power，SNAP) 计划，其重点是使用核反应堆和放射性同位素为卫星供电; (2) 漫游者计划，其重点在于开发核火箭。在这些早期的研究和开发工作开始取得成果后不久，苏联于 1957 年 10 月发射了第一颗人造卫星 (斯普特尼克 I)，为这些新型电力系统的开发提供了新的驱动力。很快，随着科学家和工程师学会了以更新颖、更具创造性的方式使用原子能，一个完整的产业出现了，最终让人类走向了遥远的太空。

2

自 20 世纪 50 年代中期以来，美国开展的空间核动力系统技术和计划包括放射性同位素电源系统 (静态和动态) 以及为空间动力和推进而开发的反应堆系统。《太空中的原子能：一段历史》介绍了早期 (1987 年以前) 空间核动力开发和使用的历史，主要集中于RTG 技术。[3] 该书和其他著作中所记录的历史和技术描述了为解决在太空中使用核动力的许多技术问题而付出的开创性努力，并证明核动力非常适合某些类型的空间任务。本章简要回顾了这些早期工作，因为它们为本书其余部分中对计划和任务的讨论奠定了基础。它们还为了解空间核动力系统技术的演变以及影响其发展的一些政治和社会环境提供了基础。

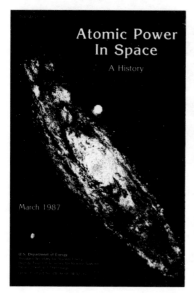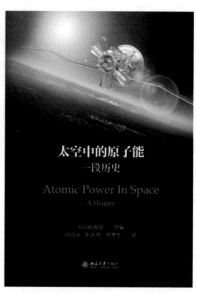

《太空中的原子能：一段历史》(*Atomic Power In Space: A History*) 原书及中译本封面。

3

SNAP 计划开始实施

SNAP 计划由两项独立并行的工作组成。开发将放射性同位素自然衰变产生的热能转换为电能的系统被授予位于马里兰州巴尔的摩的马丁公司下属马丁核部门。开发利用核反应堆内裂变过程产生的热能的系统被授予北美航空公司下属原子国际部。为了将放射性同位素系统与反应堆系统区分开来，AEC 设计了一个简单的编号方案：奇数 (例如 SNAP-1) 用于放射性同位素系统，而偶数 (例如 SNAP-2) 用于反应堆系统。编号中的字母表示同一系统之间的设计差异 ①。虽然系统是为空间和陆地应用而开发的，但本书只关注空间核动力系统。

马丁公司开发的第一个放射性同位素电源系统 SNAP-1，利用铈 -144 衰变产生的热量来加热液态汞使其沸腾，以驱动小型涡轮机发电，其目标是在铈元素 60 天的寿命内产生 500 W_e 的电力。尽管测试证明了第一个使用朗肯热力学循环的动态放射性同位素电源系统的可行性，但由于系统所需更长的运行寿命以及高效热电材料的出现等因素，该装置从未完全开发用于太空项目。[3]

随着 SNAP-1 的开发工作取得进展，马丁公司与西屋电气公司、明尼苏达矿业和制造公司 (简称 3M 公司) 签订合同开发一种无运动部件的电力系统，即 RTG，这与肯尼斯·乔丹博士、约翰·博登博士所展示的概念类似。此类系统称为静态放射性同位素电源系统。1958 年 12 月，3M 公司交付了一种 RTG，该装置使用 AEC 旗下土墩实验室封装的钋 -210 燃料芯块生产 2.5 W_e 电力。1959 年 1 月 16 日，美国总统艾森豪威尔在椭圆形办公室展示了一个名为 SNAP-3 的小型原子电池。[3]

随着 RTG 技术的快速发展，第一台 RTG 不久就进入了太空。这一机会的产生源于海军舰艇和飞机对导航卫星的迫切需求，这是当今全球定位系统 (global positioning system，GPS) 的先驱。海军子午仪计划需要一个能使卫星运行 5 年的电源。约翰·霍普金斯大学应用物理实验室的约翰·达索拉斯不确定标准化学电池是否能够持续运行这么长时间。在参加一次会议返程途中，他与 AEC 的古

---

① 例如 SNAP-3A 与 SNAP-3B 隶属同一种放射性同位素系统，但二者之间有一定的设计差异。——译者注

弗伦·安德森进行了一次偶然的交谈，了解到了 SNAP 计划。在参观了位于巴尔的摩的马丁设施后，达索拉斯获得了 AEC 的许可，可以在子午仪卫星上使用 RTG。3M 公司制造的 SNAP-3 型 RTG 被修改为使用钚 -238 而不是钋 -210，从而利用了钚同位素的更长半衰期 (钚 -238 的半衰期为 88 年，相比之下钋 -210 的半衰期不到 5 个月)。[3]

1959 年 1 月 16 日，SNAP-3 RTG 技术演示装置在艾森豪威尔办公桌上公开亮相。照片从左至右：艾森豪威尔总统、唐纳德·基恩少将、AEC 主席约翰·麦康、杰克·阿姆斯特朗上校和古弗伦·安德森中校。(来源：美国能源部的 Flickr 网站)

名为 SNAP-3B 的改进型 RTG 可输出 2.7 W_e 电力，并于 1961 年 6 月随子午仪 4A 号卫星发射升空，从而标志着世界上首次在太空使用核能。子午仪 4A 号卫星一直运行到 1976 年，远远超过其预期寿命。另一台 SNAP-3B 型 RTG 于 1961 年 11 月随子午仪 4B 号卫星发射升空，一直运行到 1971 年。SNAP-3B 型 RTG 的成功使用为卫星上太阳能系统的供电能力提供了补充，清晰地证明了 RTG 作为空间核动力系统的可行性。这些卫星及其 RTG 仍在地球上方的轨道。[3]、[6]

约翰·霍普金斯大学应用物理实验室的技术人员在卡纳维拉尔角为美国海军导航卫星安装 SNAP-3B 装置。这是第一个在太空中使用的原子电源。(来源：美国能源部的 Flickr 网站)

虽然 SNAP-3B 装置为子午仪 4A 号和 4B 号卫星提供了补充电源，但下一个目标是证明使用 RTG 作为海军卫星的唯一电源的可行性。由于用户要求提高电源的生存能力，SNAP-9A 型 RTG 应运而生，用于海军导航卫星子午仪 5BN-1 号、5BN-2 号和 5BN-3 号。与 SNAP-3B 一样，SNAP-9A 装置也使用钚 -238，但其设计输出功率为 25 W_e，几乎是 SNAP-3B 装置的 10 倍。子午仪 5BN-1 号卫星于 1963 年 9 月 28 日成功发射，子午仪 5BN-2 号卫星也于 1963 年 12 月 5 日成功发射。第三颗卫星子午仪 5BN-3 号于 1964 年 4 月

5

21 日发射。然而，该卫星未能进入轨道，SNAP-9A 型 RTG 也经历了再入大气层。根据当时使用的"烧毁耗散"安全设计理念，SNAP-9A 装置及其金属钚燃料燃烧毁坏，导致其消耗扩散到大气中。尽管没有不可接受的健康风险，但随着未来 RTG 计划使用更多的钚燃料，AEC 将其空间核动力系统的安全理念改为"完整再入"。[3]

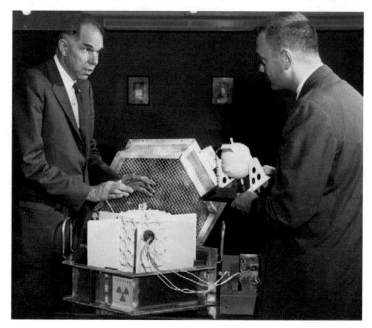

AEC 主席格伦·西博格（左）将 SNAP-9A 型原子电池（底部中间）与 AEC-SNAP 项目工程师罗伯特·卡彭特少校手持的 SNAP-3B 型原子电池的全尺寸模型进行了比较。（来源：编号 434-N-AEC-63-7042。美国能源部统一记录编号 RG 434，国家档案馆静态图片分馆，马里兰大学公园）

继 1964 年的子午仪 5BN-3 号事故之后 4 年，又 1 台 RTG 随卫星发射升空①。在这些年中，AEC 及其承包商继续 RTG 的开发，包括将"完整再入"的安全理念纳入新的 RTG 设计，并开发新的

① 指 1968 年 5 月 18 日发射的雨云 B-1 号气象卫星，其上携带 SNAP-19 型 RTG，但由于故障导致任务中止。——译者注

钚燃料形态，以取代 SNAP-3A 和 SNAP-9A 型 RTG 中使用的金属燃料。

SNAP 反应堆加热升温

随着早期 RTG 开发工作的成功，SNAP 计划下的空间核反应堆概念研发也开始取得成果。根据与 AEC 签订的合同，原子国际部于 20 世纪 50 年代中期开始开发一种紧凑型氢化铀锆反应堆，用作空间核电源系统的热源。到 1959 年，AEC 和空军启动了一个名为 SNAP-2 的联合项目，以开发一种利用反应堆和液态金属（汞）朗肯电力转换装置 (SNAP-1 项目中使用的转换技术) 的电源系统。 6
汞朗肯循环转换系统的开发由汤普森·兰姆·伍尔德里奇公司（简称 TRW 公司）承担。然而，由于缺乏任务，SNAP-2 计划于 1963年被改为更广泛的空间核电源计划。[7]

在 SNAP-10 计划中，设计了一个 300W。的反应堆电源系统，该系统利用了美国无线电公司开发的硅锗温差发电器。该计划于 1959 年完成，随后于 1960 年重新规划定位，与 SNAP-2 反应堆相结合以开发一个更高功率的反应堆系统。这一重新规划定位生成了 SNAP-10A 计划。根据该计划，原子国际部开发的 SNAP-2 反应堆与美国无线电公司开发的温差发电器相结合，产生了一个 430 千克、500W。的空间反应堆电源系统，用于原理飞行验证。[7]

1965 年 4 月 3 日，在名为 SNAPSHOT 的飞行测试中，SNAP-10A 反应堆电源系统从位于加利福尼亚州西南部的范登堡空军基地发射升空。一旦进入 700 英里的高空轨道，反应堆就由远程信号控制启动。该系统按设计运行了 43 天，产生了 500 度的电力。然而，航天器上的电压调节器发生故障，导致反应堆关闭，使卫星无法运行。SNAP-10A 至今仍是美国太空计划的一个重要里程碑。它不仅证明了通过远程启动和控制在太空中安全可靠地运行液态金属冷却反应堆电源系统的可行性，也是世界上第一个在太空中成功发射和运行的反应堆电源系统。[7] 7

SNAP-10A 空间核电源装置。反应堆位于锥体（散热器）的顶端，如图中左上方的插图所示。（来源：美国能源部的 Flickr 网站）

　　尽管 SNAP-10A 是 SNAP 反应堆计划中最显著的成就，但仍有其他著名的 SNAP 反应堆计划包括 SNAP-8 和 SNAP-50。应 NASA 的要求，SNAP-8 计划于 1959 年启动，旨在开发用于核电推进系统的反应堆。由此产生的反应堆电源系统采用汞朗肯循环，产生 30 ～ 60 kW$_e$ 的电力。在 SNAP-50 计划中，开发工作重点是演示锂冷却反应堆与钾朗肯循环结合，能够产生 300 ～ 1000 kW$_e$ 的电力，用于电推进，以及为空间飞行器和大型载人卫星供电。[7]

　　基于反应堆的空间电源系统的进一步研究一直持续到 20 世纪 60 年代后期,但由于国家优先事项的变化,在 1973 年基本上停止了。正如后面几章所讨论的,空间核反应堆系统将在诸如空间动力先进反应堆 (Space Power Advanced Reactor,SPAR) 项目和 SP-100 计划中重新引起关注。[8]然而,在 RTG 方面,并没有出现这种放缓,因为年轻的 RTG 技术很快就被一个更年轻的国家太空机构所使用。

RTG 为 NASA 任务供电

　　在海军子午仪计划成功实施和 SNAP 计划正在开发空间电源系统的背景下,NASA 对空间核电源系统的兴趣日益增长。NASA 首次使用新的空间核技术是在地球轨道的雨云号气象卫星上。为了用功率大约为 50 W_e 的 RTG 补充 200 W_e 太阳能发电系统,开发了 SNAP-19B 型 RTG。

　　SNAP-19B 型 RTG 的输出功率约为 23.5 W_e,使用了一种新的热源,反映了 AEC 在 1964 年子午仪 5BN-3 号事故后采用的"完整再入"安全设计理念。例如,SNAP-19B 的热源被设计为可在正常运行条件以及在发射中止或再入大气层等异常条件下密封钚燃料 (微球)。新 RTG 的首次使用是在 1968 年,当时 NASA 从范登堡空军基地发射了一颗搭载 2 台 SNAP-19B 型 RTG 的雨云 B 号气象卫星。

　　升空约 2 分钟后,运载卫星及其 SNAP-19B 型 RTG 的火箭偏离了航线,导致任务中止。中止引发的爆炸摧毁了运载火箭,随后 2 台 RTG 坠入加利福尼亚州海岸圣米格尔岛以北的圣巴巴拉海峡。5 个月后,SNAP-19B 装置在大约 90 米深的海底被完整地回收。SNAP-19B 的热源已按设计运行,它们被送回土墩实验室,在那里燃料被回收并在后续的飞行任务中重复使用。

　　1969 年 4 月,NASA 成功发射了一颗雨云 3 号气象卫星,再次搭载了 2 台 SNAP-19B 型 RTG。雨云 3 号气象卫星标志着 NASA 首次成功使用 RTG,从此 NASA 开始了与核技术的合作,不久后这项技术就登上月球。[9]

8

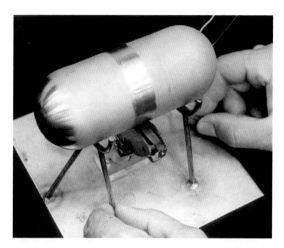

在土墩实验室制造了完整再入大气层的热源，为 SNAP-19B 核发电器提供热能，用于为雨云 B 号先进气象卫星供电。(来源：美国能源部的 Flickr 网站)

作为 20 世纪 70 年代阿波罗科学任务的一部分，几个科学站 (阿波罗月球表面实验包) 被放置在月球上。从第二次登月开始，一台新的 RTG(SNAP-27) 被用来为实验包提供电力。SNAP-27 由通用电气公司根据 AEC 合同研制，其设计采用了马丁公司在之前 SNAP-RTG 中使用的碲化铅热电转换技术，但在电源系统层面采用了在月面再将热源插入其中的设计。与其他马丁公司的 RTG 类似，热电转换器由 3M 公司生产。SNAP-27 的设计功率输出约为 63.5 W_e，最终共有 5 个 SNAP-27 型 RTG 用于该任务。所有这些系统都工作得非常出色，为 50 多种科学实验以及将数据传回地球的通信设备提供电力，一直到 1977 年阿波罗月球表面实验包关闭。[4]

1970 年，另一台 SNAP-27 型 RTG 伴随命运多舛的阿波罗 13 号任务发射升空，但这台 RTG 从未在月球上部署过。在主飞船发生爆炸后，登月舱 (搭载 SNAP-27 型 RTG) 在返回地球时从指挥舱中被丢弃。在再入大气层期间，登月舱解体，RTG 落入汤加海沟附近的太平洋。随后的监测中没有发现可检测到的放射性，表明 RTG 经再入大气层后完好无损地存活了下来。

在阿波罗 12 号任务中，宇航员艾伦·宾从携带桶中取出 SNAP-27 热源，将其插入 RTG 外壳。(来源：NASA 官网)

尽管在阿波罗任务期间使用了 SNAP-27 型 RTG，但它并不是首次在月球上使用核能。在第一次阿波罗任务中，尼尔·阿姆斯特朗和埃德温·"巴斯"·奥尔德林 [①] 部署的早期阿波罗科学实验包使用了 2 个放射性同位素加热器单元 (radioisotope heater unit, RHU)，每个单元提供 15 W_t 的热能，以便在漫长的 (14 个地球日)、寒冷的月夜中为实验包保温。该实验包使用太阳能电池供电，这意味着实验必须在月夜停止。[10]

在同一时期，NASA 还发现核电源在月球以外的太空探索中非常有用。先驱者 10 号于 1972 年 3 月发射，先驱者 11 号于 1973 年 4 月发射，它们穿越小行星带，飞越木星，离开太阳系。每个航天器都携带了 4 台输出 40 W_e 电力的 SNAP-19 型 RTG 和 12 个 RHU，每个 RHU 设计的热功率输出为 1W_t，以保护仪器和推进器免受低温影响。[10] 太阳能电池板在这些任务中是不可行的，因为距离如此之远以至于太阳提供的能量不足以为航天器的系统和实验提供电

9

---

① 原名埃德温·奥尔德林 (Edwin Aldrin)，1988 年正式改名为巴斯·奥尔德林 (Buzz Aldrin)。——译者注

力。RTG 表现完美，在最初预期的 30 个月任务完成后很长一段时间内仍能供电。1995 年 11 月，经过土星和木星的先驱者 11 号停止了无线电通信。先驱者 10 号的无线电信号在其发射升空 30 多年后的 2003 年 1 月终于丢失。仅由 RTG 提供电力的条件下，空间探测器获取并提供了有关木星、土星和外太阳系的宝贵信息。正如 NASA 的一位历史学家所写的那样，"这项计划是一个巨大的成功，也许这是一种轻描淡写。如果没有每个航天器上的 4 台 RTG 提供电力，就不会有这样的成功"。[4]

伯纳德·洛克展示了 AEC 为 SNAP-19 核发电器开发的燃料舱模型，4 台 SNAP-19 为 1972 年初飞往木星的 NASA 先驱者号飞船提供电力。(来源：美国能源部的 Flickr 网站)

先驱者号任务完成后，NASA 于 1975 年向火星发射了 2 个着陆器，继续使用 RTG 供电。维京 1 号和 2 号分别于 1975 年 8 月和 9 月发射，每一个着陆器都由 2 台 SNAP-19 型 RTG 提供电力。最初设计 SNAP-19 型 RTG 是用于太空真空环境，为能够在火星大气中运行，必须对其进行改进。NASA 之所以选择 RTG 而不是太阳能电池板，是因为太阳能电池板上的灰尘会聚集，从而减少发电量。在 RTG 的帮助下，实现了对火星环境的表征，从火星表面传回了数千张图片，并对火星表面进行了首次测试，它们的运行时间超过了最初的 90 天要求。[3] 与维京 2 号着陆器的通信于 1980 年 4 月中断，与维京 1 号着陆器的通信于 1982 年 11 月中断。[11]

　　随着 RTG 在整个 20 世纪 70 年代为 NASA 任务提供电力，该技术在 1972 年再次在海军导航卫星上得到应用。在一个系列实验（包含三项分实验）的第一项实验中，Transit-RTG 被用于 TRIAD[①]实验卫星，该卫星于 1972 年 9 月 2 日在范登堡空军基地发射。Transit-RTG 成为卫星的主电源，它使用 SNAP-19 热源可提供约 37 W_e 的电力。该系统按设计运行了约一个月，此时遥测转换器发生故障，无法进一步监测 RTG 功率水平。然而，此后数年卫星的持续运行表明 RTG 仍然在继续提供电力。[10]

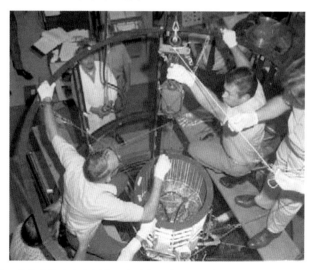

约翰·霍普金斯大学应用物理实验室工作人员将核热源安装到 Transit-RTG 中。（来源：约翰·霍普金斯大学应用物理实验室）

---

　　① TRIAD 是三体之意，作为计划或项目代号，本文不进行直译。——译者注

不断变化的环境

虽然 20 世纪 70 年代的阿波罗、先驱者号和维京号任务取得了巨大成功，但这 10 年美国的核研究发生了重大变化【见附录 C3】。依据 1974 年的《能源重组法》[12]，原子能委员会被废除，其职能被新的能源研究与发展管理局和核管理委员会分割。此后又过了两年多，能源研究与发展管理局、联邦能源管理局、联邦电力委员会及其他机构在 1977 年《能源部组织法》颁布后合并为新的能源部。新部门于 1977 年 10 月 1 日开始运作。

12

当行政部门发生这些变化时，空间核动力应用并未被忽视。人们致力于开发硒化物等先进热电材料，希望提高温差发电器的整体转换效率。在 20 世纪 60 年代初开始的工作基础上，NASA 和能源部开始了新的与布雷顿、朗肯热力学循环技术相关的开发与应用工作，因为具有更高效率的动态电力转换技术重新引起了人们的关注。除了正在进行的研究和开发外，国防部再次把注意力转向 RTG 技术 [①]。

1976 年 3 月 14 日，空军成功发射了林肯实验卫星 8 号和 9 号，每颗卫星都由 2 台数百瓦级放射性同位素温差发电器 (multi-hundred watt radioisotope thermoelectric generator，MHW-RTG) 提供电力。MHW-RTG 由通用电气公司设计，在任务初期提供 157 W_e。由于使用了硅锗热电偶，而不是 SNAP-19 型 RTG 中使用的碲化铅热电材料，允许在更高的温度下运行，从而提高了整体转换效率。随着温度的升高，MHW-RTG 的比功率 (4.2 W_e/kg) 比 SNAP-19(3 W_e/kg) 有了显著提高。这些卫星是在同一个运载火箭上发射的，但随后被转移到不同的轨道上。一旦进入轨道，这些卫星就相互连接，并与地面终端连接，从而在覆盖地球表面四分之三以上的区域提供通信。[3]

---

① 能源部 (及其前身) 和 NASA 在发展先进热电材料和动态同位素电源系统方面所做的努力将在第三章中进行了描述。——原文注

数百瓦级放射性同位素温差发电器 (MHW-RTG) 剖视图。(来源：爱达荷国家实验室放射性同位素电源系统计划)

　　20 世纪 70 年代 RTG 飞行的大结局包含了有史以来最大胆的太空任务之一——一对被称为旅行者 1 号和旅行者 2 号的航天器。旅行者 1 号与旅行者 2 号分别于 1977 年 9 月和 8 月发射，每艘飞船都由 3 个 MHW-RTG 提供电力，总共提供 475 W_e。每艘飞船还搭载了 9 个 1 W_t 加热器单元，与先驱者号上使用的类似。MHW-RTG 使旅行者号飞船能够在更长的任务周期内运行，从而使探索木星、土星、天王星和海王星成为可能。这是当时计划的最长周期任务。旅行者号发回了引人注目的照片，给公众留下了深刻的印象，任务获取的新数据改变了科学家对太阳系的理解。[3] 截至 2014 年，位于星际空间的旅行者 1 号和位于太阳系边际的旅行者 2 号在服役超过 34 年后仍在工作，继续向地球发回科学数据。

　　随着 20 世纪 70 年代接近尾声，尽管阿波罗登月任务终止，NASA 的太空计划仍保持着较高的知名度。维京号火星任务和旅行者号外行星任务使太空探索成为公众关注的焦点，并有助于维持研

13

发资金投入。RTG 技术和热源技术的进步造就了更安全、更强大的 RTG 系统。然而，空间放射性同位素和反应堆电源系统并不是能源部及其前身在早期年代的唯一关注点。美国能源部还平行地启动了一项与 SNAP 计划相当的计划，致力于天基核热推进技术和核电力推进技术的开发。

一枚名为漫游者的火箭 ①

与它的核电源同行一样，核热推进系统的开发起源于 1955 年，当时美国空军和原子能委员会对使用核反应堆作为弹道导弹推进系统的可能性重新产生了兴趣。1953 年，罗伯特·巴萨德的一篇论文激发了人们的兴趣，其中提出了基于反应堆的火箭在重型载荷运载方面优于化学推进。出于对这种系统的希望，洛斯阿拉莫斯科学实验室 (后来更名为洛斯阿拉莫斯国家实验室) 和劳伦斯辐射实验室 (现在称为劳伦斯利弗莫尔国家实验室) 启动了研究计划，以开发用于弹道导弹推进系统的核热火箭。[13]

尽管 AEC 实验室最初是并行工作的，但资金限制导致了 1957 年初所有反应堆研发工作被整合至洛斯阿拉莫斯科学实验室。具有讽刺意味的是，洛斯阿拉莫斯科学实验室的新工作被命名为漫游者，这是前劳伦斯辐射实验室核火箭部门自称的名称 (劳伦斯辐射实验室随后被授予负责名为冥王星的核冲压发动机计划 [14])。

随着新的漫游者计划开始实施，建设了核火箭开发站用于支持核火箭测试。该站位于内华达试验场西南角，一个被称为 "蠢蛋公寓" 的地区。从 1958 年到 1973 年，它是美国核火箭推进试验中心。它是一处基础设施的所在地，最终包括 3 个反应堆试验室或试验台，2 座维护、组装和拆卸厂房 [15](一座用于反应堆，另一座用于核发动机)，1 个技术操作综合体，以及各种辅助建筑。反应堆通

14

---

① 关于漫游者和 NERVA 计划的详细介绍，请参见詹姆斯·杜瓦尔 (James A. Dewar) 的《到太阳系的尽头——核火箭的故事》(*To the End of the Solar System – The Story of the Nuclear Rocket*)。——原文注

过一条铁路在组装及拆卸设施和测试设施之间移动，这条铁路被戏称为"蠢蛋与西部铁路"。几年后，在谈到他为 AEC 和 NASA 管理漫游者计划的日子时，哈罗德·芬格直接指出，"蠢蛋公寓是我们进行反应堆和发动机测试的地方，但它既不是对在这里工作的项目人员的描述，也不是以这些人来命名。"[16]

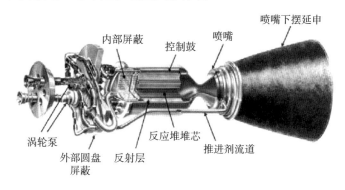

内部屏蔽　控制鼓　喷嘴　喷嘴下摆延伸

涡轮泵　外部圆盘屏蔽　反射层　反应堆堆芯　推进剂流道

漫游者火箭概念图。（来源：grin.hq.nasa.gov）

虽然反应堆研究工作最初是在 AEC 和空军的主持下进行的，但国防任务很快就被民用空间重点计划所取代。到 20 世纪 50 年代末，国防部已经放弃了对核动力弹道导弹的进一步研究。核火箭研发工作的责任随后于 1958 年移交给新组建的 NASA。虽然新的航天机构承担了漫游者计划的全部责任，但其涉核工作的责任仍由 AEC 承担。1960 年 8 月签署谅解备忘录后，联合空间核推进办公室正式成立，两个机构之间的职责分工正式确立。[16]

随着时间的推移，漫游者计划包括了 5 个主要内容：(1) 由洛斯阿拉莫斯科学实验室和洛克达因公司进行的名为 Kiwi①的反应堆和燃料开发工作；(2) 由喷气飞机公司和西屋公司承担的核发动机

---

① Kiwi 是一种不能飞的"奇异鸟"，作为计划或项目代号，本书不进行直译。——译者注

开发项目；(3) 由洛斯阿拉莫斯科学实验室开发的名为 Phoebus[①] 和 Pewee[②] 的先进反应堆设计；(4) 由洛克希德公司负责的反应堆飞行试验项目；(5) 由洛斯阿拉莫斯科学实验室执行的核炉燃料测试项目。尽管每个子项目都有不同的目标，但它们都是为实现高功率核热推进系统并证明其可靠性而策划的。然而，根据时任 AEC 主席格伦·西博格多年后的描述，这样的任务将证明"说起来容易做起来难"：

> "……我们必须做的是建造一个可飞行的反应堆，仅比办公桌大一点，它将产生 1500 MW$_t$，与胡佛大坝的功率水平相当，并在冷启动后的几分钟内达到这一功率。在其运行的每一分钟，高速泵必须迫使近三吨氢气通过反应堆内温度达到约 2204°C 的白热燃料元件，这些氢气以液态形式储存在约零下 216°C。整个系统必须能够运行数小时，并且能够以极高的可靠性关闭和重新启动。" [17]

Kiwi 反应堆地面测试

开发核热推进系统的第一步涉及一系列反应堆试验，被命名为 Kiwi，因为这些反应堆只用于地面测试，而不是飞行，所以以这种不会飞的鸟命名。Kiwi 试验旨在证明概念的可行性和验证核火箭反应堆基本技术，例如高温燃料和长寿命燃料元件。Kiwi 反应堆的设计旨在证明反应堆和燃料的可行性，首先是在 100 MW$_t$ 的条件下 (即 Kiwi-A 反应堆系列)，然后是在 1000 MW$_t$ 热功率的条件下 (即 Kiwi-B 反应堆系列)。为此，Kiwi 系列试验试图建立基本的测试程序，证明高功率密度反应堆可以快速加热推进剂并达到高温，并确定在高工作温度下的材料相互作用。

---

① Phoebus 是希腊神话中的太阳神"福玻斯"，作为计划或项目代号，本书不进行直译。——译者注

② Pewee 是一种美洲小燕 (京燕)，作为计划或项目代号，本书不进行直译。——译者注

从 1959 年 7 月到 1960 年 10 月，对 3 个 Kiwi-A 试验反应堆 (Kiwi-A，Kiwi-A′[亚 A 型] 和 Kiwi-A3) 进行了测试。尽管测试发现了反应堆和燃料设计中的一些问题，但问题得到了解决，并证明了 100 MW$_t$ 反应堆设计的可行性。到 1960 年底，洛斯阿拉莫斯科学实验室还利用 Kiwi-A 试验期间建立的大部分技术基础完成了第一个 Kiwi-B 反应堆的设计。此外，NASA 已经启动了反应堆飞行试验计划，期待着第一枚核火箭发射的那一天。

15

Kiwi-A 反应堆在转运车上，注意侧面涂绘的奇异鸟图案。(来源：洛斯阿拉莫斯国家实验室的 Flickr 网站)

在这一进展中，地球轨道上的一次事件很快为新兴的反应堆开发计划带来了额外的动力。1961 年 4 月 12 日，苏联将尤里·加加林送入了地球上空的轨道，成为有史以来第一位航天员。苏联太空计划的早期成功和迅速扩展并没有被忽视，美国的反应很快就随之而来。1961 年 5 月 25 日，新当选总统约翰·肯尼迪在国会联席会议上发表讲话。这场演讲以承诺在 10 年内登月而闻名，其中还包括对漫游者计划的承诺：

"……第二，额外的 2300 万美元，再加上现有的 700 万美元，将加快'漫游者'核火箭的开发。这意味着有一天我们将提供一种更加令人兴奋和雄心勃勃的太空探索手段，也许是在月球之外，也许是太阳系本身的尽头。"[18]

1961 年 5 月 25 日，约翰·肯尼迪在国会发表讲话。(来源：NASA.gov)

肯尼迪的承诺很快转变为行动。1961 年 6 月，NASA 和 AEC 向西屋公司和喷气飞机公司授予了火箭运载器用核发动机 (Nuclear Engine for Rocket Vehicle Application, NERVA) 计划合同。NERVA 的目标是展示一种基于 Kiwi-B 反应堆设计的核动力火箭并对其开展飞行测试。虽然 NERVA 指的是整个火箭发动机，包括反应堆和各种推进部件，但总体开发计划仍被称为漫游者。

随着 NERVA 计划的启动和运行，人们很快又开始关注 Kiwi 反应堆的测试。在 1961 年 12 月至 1964 年 9 月期间，为了证明核火箭的可行性，进行了 5 次 Kiwi-B 反应堆试验 (Kiwi-B1A，Kiwi-B1B，Kiwi -B4A，Kiwi-B4D 和 Kiwi-B4E)。与 Kiwi-A 系列一样，测试揭示了反应堆和燃料设计的问题。一个值得注意的案例是 1962 年 11 月进行的 Kiwi-B4A 试验。尽管液态氢启动成功，然而"……随着功率的快速升高，来自喷嘴的闪光频率迅速增加；当达到 500 MWₜ 时，闪光如此壮观、如此频繁，以至于试验终止，启动关闭程序。初步拆卸证实，闪光是从喷嘴喷出的反应堆部件；进一步拆卸和分析表明，超过 90% 的反应堆部件已经损坏，主要是在堆芯热端。"[17]

16

不幸的是，这次试验产生了另一个意想不到的后果。肯尼迪在视察了试验场后，决定放缓飞行试验活动，直到反应堆故障的原因得到解决，成功完成了后续试验。该计划随后于 1963 年 1 月被联合空间核推进办公室搁置，当时该办公室经理哈罗德·芬格坚持在涉核试验恢复前完成冷（非核）流动试验。他坚持认为，在恢复热测试之前，必须彻底了解并纠正问题。

随后的冷试验表明，是氢推进剂以极高流速通过反应堆导致了堆芯剧烈振动，进而导致了燃料元件开裂。在适当修改堆芯设计后，联合空间核推进办公室授权恢复热测试，即恢复了 Kiwi-B4D 反应堆测试。最后一次 Kiwi 试验于 1964 年 9 月成功完成，即 Kiwi-B4E。AEC 及其承包商团队在火箭发动机接近满功率水平下运行了 2.5 分钟，性能与化学火箭相当，证明了 1000 MWₜ 核热反应堆的可行性。材料和操作问题不再是一个问题，Kiwi-B 的最终设计为后续工作提供了一个基线，可用于 NERVA 集成核火箭开发。[17]

17

最后一个 Kiwi 实验，即 Kiwi-TNT，是对 Kiwi 反应堆进行的蓄意破坏性测试，该反应堆经过修改，可实现快速的、巨大的正反应性——突然爆发超过反应堆设计的功率极限。该试验于 1965 年进行，旨在了解反应堆在极端事件下会发生什么，并提供有关反应堆堆芯产生能量以及随后堆芯位移期间能量释放的信息，包括裂变产物扩散。尽管在现代监管和安全环境下，此类测试情况极不可能发生，但该测试提供了真实数据，以支持与漫游者飞行计划相关的安全和事故分析。例如，反应堆堆芯温度达到约 2160 K，产生的裂变总数接近 3.1×10^{20} 次。在 7600 米半径范围内，只回收衡算了约 50% 的堆芯材料；其余部分可能在空气中燃烧或顺风扩散。最重的碎片是一段重约 70 千克的压力容器残骸，位于距离反应堆测试位置 229 米的地方；在更远的位置发现了更小的堆芯碎片。[17]

开发 NERVA 飞行发动机

尽管 Kiwi 试验取得了成功，NASA 也制订了使用核火箭的设想计划，但在 20 世纪 60 年代初，漫游者计划开始成为预算下降和优先事项变化的牺牲品。更重要的是，核火箭飞行计划的成本估算继续上升。因此，计划中的飞行演示在 1963 年末被取消，这导致 NERVA 计划定位从特定发动机系统的鉴定转向通用核火箭技术的改进。随后，在 1964 年年初，开始了一系列满功率反应堆试验，继续推动核火箭概念的发展。

18　　1964 年，NERVA 计划转向技术改进，重新定义了目标，包括：(1) 满功率运行 60 分钟；(2) 在反应堆寿命周期的任何时刻重新启动；(3) 演示温度快速升高和降低；(4) 仅使用液态氢冷却；(5) 在没有外部电源的情况下启动发动机；(6) 确定系统运行裕度、极限和可靠性。[17]

参与 NERVA 计划的主要承包商包括：北美航空公司洛克达因分部 (后来成为波音公司的一部分)，负责建造液氢涡轮泵和喷嘴；喷气飞机公司，负责流量控制系统；美国汽车铸造工业公司 ERCO 分部①，负责制造压力外壳；EG&G 公司②，负责生产仪器。核反应堆的建造由西屋电气公司空间核实验室负责。[17]

---

① 美国工程研究公司 (Engineering and Research Corporation, ERCO) 创立于 1930 年。1954 年，ERCO 被美国汽车铸造工业公司 (American Car & Foundry Industries Inc.，ACF) 收购，成为 ACF 的 ERCO 分部。——译者注

② EG&G 公司由麻省理工学院的教授 Harold Edgerton 和该院学生 Kenneth Germeshausen 和 Herbert Grier 在波士顿于 1931 年创建。译者猜测，公司名称采用创始人姓氏首字母大写组成。作为公司代号，本书不进行直译。——译者注

NERVA 发动机样机。顶部的球体装有氢气，氢气通过反应堆（中心）后，从喷嘴（图片底部）排出。（来源：洛斯阿拉莫斯国家实验室的 Flickr 网站）

随着计划目标和项目团队的建立，核火箭发动机测试于 1964 年 9 月以 NERVA 核火箭实验 (Nuclear Rocket Experimental, NRX) 的名义开始。在 3 年的时间里，进行了 4 次试验 (NRX-A2，NRX-A3，NRX-A5 和 NRX-A6)。NRX 系列试验测试了第一台下射核火箭发动机原型，即 XE-Prime。从 1968 年 12 月到 1969 年 9 月，

XE-Prime 成功运行了 115 分钟，并进行了 28 次单独重启，从而证明了 1000 MW$_t$ 集成核火箭发动机的可行性。

这里展示了处于冷流配置的第一个地面实验核火箭发动机 (XE) 组件 (图左)，它于傍晚时分抵达位于内华达州 "蠢蛋公寓" 的核火箭开发站的 1 号发动机试验台。(来源：grin.hq.nasa.gov)

Phoebus，Pewee 和核炉

随着人们对太空旅行的愿景再次转向载人火星之旅 (NASA 内部的长期目标)，一项计划被启动，以开发能够达到 5000 MW$_t$ 级功率的先进反应堆。该计划与 NERVA 计划并行开展，由洛斯阿拉莫斯科学实验室设计并测试了 Phoebus 和 Pewee 反应堆。Phoebus 是一个 5000 MW$_t$ 的反应堆原型，于 1965 年首次测试。到 1968 年，Phoebus 的最终版本 (有史以来最高功率的核火箭) 以 4000 MW$_t$ 功率运行超过 12 分钟。[17] Pewee 反应堆是一个小型试验床，用于测试全尺寸 Phoebus 和 NRX 燃料元件及其他组件，支持可并行开发组件，以减少交付周期和成本。

1965 年位于洛斯阿拉莫斯国家实验室的 Phoebus-1A 反应堆。(来源：洛斯阿拉莫斯国家实验室的 Flickr 网站)

随着对放射性物质排放的限制开始收紧，建造核炉是为了在不向大气释放放射性物质的情况下进行试验。该炉是一个模块化的 44 MW$_t$ 反应堆，其中堆芯部分可以替换出来进行单独的实验。[17] 反应堆通过流出物过滤器可产生氢射流，其中没有可检测到的裂变产物。[19]

20

国家优先事项变化下的成就与应对

随着漫游者计划在新的十年中转危为安，它很快发现自己面临着一个截然不同的未来。1972 年，登月的紧迫性过去了，阿波罗任务也结束了，很明显，载人火星任务不会是下一步。由于国家预算的优先事项不断变化，在 1972 财年预算中终止了 NERVA 核火箭的进一步研发。

从 1955 年到 1971 年，美国在漫游者和 NERVA 计划上花费了约 35 亿美元 (按 1960 年美元计算)[19](相比之下，从 1960 年到 1973 年，阿波罗计划花费了 194 亿美元 [20])。在此期间，开发并测试了 17 个反应堆、一个核安全反应堆和两台地面实验发动机。固体石墨反应堆 / 核火箭发动机的可行性已经被明确证实，"……在温度、压力、功率水平和持续时间方面符合当前 (指 1991 年) 对推进系统的要求……"该技术的演示验证也达到了某种程度，即"……未来与新的空间探索计划相关的核推进技术开发可在此基础上使性能、可靠性和寿命得到提高。"此外，漫游者计划展示了一种模式，通过该模式，两个政府机构可以有效地管理一个大型技术开发计划。[21]

展望未来

到 20 世纪 80 年代中期，太空中的原子能历史的前 30 年已接近尾声，美国能源部、NASA 和其他机构有很多理由庆祝。35 台 RTG(从 2.7 W_e 的小型 SNAP-3B 装置到 157 W_e 的 MHW-RTG) 已成功发射到太空，为月球实验和行星轨道飞行器提供电力，而其他航天器正在前往太阳系边际。在 SNAP 计划中，开发和测试了多个放射性同位素电源系统概念，并成功地将一个空间核反应堆电源系统送入地球轨道。在核火箭方面，通过 20 次不同的反应堆测试，从最初测试 100 MW_t 的 Kiwi-A 反应堆到 4000 MW_t 的 NERVA XE 反应堆，已经成功地证明了核热推进的可行性。

在这些技术成就的背景下，人们吸取了为未来发展奠定基础的经验教训。此外，涵盖能源部综合体的整套基础设施已建成，以支持正在进行的空间核系统开发、测试和使用。最重要的是，一个新的技术学科已经被定义，一个行业已经建立，一个基础已经奠定，

这将使新一代空间核技术专家能够将空间核动力的火炬传递到未来
30年的测试、开发和成就中。　　　　　　　　　　　　　　　　21

参考信息来源

[1] The University of Chicago reactor was created in 1942 as part of The Manhattan Project under the leadership of physicist Enrico Fermi. Referred to as an atomic "pile," a code word for an assembly that would become known as a nuclear reactor after World War II, Chicago Pile Number One (CP-1) followed earlier successes involving neutron irradiation, including experiments in nuclear fission by scientists in Nazi Germany. CP-1 is regarded as the first reactor, because it created the world's first self-sustaining nuclear reaction. See "Enrico Fermi and the First Self-Sustaining Nuclear Chain Reaction," U.S. Department of Energy, DOE R&D Accomplishments. Retrieved from http:// www.osti. gov/accomplishments/fermi.html.

[2] Public Law 585, 79th Congress, "Atomic Energy Act of 1946," U.S. Atomic Energy Commission, Washington, 1965.

[3] Engler, R., 1987, "Atomic Power in Space: A History," DOE/NE/32117-H1, U.S. Department of Energy, March 1987.

[4] Launius, R. D., 2008, "Powering Space Exploration: U.S. Space Nuclear Power, Public Perceptions, and Outer Planetary Probes," Smithsonian Institution, Washington, DC, 6th International Energy Conversion Engineering Conference (IECEC), 28 - 30 July 2008, Cleveland, Ohio.

[5] Bennett, G. L., 2006, "Space Nuclear Power: Opening the Final Frontier," 4th International Energy Conversion Engineering Conference and Exhibit (IECEC), June 26-29, 2006, San Diego, CA.

[6] Corliss, W. R., and D. G. Harvey, 1964, "Radioisotopic Power Generation," PrenticeHall, Inc., Englewood Cliffs, NJ, 1964.

[7] AEC, 1969, "SNAP Nuclear Space Reactors," U.S. Atomic Energy Commission, Division of Technical Information, part of the Understanding the Atom series, March 1969.

[8] Bennett, G. L., and D. Buden, 1983, "Use of Nuclear Reactors in Space," The Nuclear Engineer, Vol. 24 No. 4, 1983, pp. 108-117.

[9] Cataldo, R. L., and G. L. Bennett, 2010, "U.S. Space Radioisotope Power Systems and Applications: Past, Present and Future," in Radioisotopes – Applications in Physical Sciences, 2010 (reference can be downloaded from the website at www.intechopen.com/download/pdf/21663 and from the NTRS website).

[10] Bennett, G. L., 2007, "Mission interplanetary: Using radioisotope power to explore the solar system," Available online December 21, 2007 (Reference can be downloaded from the website for the journal Energy Conversion and Management: www.sciencedirect.com).

[11] Viking Project Information, http://nssdc.gsfc. nasa.gov/planetary/viking.html.

[12] Public Law 93-438, 88 Stat. 1233, "Energy Reorganization Act of 1974," October 11, 1974.

[13] Bussard, R. W., 1962, "Nuclear Rocketry: The First Bright Hopes," Astronautics, Vol. 7, No. 12, Dec. 1962, pp. 32-35.

[14] Dewar, J. A., 2004, "To The End of The Solar System: The Story of The Nuclear Rocket," University Press of Kentucky, Lexington, Kentucky, 2004, p. 21, 28-29.

[15] Gunn, S. V., C. M. Ehresman, and M. J. Zucrow, 2003, "The Space Propulsion Technology Base Established Four Decades Ago for the Thermal Nuclear Rocket is Ready for Current Application," American Institute of Aeronautics and Astronautics 39th AIAA/ASME/SAE/ASEE/Joint Propulsion Conference/20-23 July 2003/ Huntsville, AL.

[16] Finger, H. B., 2000, "Managing the ROVER/NERVA Program," presentation at the ANS/ENS International Meeting, November 15, 2000, pbhistoryb1b3.grc.nasa.gov.

[17] Bennett, G. L., H. B. Finger, W. H. Robbins, T. J. Miller, and M. Klein, 1994, "Prelude to the Future: A Brief History of Nuclear Thermal Propulsion in the United States," in a Critical Review of Space Nuclear Power and Propulsion, 1984-1993, Editor Mohamed S. El-Genk, University of New Mexico Institute For Space Nuclear Power Studies, American Institute of Physics 1994, New York.

[18] Special Message to the Congress on Urgent National Needs, May 25, 1961, http://www. jfklibrary.org/Research/Ready-Reference/JFK-Speeches/Special-Message-to-the-Congress-on-Urgent-National-Needs-May-25-1961.aspx.

[19] Howe, S. D., 2001, "High Energy-Density Propulsion – Reducing The Risk To Humans In Planetary Exploration," Space Policy 17 (2001), 275–283.

[20] Apollo Program Budget Appropriations, http://history.nasa.gov/SP-4029/Apollo_18-16_Apol-lo_Program_Budget_Appropriations.htm.

[21] Robbins, W. H., and H. B. Finger, 1991, "A Historical Perspective of the NERVA Nuclear Rocket Engine Technology Program," NASA Contractor Report 187154, AIAA-91-3451, July 1991.

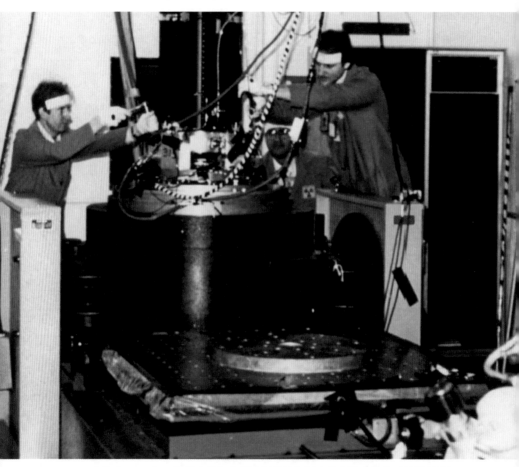

大约在 1985 年，伽利略号和尤利西斯号任务标志着土墩实验室开始了新的组装和测试操作。（来源：土墩博物馆协会）

第二章

伽利略号与尤利西斯号

——通用热源型 RTG

　　根据 1954 年的构想，RTG 从 1961 年的 2.7 We 功率的小型 SNAP-3B 系统发展为 MHW-RTG 装置，产生额定功率 157 We。这些静态电源系统在燃料形态、热电转换和安全等方面都有所进步。作为一项"安静技术"，RTG 在 20 世纪 70 年代的演变很好地代表了一种理念，即取其精华、去其糟粕。然而，现在再回顾过去，我们发现最好的还在后面。[1]

　　在长达 12 年的时间里，美国能源部和 NASA 为伽利略号和尤利西斯号的并行任务做准备，在创造力的牵引下，以新的、创造性的方式来审视旧的做事方式，导致开发出有史以来在空间应用中最强大的 RTG。通用热源 (general-purpose heat source，GPHS) 型放射性同位素温差发电器 (GPHS-RTG)，就像它后来被称为的那样，将被证明是有史以来最高效的 RTG(以及具有最高比功率) 的装置，并将为 NASA 未来几十年的任务提供电力。

为新任务提供电力

　　尽管 MHW-RTG 在其地球卫星和外太阳系任务中已按计划执

行，但美国能源部在整个 20 世纪 70 年代仍然继续努力推进 RTG 技术。这些努力主要集中在：(1) 开发一种被称为硒化物的先进热电材料上，以替代 MHW-RTG 中使用的硅锗材料；(2) 新的模块化热源 GPHS；(3) 改进 MHW 热源，其特点是使用了改进的铱合金燃料包壳，并将航空烧蚀层 ① 改为用先进的石墨材料。[2]-[4]

洛斯阿拉莫斯国家实验室正在开发新的 GPHS，适配各种电力转换系统、功率等级和太空任务。新热源的开发以提高安全性为重点，包括广泛的安全测试和鉴定计划。[5], [6]

虽然热源技术的进步是寻求提高安全性，但热电材料的进步是寻求改善将热能转换为可用电能的整体效率。为此，特励达能源系统公司正在使用由 3M 公司开发的硒化物热电材料开发先进的电力转换技术。硒化物材料的早期实验室级测试表明，潜在的转换效率至少为 10%，这代表着比 MHW-RTG 中使用的硅锗材料转换效率高出约 50%。在如此良好的预期中，能源部计划开发一种新的 RTG[称为硒化物同位素发电器 (selenide isotope generator, SIG)]，并最终将新的硒化物热电材料和新的 GPHS 投入使用。[7]

研制 SIG 的第一阶段是将硒化物热电转换技术与 MHW 热源结合起来，用于一项后来被称为伽利略号（最初被称为木星轨道探测器）的任务，它以 17 世纪发现木星 4 颗卫星的意大利天文学家伽利略的名字命名。计划使用 RTG 驱动的轨道飞行器对木星的长期勘测，而一个较小的探测器将在一次穿过木星大气层的过程中收集关于这颗气态巨星的大气数据和其他信息。[8]

研制 SIG 的下一阶段将把硒化物热电转换技术与新的模块化 GPHS 结合起来，用于一项最初称为国际太阳极区任务 (International Solar Polar Mission，ISPM) 的跨国任务。按照设想，这项任务由 NASA 和欧洲航天局共同承担，目的是对太阳进行首次极地轨道勘测。每家机构将提供一个航天器，这两个航天器都由能

① 航空烧蚀层是美国同位素热源的最外层结构，在发射中止后热源以高速再入大气层时专门用于烧蚀的结构层，以保护热源内部组件。——译者注

源部提供的 RTG 提供电力，以在黄道 (地球绕太阳的轨道平面) 上方和下方进行科学测量。20 世纪 80 年代初，由于美国国内财政预算压力，导致 NASA 航天器被取消；欧洲航天局则继续执行任务，随后更名为尤利西斯号。[9]

尽管对新型硒化物热电材料寄予厚望，但到 1979 年，对原型硒化物热电偶的测试发现了材料存在严重的不稳定性和转换效率问题。在根据任务需求和时间进度考虑了多种选项后，美国能源部决定放弃硒化物热电材料的下一步开发，并为 RTG 开发重新选用已验证的硅锗热电偶。对于伽利略号任务，仍然继续开发 MHW-RTG①，但使用已验证的硅锗热电转换技术。对于 ISPM 任务，由通用电气公司承担 RTG 开发工作，新的 RTG(至少简单地) 被命名为 ISPM-RTG 或 Solar Polar RTG。[6]

随着 ISPM-RTG 的研制成功，伽利略号任务计划不断改变，包括对更大功率的渴望，最终决定在伽利略号任务中使用 ISPM-RTG 代替改进的 MHW-RTG。随着任务用途的扩展，ISPM-RTG 很快被重新命名为 GPHS-RTG，这个名称将在 RTG 历史上占有一席之地。[7]

随着项目计划和任务规划尘埃落定，美国能源部负责开发新的 GPHS-RTG，用于 2 项任务。最终，需要 3 台飞行合格的 GPHS-RTG 和 1 台备用装置。新的 GPHS 热源 (RTG 将围绕其建造) 仍在开发中；安全测试和最终设计仍有待完成，这些是证明其空间使用可接受性所必需的。此外，计划将伽利略号和尤利西斯号航天器送入太空的运载火箭也仍在开发中。另外，必须重新建立硅锗热电偶的生产能力。多年后，为开发 GPHS-RTG 而付出的努力被许多直接参与者恰如其分地称为"大胆的使命"。[10]

正如之前所做的那样，美国能源部完成了这项任务，使用了一支由公司和国家实验室组成的小规模但多样化的队伍，一套独特的技术能力和组装、测试设施，以及一群高度敬业并致力于推动计划

———————————

① 此处 MHW-RTG 应该理解为采用 MHW 热源与硒化物热电材料结合的新型 MHW-RTG，而并非用于旅行者号和林肯实验卫星的老版 MHW-RTG。——译者注

成功的参与者。能源部和 NASA 签署的机构间协议规定了各自机构的整体角色和责任。开发 GPHS-RTG 的责任由能源部特种应用办公室承担。[11]【见附录 C4】

通用热源

新通用热源，即新 GPHS 的最初设计和开发由洛斯阿拉莫斯国家实验室负责，但后来由通用电气公司和仙童公司完成优化。新热源的设计包括几个目标，其中一个目标是"模块化"设计思路——单个模块可以组合起来，为特定任务提供所需的功率。另一个目标是开发一种可与多种静态和动态电力转换系统兼容的热源。还需要满足高功率密度要求，即不低于每磅 [①]75 W_t。根据 20 世纪 60 年代采用的完整再入大气层安全理念，主要安全目标是保持燃料的密封或固化，以防止人员吸入或摄入。最终，任务规划者必须确保，在发生任何可预见的事故情况下，公众将受到保护。[5],[12]

最终的 GPHS 设计包括一个长方体的碳 - 碳模块，封装的燃料将被放入其中。该设计颇具防护特性，以防止爆炸、火灾、撞击、碎片冲击和再入大气层高热。这些特性体现在燃料、铱合金金属包壳、细编穿刺织物和碳 - 碳复合纤维套筒组件等方面。

第一个防护特性在于燃料本身。GPHS 燃料芯块由约 150 克氧化钚组成，产生约 62.5 W_t 的热能。与之前的放射性同位素电源系统燃料一样，钚释放出阿尔法辐射 (粒子)，这种辐射很容易被屏蔽，只有通过摄入或吸入等方式进入人体，才会引起健康问题。为了将风险降至最低，氧化钚为陶瓷形态，类似于 MHW 热源陶瓷燃料球。陶瓷燃料芯块具有化学稳定性，具有较高的熔点和蒸发温度，高度不溶性，并且易于破裂成块，通常大到无法吸入。

---

① 1 磅≈ 0.4536 千克。——译者注

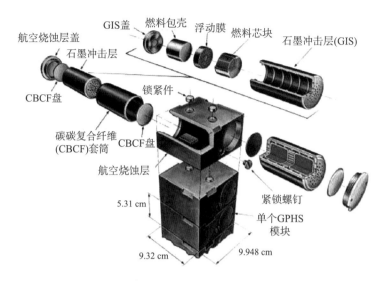

GIS盖　燃料包壳　浮动膜　燃料芯块

航空烧蚀层盖

石墨冲击层

石墨冲击层(GIS)

CBCF盘

锁紧件

碳碳复合纤维
(CBCF)套筒　CBCF盘

航空烧蚀层

5.31 cm

紧锁螺钉

单个GPHS
模块

9.32 cm　　9.948 cm

Step-0 型通用热源[①](GPHS) 剖视图。(来源：圣地亚国家实验室)

　　燃料芯块被封装在坚固的铱合金金属包壳中，这是第二个防护特性。该包壳由能源部旗下 Y-12 厂开发，被称为 DOP-26，同时具有高强度和良好的延展性，这种物理特性使得金属在高应变条件下弯曲和拉伸而不会断裂。铱合金还与氧化钚燃料和石墨组件化学相容，具有较高的熔点。其抗氧化性也提供了良好的冲击保护。一个焊接在铱包壳一端的透氦阻钚窗[②]允许钚燃料放射性衰变产生的氦气逸出，同时阻止钚燃料通过，从而防止压力堆积引起的包壳破裂或破口。燃料芯块与包壳组合后通常被称为燃料舱[③]，其形状为圆形

----

　　① Step-0 型 GPHS 又称为 "Heritage GPHS"，应用于伽利略号、尤利西斯号、卡西尼号的 GPHS-RTG。原文图中尺寸标注有误，Step-0 GPHS 的包络尺寸实为 97.2cm×93.2cm×5.31cm，此处给出的包络尺寸属于 Step-1 GPHS，即 Solid GPHS。——译者注

　　② frit vent 直译为 "熔料通气孔"，因为这种结构采用了以熔融铱金属粉作为基材的制备工艺。本书根据其功能将意译为 "透氦阻钚窗"。——译者注

　　③ 燃料舱 (capsule) 是指燃料芯块封装在包壳后的组件，又称为封装包壳 (fueled clad)，本书选用第一种表述方式。——译者注

倒角的圆柱体，长约 1 英寸 ①，直径约 1 英寸。

　　新热源的第三个防护特性是在多个组件中使用了细编穿刺织物，包括冲击缓冲层和 GPHS 模块 ②。冲击缓冲层为防止射弹和碎片穿刺以及地面撞击提供保护。最后一个防护特性是使用了碳 - 碳复合纤维套筒组件，该组件保护燃料舱免受由运载火箭燃料火灾引起的高温以及再入大气层过程中产生的热量的影响，例如在太空发生事故后可能发生上述情况。完全组装后的 GPHS 模块包含 4 个燃料

26　舱，重约 1.5 千克，产生约 250 W_t 的热能。

GPHS-RTG

　　随着新热源的设计和开发，新的电力转换装置也在发展。GPHS-RTG 由通用电气公司宇宙空间部开发，包含 1 个结构外壳，内部装有 572 个相互连接的硅锗热电元件 (称为热电偶)，它们将热能转换为可用电能。外壳由铝制成，一方面它是热电偶的安装基座，另一方面被设计用于支撑 18 个 GPHS 模块堆叠【见附录 C5】。选择铝作为外壳材料是系统整体安全设计的一部分，确保其在再入大气层暴露于高温时容易熔化，并且 GPHS 模块将作为独立的单元被释放。其他设计特性包括使用 8 个散热片、电源连接器和外部安装的冷却回路，当 RTG 位于航天飞机货舱等密闭空间时，这些冷却回路可以为 RTG 提供冷却。

　　随着通用电气公司开始生产新的电力转换系统，它需要硅锗热电偶的生产能力。最初由美国无线电公司为支持旅行者号和林肯实验卫星 8 号、9 号任务而建立的生产能力在这些任务之后已经关闭。因此，通用电气公司必须重新建立生产能力，恢复美国无线电公司生产工艺流程。

---

　　①　1 英寸≈0.0254 米。——译者注

　　②　GPHS 模块指位于最外的航空烧蚀层 (aeroshell)，该层作为 GPHS 模块的主体结构。——译者注

美国无线电公司制造小型硅锗热电元件①的流程包括几个步骤，每个步骤都必须重新建立。重新恢复美国无线电公司工艺流程并非没有挑战。例如，人们发现美国无线电公司员工开展的生产实践在已记录归档的规范和流程文件中被修饰过②；因此，需要将额外的实践和其他变化补充纳入生产程序，以提高流程的严谨性和可控度。[13] 为开发用于伽利略号和尤利西斯号任务的 4 台 GPHS-RTG，最终制造了 2000 多个独立的热电单偶以备使用。还为 RTG 工程样机和鉴定样机制造了额外的热电单偶，用于证明装置的飞行准备状态，此外这些热电单偶也被用于未装载燃料的备用转换器开发。

在重新建立热电单偶生产流程的同时，通用电气公司制订了严格的测试计划，以解决电力转换系统和完全组装的 RTG 的各方面问题。测试以渐进的方式进行，从单个热电单偶开始，然后是 18 个热电单偶组成的模块。在热电单偶测试之后，对全尺寸组件的工程测试样件进行了结构、传热和材料性能测试，以验证电加热工程样机的设计。工程样机的非核测试包括热测试和振动测试，以确保电力转换系统的热电和其他部件正常运行。最终的测试对象是一个核加热鉴定样机，该样机用于验证 GPHS-RTG 是否能够按照设计运行并满足所有任务要求。[14]

以安全为导向

GPHS-RTG 设计和开发中不可或缺的是一项严格的安全测试计划，该计划旨在确定热源如何应对发射过程中或在轨时可能发生的各种假设事故情况。例如，发射台上或上升过程中的运载火箭爆炸可能会使 RTG 及其热源受到来自液体和固体推进剂火灾的高压冲击波、来自运载火箭和航天器的碎片冲击，以及与混凝土或沙土地

---

①　热电元件（thermoelectric element）与热电偶（thermocouple）是指同一种组件，原书中常混用。——译者注

②　译者猜测，美国无线电公司开发生产工艺时，由于当时各种条件限制，未能如实记录工艺活动，导致生产实践与归档文件不符，或许是一种无意之举。——译者注

面的对面撞击。发射晚期事故，例如涉及轨道或亚轨道再入大气层，也可能使 RTG 及其热源受到高温和紧随其后的地面撞击。GPHS模块的"模块化"设计还确保了其受到航天器碎片冲击的可能性非常低，尽管无法完全排除这种可能性。随后在洛斯阿拉莫斯国家实验室和圣地亚国家实验室进行的安全测试证明了 GPHS 模块在各种假设事故情况下的防护安全特性。[5], [15]

在任务计划不断发展的背景下，以 NASA 新的运载火箭为中心进行策划并开展了测试工作。在伽利略号和尤利西斯号任务中，NASA计划将航天器搭载在其新的太空运输系统 (space transportation system，STS) 上，其中包括航天飞机。一旦航天飞机到达其停放轨道，将从货舱释放航天器，并使用上面级推进系统将航天器推向目的地。

在与使用新的太空运输系统（当时正在开发中）相关的计划演变过程中，关于伽利略号和尤利西斯号所使用的特定上面级运载器的决策经常发生变化，在固体燃料惯性上面级和以液氢 / 液氧为燃料的半人马座火箭之间举棋不定。每个上面级运载器都有独特的危险性和特征，对必须开展的安全分析产生影响。由于究竟使用哪种上面级运载器尚无定论且持续发生变化，先基于惯性上面级运载器开展了初步安全分析，但后来进行了修改，以匹配半人马座火箭。正如本章后面所讨论的，这绝不是选用发射系统的最后一次改变。[15]

尽管上面级运载器的规划扰动令人沮丧，但仍然设计了试验来模拟各种可能的压力、温度和其他环境条件。在 20 世纪 80 年代初设计和进行的一系列安全验证试验中，研究人员收集了数据和信息，用于所需的安全和环境分析，以支持发射决定。

测试将利用美国能源部的设施和设备（即洛斯阿拉莫斯国家实验室和圣地亚国家实验室）进行。例如，利用圣地亚国家实验室的激波管模拟了运载火箭爆炸以及由此产生的超压。利用圣地亚国家实验室的火箭滑车和洛斯阿拉莫斯国家实验室的同位素燃料冲击试验设施模拟了撞击试验，可将热源部件加速至高速，以撞击不同的材料，如混凝土和钢。类似地，将铝板安装在圣地亚国家实验室的火箭滑车上，可以模拟事故中可能产生的碎片或其他碎片的冲击。其他测试研究了 GPHS 模块遭受固体火箭推进剂火灾的情况，以及热源氧化钚燃料长期暴露在水和陆地环境中的情况。[15]

该测试证明了新热源的鲁棒性，并为发射批准所需的安全分析和审查过程的提供了信息【见附录 C6】。例如，加燃料的 GPHS 模块以约 52 米 / 秒的最终速度撞击混凝土，没有导致燃料泄漏。在没有 GPHS 航空烧蚀层保护的情况下，燃料包壳以高达 250 米 / 秒的速度撞击沙子，以及以高达 60 米 / 秒的速度撞击混凝土，产生了类似的结果。测试时，没有因爆炸超压而发生泄漏，在高达 2200 磅 / 平方英寸 ① 的超压下测试也没有发生泄漏。在安全测试、设计和开发工作结束后，新的 GPHS 终于可以投入生产和使用。[15]

以生产为中心

GPHS-RTG 及其热源的生产工作分布广泛，涉及众多能源部承包商和国家实验室。例如，用于制造包壳和透氦阻钚窗的铱合金原材料是在橡树岭国家实验室生产的。铱包壳和透氦阻钚窗由土墩实验室进行制造。氧化钚燃料芯块的制造和封装在萨瓦纳河厂的钚燃料制造设施中进行，然后封装的燃料芯块将被转移到土墩实验室，当 GPHS 模块装配时，它们将被封装在石墨组件中。

伽利略号和尤利西斯号任务为土墩实验室的空间核动力系统工作人员带来了新的机会。20 世纪 70 年代末，能源部决定将 RTG 组装和测试业务从其系统承包商通用电气公司和特励达能源系统公司转移到土墩实验室。尽管放射性同位素热源组装和其他相关操作已在土墩实验室进行了 30 多年，但新的 RTG 组装和测试工作要求设施、设备、操作和人员到位，并为预计的发射日期做好准备。新的操作场址位于 50 号楼，即 RTG 组装和测试设施，该设施自 20 世纪 70 年代初以来一直用于其他活动。

为适应新的 RTG 操作，对设施进行的改造工作始于 20 世纪

---

① 　1 磅 / 平方英寸 ≈ 0.0069 兆帕。——译者注

80 年代初，并于 1983 年完成。接下来就是接收并安装设备，制订流程，并对工人进行培训以适应新的组装和测试操作。[16] 这是一段非常忙碌的时期，确保 RTG 为急迫的发射计划做好准备的压力意味着参与人员需要长时间工作。多年后，土墩实验室的韦恩·阿莫斯回忆道，"我们遇到了技术困难，导致进度问题，一周 7 天，每天 24 小时都在工作。但这是一个很棒的团队，我们一起工作得很好……"[17]

经过数月的准备、培训和审查，土墩实验室终于将其新的 RTG 组装和测试能力投入使用。1983 年 4 月，土墩实验室收到了一个 GPHS-RTG 鉴定样机，命名为 Q-1，用于装料和测试。鉴定样机的组装在新的惰性气氛装配腔室中进行，操作员在腔室中将 18 个已装料的 GPHS 模块的组装成热源堆叠，并将堆叠插入发电器。然后将 RTG 密封并用惰性气体回填，以保护热电元件在储存和测试操作期间免受大气中氧气的损害。

30

一名技术人员正在组装核电源。(来源：美国能源部的 Flickr 网站)

组装后，对装载核燃料的鉴定样机进行了一系列广泛的测试，检查了系统的抗泄漏能力，中子和伽马辐射出射率，以及压力衰减。使用振动台模拟发射条件，进行振动测试。在大型真空腔室中

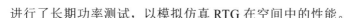

进行了长期功率测试，以模拟仿真 RTG 在空间中的性能。

测试完成后，启动了长期寿命测试，以证明电力转换系统具有数年的寿命。鉴定样机的成功测试确保了新的 GPHS-RTG 将满足任务需求，并验证了用于预测性能的分析模型。[16]

在 RTG 鉴定和安全测试成功完成后，美国能源部和 NASA 确信 GPHS-RTG 已准备好飞行。1985 年，土墩实验室完成了 4 台 GPHS-RTG 的组装和验收测试，其中 3 台用于伽利略号和尤利西斯号任务，1 台备用。1986 年 1 月，4 台 RTG(标识为 F-1，F-3，F-4 和 F-5) 从土墩实验室转移到肯尼迪航天中心，为年末发射伽利略号和尤利西斯号任务做好准备。第 5 台 RTG，即 F-2，已经准备就绪，但在操作过程中不慎暴露在空气中，导致功率略有下降，该样机被推迟到后续任务中使用【见附录 C7】。能源部按时地为飞行计划提供了 GPHS-RTG 装置，并准备好为太空探索的下一步提供动力。 31

发射计划搁置

就在 GPHS-RTG 抵达肯尼迪航天中心几天后，挑战者号航天飞机于 1986 年 1 月 28 日起飞不久后发生爆炸。事故发生后，依赖该航天飞机的美国民用航天计划的所有任务均被搁置，事故原因调查迅速展开。这起事故对伽利略号和尤利西斯号任务产生了重大影响。首先，1986 年的发射日期最终被修改，伽利略号和尤利西斯号分别改为 1989 年和 1990 年发射。事故还引发了有关在航天飞机上发射涉核有效载荷的风险问题。[18] 此外，还出现了关于半人马座上面级运载器及其液氢推进剂在航天飞机上的风险问题。最后，挑战者号事故，加上 1986 年 4 月发射的泰坦 34D 号火箭灾难性故障，导致 NASA 彻底重新评估了其运载器的故障模式以及相关的事故环境和概率。[19]

随着事故调查的进展和事故原因查找计划的制订，仍在肯尼迪航天中心的 GPHS-RTG 与伽利略号、尤利西斯号飞船相连进行了一系列热测试，以确保与飞船系统的正确集成和运行。集成工作完成后，RTG 于 1986 年被送回土墩实验室进行维保、监测和长期保管，直到最后移交肯尼迪航天中心发射。

在挑战者号事故和使用半人马座火箭及其液氧 / 液氢推进剂存在风险的背景下，NASA 局长詹姆斯·弗莱彻于 1986 年 6 月宣布取消半人马座计划的决定。该决定终止了将半人马座火箭用于伽利略号航天器发射的计划。因此，NASA 随后决定在伽利略号和尤利西斯号任务中使用低能量的固体燃料惯性上面级火箭。由于惯性上面级助推器没有能力将航天器直接送至木星，伽利略号任务规划者设计了一个新的飞行计划，其中包括金星—地球—地球引力辅助，以将航天器送至木星【见附录 C8】。在金星—地球—地球引力辅助机动中，这两颗行星的引力将被用来提升航天器的速度，缩短抵达木星的旅行时间。引力辅助机动导致需要开展额外的再入大气层安全测试和分析。[9], [19] 测试结果促使最初的飞越地球策略被反复修改，并导致航天器到达木星的时间略有延迟。

除了需要引力辅助机动外，使用固体燃料上面级的决定还需要进行新的测试和分析，以确保在与航天飞机固体火箭助推器的大型碎片相关的假设事故条件下，GPHS 能够密封其燃料。在圣地亚国家实验室进行的一系列测试中，研究人员还模拟了固体火箭助推器的大型碎片与 GPHS-RTG 的相互作用。测试中使用的组件包括土墩实验室正在测试的 GPHS-RTG 工程样机和 GPHS 模块，其中 GPHS 模块包含用于模拟氧化钚的氧化铀燃料舱。在一系列 3 个单独的试验中，固体火箭助推器碎片以不同的速度和方向射入 GPHS-RTG 的各个部段，以确定对燃料舱的影响。[19] 测试结果为更新安全和环境分析提供了信息。从能源部退休的吉姆·图里指出了测试的一个特殊之处："鲜为人知的是，在测试 RTG 时，我们实际上使用了挑战者号事故中遗留下来的一些碎片，当然这是在事故调查完全结束后。我们将航天飞机的碎片放在圣地亚国家实验室的火箭滑车上，并将其撞向 RTG……"[20]

到 1989 年，美国能源部和 NASA 已经更新了安全和环境分析，以支持预计的伽利略号发射。更新后的分析反映了固体燃料上面级的使用情况、金星—地球—地球引力辅助机动策略以及大型碎片试验结果，并得出结论——使用航天飞机发射 GPHS-RTG 的风险低至可接受水平。在谈到挑战者号事故及其对空间核计划的影响时，洛斯阿拉莫斯国家实验室的一位热源设计师罗伊·佐彻指出，"这起事故……促使我们探索了事故环境方面的其他可能性，因而可以说，大量广泛的安全测试源于挑战者号事故……"[21] 随着新的安全测试和审查程序的完成，伽利略号和尤利西斯号再次准备好飞行，至少就能源部和 NASA 看来是这样。然而，公众中的一些人有不同的看法，他们很快就抓住机会发表了自己的意见。

　　在伽利略号发射前的几个月里，佛罗里达和平与正义联盟、经济趋势基金会和基督教研究所 (一家公共利益律师事务所) 等反核组织开始表示反对。有人对可能导致太空海岸 ① 和其他地区钚污染事故表示担忧。这些担忧在肯尼迪航天中心的抗议活动中达到了顶点，并对 NASA 提起了有史以来第一次诉讼，威胁要停止伽利略号的发射。在听取了案件双方的辩论后，主审法官裁定 NASA 胜诉。伽利略号任务终于成功发射。伽利略号发射后，尤利西斯号任务也会遇到类似的担忧和抗议。尽管抗议和诉讼没有阻止发射，但它们确实有助于制订发射前的应急预案。此类预案规定了在面对不太可能发生的发射事故时如何应对放射性事件。[1], [9], [18]

伽利略号的发射和探索发现

　　在经历了 3 届政府长达 10 多年的开发、测试和准备之后，伽利略号航天器及其 2 台 GPHS-RTG 终于在 1989 年 10 月 18 日随亚特兰蒂斯号航天飞机 (STS 34) 登上太空。对于所有参与者来说，该发射产生了一种几乎难以形容的自豪感和成就感，正如吉姆·图里所描述的："……我还记得我在那里的第一次发射，正是为了伽利略号。我不是一个很情绪化的人，但当它离开地面时，我真的热泪

---

　　① 太空海岸特指美国肯尼迪航天中心与卡纳维拉尔角空军基地附近的地区，是佛罗里达州的一系列官方或非官方命名的"有特定主题的海岸"之一。——译者注

盈眶。那只是兴奋、激动、肾上腺素和快乐。太神奇了。事情的发生完全出乎意料。"[20] 伽利略号在航天飞机上成功部署，一旦它到达轨道就被推送出去，通过引力辅助安全地前往木星。

亚特兰蒂斯号航天飞机载有伽利略号轨道飞行器和大气探测器，从肯尼迪航天中心升空。(来源：NASA.gov)

在 1990 年 12 月飞越地球期间，伽利略号提供了第一张由无人航天器拍摄的地球和月球合照，并证实了月球背面南部存在一个巨大的古代撞击盆地，该盆地从未被绘制过。首次对月球的多光谱研究显示，月球火山活动比以前想象得更广泛。[22] 在前往木星的 6 年旅程中，航天器首次对小行星 (加斯普拉和艾达) 进行了近距离观察，并记录了苏梅克 - 列维彗星与木星的碰撞。

探测器于 1995 年 7 月 13 日从轨道飞行器 ① 上释放。一经释放，它就无法再被指挥，并在进入木星大气层之前，沿着预定路径飞行

———————————
① 伽利略号由一个轨道飞行器和一个探测器组成。——译者注

了 147 天。探测器被释放后，轨道飞行器的轨道被改变为飞越探测器与行星相遇地点的上空，以便将探测器的数据传回地球。该轨道飞行器于 1995 年 12 月 7 日开始环绕木星，成为第一艘环绕外行星的航天器。同一天，探测器首次进入木星大气层，使用寿命有限的 580 瓦时电池进行直接探测。在接下来的 22 个月里，轨道飞行器在几个卫星之间穿梭，包括伽利略发现的卫星 (木卫一、木卫二、木卫三和木卫四)[①]，利用它们的引力来确定轨道并完成主要任务。尽管这是第 5 次观测木星的任务，但伽利略号航天器是第一次进入木星轨道，它改变了人类对木星、其卫星和外太阳系的认识。

34

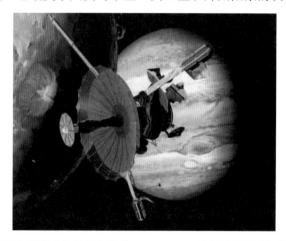

艺术家对伽利略号航天器的构想，GPHS-RTG 位于航天器后部的吊杆末端。(来源：NASA.gov)

在 1997 年 12 月，计划的第 8 年 (71 000 小时)，任务结束时，2 台 GPHS-RTG 仍可提供 482 W_e 电力，远远超过了任务所需的 470 W_e。即使在发射推迟和前往木星的金星—地球—地球引力辅助路线延长后，GPHS-RTG 仍产生了足够的电能，使 NASA 能够将任务延长几年，从而使伽利略号最终完成 35 次木星轨道绕行。

----

① 原文中木星的 4 颗卫星的英文名为 Io，Europa，Ganymede 和 Callisto，本书采用中文编号翻译。——译者注

2003 年 2 月，随着航天器推进剂耗尽，飞行团队从伽利略号上提取了最后的科学数据，并于 2003 年 9 月 21 日将伽利略号送入木星并与之相撞。将伽利略号按照计划与木星碰撞是为了防止其坠毁在木卫二，后者可能会导致在木卫二上留下污染物。据了解，木卫二上有一片海洋，对研究地外生命非常重要。[1]，[10]

尤利西斯号的太阳漫游

尤利西斯号的发射和伽利略号一样顺利。该航天器及其 GPHS-RTG 于 1990 年 10 月 6 日随发现者号航天飞机 (编号 STS 41) 发射升空。两级惯性上面级和一个有效载荷辅助模块助推器将航天器送出地球轨道，开始前往木星为期 16 个月的旅行，然后利用木星的引力将航天器轨道移出行星的黄道面并越过太阳两极。[10]

艺术家对木星上的尤利西斯号航天器的印象画。(来源：NASA 和欧洲航天局)

尤利西斯号研究了太阳风，这是从太阳喷射出来的一股稳定的粒子流，在星际空间中产生了一个被称为日球层的气泡。尤利西斯号在 1994—1995 年间提供了太阳赤道至最大纬度倾斜约 80 度 (相对于北极和南极) 的日球层的第一张地图。该任务还提高了对太阳黑子行为、太阳耀斑、太阳 X 射线、太阳无线电噪声和等离子波、

太阳磁场、宇宙射线、星际与行星际气体及尘埃的理解。在成功完
成其主要任务后，尤利西斯号继续在第二个太阳轨道上运行，以研 36
究太阳活动最活跃周期中的太阳风。

　　在 1995 年 8 月，计划的第 5 年 (42 000 小时)，任务结束时，
GPHS-RTG 仍可提供 248 W_e 电力，略高于任务所需的 245 W_e。凭
借 RTG 提供的持续电力，尤利西斯号任务得以延长数次。尤利西斯
号于 2006 年 11 月开始第三次太阳南极区穿越，并于 2009 年 3 月完
成第三次太阳北极区穿越。2009 年 6 月 30 日，经过 18 年的成功运
行，电子设备问题和所剩无几的推进器燃料阻碍了航天器的进一步
运行，导致尤利西斯号任务终止。

放射性同位素加热器单元

　　随着伽利略号和尤利西斯号任务的结束，如果不提及最简单
但最默默无闻的空间核技术的英雄之一：放射性同位素加热器单
元 (radioisotope heater unit, RHU)，本章就不完整了。RHU 作用是
使敏感仪器保持在所需的工作温度，既不需要使用电力也不会产生
由电加热器引起的电磁干扰。鲍勃·坎贝尔曾在喷气推进实验室为
伽利略号和尤利西斯号任务做准备工作，他指出了这样做的好处：
"……在某些需要的地方使用这些 RHU……这完全省去了将电缆引
出的工作，而将电缆分别引出到每个地方，只是为了在那里安装一
个电加热器。然后，你使用 RTG 提供的电力传输到那些地方，为
这些加热器提供电源。因此，你能为航天器其他部分提供的电力被
大量消耗。大约有 100 个 RHU。总共需要 100W_t。但是现在突然之间，
你的 RTG 将花费 300 W_e 中的 100 W_e……仅仅只为这些加热器供电。
所以如果你把 RHU 放在那里，就解决了所有的布线难题。它……
为你节省了额外 100 W_e 的 RTG 电力，而这部分电力本来要用于那
些小电加热器为设备加热。"[23]

　　阿波罗 11 号任务中首次使用的是产生 15 W_t 热能的构件，20
世纪 70 年代为先驱者号计划开发了一个较小的 1W_t 版本。先驱者

号的 $1W_t$ RHU 随后被改进，用于 1977 年发射的旅行者 1 号和旅行

37 者 2 号航天器。RHU 在土墩实验室装料并封装，由约 2.7 克的氧化
钚燃料产生 $1W_t$ 的热能。与 RTG 类似，RHU 设计有几个保护层和
其他安全特性，以确保在事故环境密封和 (或) 固化氧化钚燃料。[24]

1978 年，洛斯阿拉莫斯国家实验室开始开发用于伽利略号轨
道飞行器和探测器的低质量 RHU 的改进版本。新的加热器单元称
为轻型放射性同位素加热器单元 (light-weight RHU, LWRHU)，与
GPHS-RTG 类似，它从大约 2.7 克的氧化钚燃料中产生 $1W_t$ 的热能。
然而，LWRHU 比 RHU 轻 (40 克相比于 57 克)、短 (32 毫米相比
于 47 毫米)，但直径稍大 (26 毫米相比于 22 毫米)。新的 LWRHU 设
计具有几个与安全相关的特性，包括：氧化钚陶瓷燃料芯块；铂 - 铑

38 合金包壳，一端带有透氦阻钚窗，以释放由钚自然衰变产生的氦气
(而 RHU 设计为密闭包容氦气)；热解石墨隔热材料，以防止包壳
在再入大气层时熔化；以及再入大气层时起保护作用的细编穿刺织
物航空烧蚀层 (相对于 RHU 中使用的材料而言，这是一种改进的
材料)。LWRHU 完全组装后，是一个长约 3 厘米、直径约 2.5 厘
米的圆柱体，尺寸与现代 2 号电池[①]相似。[25]

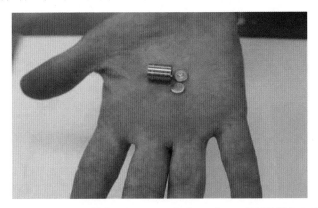

轻型放射性同位素加热器单元 (LWRHU) 组件。(来源：橡树岭国家实验室)

---

① C-cell battery 为 2 号电池。——译者注

　　LWRHU 开发工作最初计划在 14 个月内完成设计、测试、生产和交付；然而，伽利略号发射的推迟使得能够开发出一种具有更高安全裕度的设计，并有充足的时间允许进行额外的测试。在与 GPHS-RTG 类似的安全测试中，对新型 LWRHU 的燃料密封能力进行了评估。这些测试包括超压，铝合金子弹冲击，长时间暴露于燃烧的固体燃料推进剂，以大于最终速度在不同方向撞击硬表面，以及在相当于 6000 米的深海压力下浸泡近两年。[25] 经过开发和测试工作，1985 年在洛斯阿拉莫斯国家实验室完成了用于伽利略号任务的 134 个 LWRHU 的组装；120 个单元在航天器上使用，其余的作为备用。

回首往事

　　伽利略号和尤利西斯号航天器上的 GPHS-RTG 和 LWRHU 的成功结束了"安静技术"漫长历史的又一篇章。GPHS-RTG 延长了任务寿命，并提供了传输无数图片、数据和其他信息所需的电力，这些信息增强了我们对太阳系的理解。LWRHU 提供热量，使科学仪器和其他电子设备在深空寒冷的环境中保持温暖（并发挥作用）。在这两种情况下，通过 GPHS-RTG 和 LWRHU，美国能源部已经开发了装置并形成能力，能够在未来几十年为 NASA 任务供电和供热。

【见附录 C9】　　　　　　　　　　　　　　　　　　　　　　　39

参考信息来源

[1]　Launius, R. D., 2008, "Powering Space Exploration: U.S. Space Nuclear Power, Public Perceptions, and Outer Planetary Probes," Smithsonian Institution, Washington, DC 20650, 6th International Energy Conversion Engineering Conference (IECEC), 28-30 July 2008, Cleveland, Ohio.

[2]　NASA, 1978, "Aeronautics and Space Report of the President: 1977 Activities," National Aeronautics and Space Administration.

[3]　NASA, 1979, "Aeronautics and Space Report of the President: 1978 Activities,"

National Aeronautics and Space Administration.

[4]   NASA, 1979, "Aeronautics and Space Report of the President: 1979 Activities," National Aeronautics and Space Administration.

[5]   Snow, E. C., and R. W. Zocher, 1978, "General Purpose Heat Source Development, Phase I – Design Requirements," LA-7385-SR, Los Alamos Scientific Laboratory, September 1978.

[6]   Schock, A., and H. Sookiazian, 1979, "Design Optimization of RTG for Solar-Polar Mission," Fairchild Space and Electronics Company, 1979.

[7]   Hammel, T.E., and W. E. Osmeyer, 1977, "The Selenide Isotope Generators," Teledyne Energy Systems, 1977.

[8]   Melzer, M., 2007, "Mission to Jupiter: A History of the Galileo Project," NASASP-2007-4231, 2007.

[9]   http://nssdc.gsfc.nasa.gov/.

[10]   Bennett, G. L., J. J. Lombardo, R. J. Hemler, et. al., 2006, "Mission of Daring: The General-Purpose Heat Source Radioisotope Thermoelectric Generator," American Institute of Aeronautics and Astronautics, 4th International Energy Conversion Engineering Conference and Exhibit (IECEC), AIAA 2006-4096.

[11]   Bennett, G. L., 2003, "Looking Backward, Looking Forward," Space Technology and Applications International Forum, STAIF 2003.

[12]   Snow, E. C., R. W. Zocher, et. al., 1978, "General Purpose Heat Source Development, Phase II–Conceptual Designs," LA-7546-SR, Los Alamos Scientific Laboratory, November 1978.

[13]   Bennett, G. L., 1997, "Mission Focus: Successful Management Practices on the Galileo and Ulysses Radioisotope Power Sources Program," Space Technol. Vol. 17, No.2, pp. 123-132. 1997.

[14]   Bennett, G. L., C. W. Whitmore, and W. R. Amos, 1989, "On the Development of the Power Sources for the Ulysses and Galileo Mission," Proceedings of the European Space Power Conference held in Madrid, Spain, October 2-6, 1989 (ESA SP-204, August 1989).

[15] Bennett, G. L., J. J. Lombardo, A. L. Mowery, Jr., et. al., 1988, "Development and Implementation of a Space Nuclear Safety Program," Chapter 8 in *Space Nuclear Power Systems 1987*, edited by M. S. El-Genk and M. D. Hoover, Orbit Book Company, 1988.

[16] Amos, W. R., and C. J. Goebel, 1990, "Mound's Role in the Galileo Mission to Jupiter," MLM-MU-90-62-0401, January 1990.

[17] Wayne Amos, personal communication, January 23, 2015.

[18] Dawson, S., and M. Sklar, 2005, "Space Nuclear Power Public and Stakeholder Risk Communication," document accessed at http://hdl.handle.net/2014/39675, published by Jet Propulsion Laboratory, National Aeronautics and Space Administration, June 5, 2005.

[19] Bennett, G. L., C. T. Bradshaw, et. al., 1992, "Update to the Safety Program for the General Purpose Heat Source Radioisotope Thermoelectric Generator for the Galileo and Ulysses Missions," Chapter 20 in Space Nuclear Power Systems 1989, edited by M. S. El-Genk and M. D. Hoover, Orbit Book Company, 1992.

[20] Jim Turi, personal communication, February 6, 2015.

[21] Roy Zocher, personal communication, January 19, 2015.

[22] Galileo Project Information, National Aeronautics and Space Administration, http://nssdc.gsfc.nasa.gov/planetary/galileo. html.

[23] Bob Campbell interview, May 20, 2011.

[24] Bennett, G. L., 2007, "Mission interplanetary: Using radioisotope power to explore the solar system," Energy Conversion and Management 49 (2008), pp. 382–392, December 21, 2007, available online.

[25] Tate, R. E., and C. C. Land, 1985, "Environmental Safety Analysis Tests on the Light Weight Radioisotope Heater Unit (LWRHU)," LA-10352-MS, UC-33A, May 1985.

　　木星系统的复合体，包括木星边缘及其大红斑，以及木星最大的 4 颗卫星，它们称为伽利略卫星。从左到右，显示的卫星是木卫一、木卫二、木卫三和木卫四。伽利略号航天器获取了木星、木卫一、木卫二和木卫三的图像，旅行者号航天器则获取了木卫四的图像。（来源：NASA、喷气推进实验室、德国航空航天中心）

第三章

先进同位素电源系统

——扩展放射性同位素电源系统范围

随着 RTG 技术在 20 世纪 70—80 年代的不断发展，开发先进的同位素电源系统仍然是美国能源部和 NASA 的一个重要目标。这些发展的努力目标是（现在仍然是）提高效率，并且使电力系统质量最小化，同时努力实现最高的安全等级。考虑到上述目标，这些机构寻求使用材料、电力转换技术及制造和生产技术的进步。在这样做的过程中，放射性同位素电源系统技术的知识库得以扩大，并为今后的开发工作提供了一个平台。

一种模块化 RTG

在整个 20 世纪 80 年代，为伽利略号和尤利西斯号任务开发和生产新的 GPHS-RTG 是美国能源部的主要重点工作。凭借其模块化热源和改进的电力转换系统，GPHS-RTG 比 MIIW-RTG 和 SNAP-19 型 RTG 有了显著的改进，特别是在比功率方面。然而，很快，RTG 的远见者们开始评估一种设计变化的可行性，这种设计变化将把"模块化"引入到转换器级别和热源级别。

1980 年，美国能源部和仙童宇航与电子公司签订合同，在先进材料和制造技术以及洛斯阿拉莫斯国家实验室、仙童公司和通用电气公司正在开发的新型 GPHS 的基础上，开发和分析新型 RTG设计。仙童公司随后开发的 RTG 概念被称为模块化同位素温差发生器 (modular isotopic thermoelectric generator, MITG)。按照设想，MITG 概念包括单个 GPHS 模块，周围由 8 个热电多偶包围，以及1 个标准化的隔热层、外壳、散热片和电路部分。由于预计的电力输出约为 20 瓦，单个 MITG 装置可以组合起来形成一个 RTG，该装置可以在一系列功率等级上进行扩展。通过调整位于发电器外壳外部的散热片尺寸，可调节的功率增量小于 20 瓦。[1]

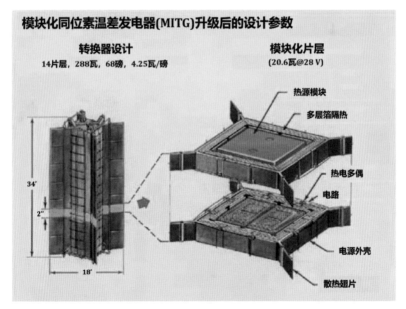

MITG 转换器装置概念图（图片由通用电气公司绘制，爱达荷国家实验室的放射性同位素电源系统计划提供）

MITG 的基础是一种称为"热电多偶"的温差发电概念。由辛格公司开发的"热电多偶"概念由 p 型和 n 型热电偶臂阵列组成，这些热电偶臂连接到一个共同的热端电极或集热器以及一个冷端电极固定桩。除了热电多偶概念，辛格公司还开发了一种改性硅锗热电合金，其中包含少量磷化镓。早期测试表明，磷化镓添加剂的存在将通过降低热电材料的热导率来提高热电材料的转换效率。与GPHS-RTG中采用的热电单偶设计相比，MITG的预期效益是提高了电力转换效率。

根据最初的概念，由 12 个功率模块组成的 MITG 将产生大约 280 W_e，这与 GPHS-RTG 及其 18 个 GPHS 模块的电输出相当。相对于系统重量，拥有 12 个模块的 MITG 的重量约为 GPHS-RTG 的一半。由于具有如此良好的性能，在 1981—1983 年间进行了新型热电材料和热电多偶的制造和测试，以确定在模拟 GPHS-RTG 工作温度下的性能和可行性。[1] 此外，测试工程师试图确定掺杂磷化镓的硅锗热电材料相对于 GPHS-RTG 中使用的标准硅锗材料的性能差异，并通过测量单个热电多偶的衰减行为来估计模块寿命。测试还将有助于确认与热电材料和热电多偶相关的制备和制造技术的充分性。

随后制造并测试了 2 个测试套件，每个套件由嵌入发电器外壳原型部分的 8 个 MITG 热电多偶组成。由改性硅锗制成的热电多偶用于一个测试模块，而由标准硅锗制成的热电多偶用于第二个测试模块。加热器封装在与 GPHS 模块具有相同外形尺寸的绝缘石墨盒中，使用它对测试套件进行电加热。

测试达到了目的，因为通过测试发现了一些问题。例如，在热电多偶中观察到有裂纹形成。随后的研究表明，开裂的原因是热电偶臂阵列与热端电极和冷端电极的连接处产生了热应力。之后，对热电多偶进行了重新设计，在问题区域引入了应力消除设置。[2], [3] 除了应力开裂问题外，应能源部要求对磷化镓掺杂硅锗热电材料进行的独立测试，测试结果显示，材料转换效率低于先前报告的材料转换效率（尽管它们高于标准硅锗合金）。从测试中吸取的经验教训被纳入 MITG 的设计修改以及制备和制造流程。随着改进的进行，能源部决定在地面演示系统中测试 MITG 技术，作为后续模块化放射性同位素温差发电器 (modular RTG, MOD-RTG) 开发计划的一部

42

分。1983 年 9 月，MITG 计划结束。[4]

模块化放射性同位素温差发电器

美国能源部将模块化放射性同位素温差发电器，即 MOD-RTG 项目授权通用电气公司管理，该项目的目标是开发地面演示系统，以测试模块化 RTG 概念。从 1983 年 10 月开始，制订了一项 3 年计划，以制造和测试基于 6 个 GPHS 转换器单元的电加热 MOD-RTG 演示样机。[5] 到 1985 年中期，通用电气公司（在仙童公司的帮助下）完成了参考飞行设计和地面演示系统设计。单个热电多偶装置被设计为可从 1 个 GPHS 模块产生 19 W_e，而参考飞行设计由 18 个 GPHS 模块和 144 个热电多偶组成，产生 340 W_e。[6] MOD-RTG 参考飞行设计的预计比功率约为 7.9 W_e/kg（质量约 42 千克），明显高于 GPHS-RTG 的 5.4 W_e/kg。1985 年夏天开始制造地面演示系统。

尽管最初很乐观，但 MOD-RTG 项目很快发现自己面临着与 MITG 开发工作类似的问题。热电多偶的测试显示了持续的性能问题，包括机械和电气短路问题、磷化镓相关的材料问题以及高于预期的热电性能衰减现象。为了解决热电问题，能源部于 1986 年中期暂停了地面演示系统的制造。解决热电多偶性能问题变成了一项多年任务，一直到 1992 年项目最终终止时仍然是项目的主要焦点。尽管在项目终止时遇到了困难和技术挑战，但长达 9 年的 MOD-RTG 研发工作确实取得了一些重大成就，包括开发了热电多偶的可重复制造工艺，解决了项目早期发现的机械和电气短路问题，以及加深了对热电多偶衰减机制的理解。尽管建议开展后续工作，但能源部的重点转移到为 1997 年发射的卡西尼号任务生产 GPHS-RTG。[7]

动态同位素电源系统

与诸如 RTG 的静态系统不同，动态放射性同位素电源系统利用了一种基于使用运动部件将热能转换为可用电能的电力转换技术。这种系统通常采用布雷顿、朗肯或斯特林热力学循环。尽管

RTG 的电力转换效率为 5% ～ 7% 的量级，但动态同位素电源系统 (dynamic isotope power systems，DIPS) 的转换效率可达到 25% 或更高，从而使单位质量放射性同位素燃料产生的电功率提高 3 ～ 4 倍。【见附录 C10】

针对空间应用的动态转换系统的研究始于 20 世纪 50 年代中期，在 AEC 实施的 SNAP 计划中进行。例如，在 SNAP-1 计划中，将电热源与基于汞的朗肯电力转换装置耦合形成一个 6 千克的系统，产生 470 W_e 电力。[8] 在 SNAP-2 和 SNAP-8 反应堆计划，继续开发基于汞的朗肯电力转换系统，其中电力转换系统与金属氢化物核反应堆热源耦合，分别产生 3 kW_e 和 30 kW_e。[9] 在这种配置中，由于使用液态金属汞，引起了材料和腐蚀问题，最终导致在朗肯系统中用有机流体替代。[10] 封闭式布雷顿循环电力转换系统的早期开发工作包括一个输出 2 ～ 10 kW_e 的电力装置，该装置由 NASA 刘易斯研究中心 (现位于刘易斯场区，被称为约翰·H·格伦研究中心，现通常被称为格伦研究中心) 开发。[11]

认识到动态转换是空间核动力系统技术的下一个合理发展方向，美国能源部和 NASA 于 1975 年启动了一项计划，以开发一种重 204 千克、输出 1.3 kW_e 的系统。选择了 2 种技术进行开发、测试和评估。森德斯特兰德公司开发了一种有机朗肯循环，称之为千瓦级同位素电源系统 (Kilowatt Isotope Power System，KIPS)，而盖瑞特公司开发了封闭式布雷顿循环，称之为布雷顿同位素电源系统 (Brayton Isotope Power System，BIPS)。两个承包商都将 MHW 热源纳入其设计中；但是测试时使用的是电加热器。

KIPS 概念由 3 个 MHW 热源套件组成，这些套件将加热并使有机工作流体沸腾，从而产生驱动涡轮机的蒸汽。直接安装在涡轮轴上的交流发电机用于发电。蒸汽离开涡轮机后，将通过一个再生器，将蒸汽中的一部分剩余热量用于对即将进入热源套件的工作流体进行预热。然后，蒸汽通过一个冷凝器被液化，并泵送到所需的位置以完成循环。排热系统由一个桶形散热器组成，冷凝液体通过该散热器将多余的热量排散至空间环境。基于 3 个 2.4 kW_t(总功率

7.2 kW$_t$)MHW 热源，系统可输出电功率 1.3 kW$_e$，预计系统总质量为 216 千克，系统总效率约为 18%。[12]

BIPS 概念利用 2 个 MHW 热源加热氦 - 氙工作气体，进而驱动小型布雷顿旋转装置——旋转装置包括涡轮、交流发电机和压缩机。与 KIPS 类似，直接安装在涡轮轴上的交流发电机用于发电。工作气体离开涡轮机后，通过一个换热器，将工作气体中的一部分剩余热量用于预热即将进入热源套件的气体。然后，气体通过压缩机返回系统以完成循环。系统研究显示，基于 2 个 2.4 kW$_t$(总功率 4.8 kW$_t$)MHW 热源，系统可输出电功率 1.3 kW$_e$，预计系统总质量为 208 千克，系统总效率约为 27%。[13]

布雷顿同位素电源系统工作回路。(来源：NASA)

尽管 2 个承包商都成功地完成了飞行系统概念设计，并开发了地面演示原型样机用于测试，但只有森德斯特兰德公司的有机朗肯

系统 (KIPS) 被选定用于进一步开发。1980 年 9 月，由于缺乏近期任务，该计划被中止，那时森德斯特兰德公司开发的系统已在 1.3 kW$_e$ 的满功率和 18.5% 的系统总效率下运行了 11 000 多小时。[10]

动态同位素电源系统计划

在 1983 年战略防御倡议的背景下【见附录 C11】，1987 年启动了一项动态同位素电源系统，即 DIPS 技术演示计划，由美国能源部与国防部共同为助推监视和跟踪系统开发电力系统。该跟踪系统旨在在导弹发射后的最初几分钟内，即助推阶段，对敌方弹道导弹发射进行早期探测。[11]

助推监视和跟踪系统预计需要 6 千瓦的电力、7 年的使用寿命和 98% 的可靠性。在对 3 种候选空间核动力系统技术 (热离子、反应堆和 DIPS) 进行评估后，选择了 DIPS 进行进一步开发。DIPS 技术演示计划的总体目标包括制造和演示可在 1 ～ 10 kW$_e$ 范围内扩展的动态电力系统，对电加热鉴定样机进行寿命测试，以证明其在 7 ～ 10 年的可靠性，并解决其他重大技术问题。计划中的 DIPS 也将使用最新的热源技术，即 GPHS。[14] 相比之下，输出电力 6 kW$_e$ 的 DIPS 相当于 20 台 GPHS-RTG。

根据与美国能源部签订的合同，洛克达因公司 (当时是罗克韦尔国际公司的一个部门) 被选中负责设计、建造和测试原型电源系统，直至飞行准备就绪。在对布雷顿和朗肯技术进行评估后，先前由盖瑞特公司开发的封闭式布雷顿循环电源系统被推荐给能源部进行下一步开发。在获得能源部同意后，罗克韦尔 - 盖瑞特联合团队设计了一个模块化封闭式布雷顿系统，预计输出功率为 2.5 kW$_e$，运行寿命超过 10 年。[11] 尽管布雷顿系统的地面测试从未实现 (助推监视和跟踪系统的开发计划决定不使用 DIPS，而使用非同位素技术)，[15] 但 DIPS 技术很快就与其他空间应用相联系。【见附录 C12】

1989 年，老布什①总统宣布了他的太空探索倡议。该倡议有一

---

① 老布什指乔治·赫伯特·沃克·布什。——译者注

个雄心勃勃的目标，即在十年内让人类重返月球，并在 2019 年前将一名宇航员送上火星。在宣布这一目标后的一年内，美国能源部和 NASA 签署了一份谅解备忘录，该备忘录建立了一个总体框架，根据该框架，两个机构将为达成该倡议目标在信息交流和研发活动方面开展合作。[16]

随着新的 NASA- 能源部协议签署，布雷顿系统的潜在应用很快就从战略防御倡议转向了天基探索。根据 DIPS 演示计划，开发了动态电力系统概念，以满足太空探索的新任务和功率水平需求。例如，封闭布雷顿循环系统被确定为可能服务于需要 0.2 ～ 20 kW$_e$ 的行星表面应用。[17] 为了在月球上建立一个载人前哨站的任务，2.5 kW$_e$①布雷顿设计与其他动力系统技术 (包括核动力和非核动力) 进行了比较。[18] 在这两个概念中，规划者都假设使用了一个 GPHS 模块，这是自伽利略号和尤利西斯号任务开发以来能源部热源的主要型号。

虽然 DIPS 技术和其他用于太空探索倡议的潜在电力技术开始飞速发展，但他们很快就面临这样一个现实，即该倡议缺乏国会的支持和资金，这主要是由于其跨度 20 ～ 30 年的巨大资金投入——5000 亿美元。在缺乏必要支持的情况下，太空探索倡议所提及的那些崇高的人类探索目标很快被放弃了，DIPS 演示计划也随之结束。[19]

斯特林放射性同位素发电器

到 20 世纪 90 年代中期，美国能源部和 NASA 对先进放射性同位素电源系统的需求日趋迫切并越来越被重视。重要的是，在 1988 年萨瓦纳河厂的 K 型反应堆关闭后的十多年里，这些机构一直面临着钚 -238 燃料库存有限的难题②。很快，能源部和 NASA 开始对另一种基于斯特林技术的动态电力转换系统产生兴趣。斯特林技术公司多年的研究激发了人们的兴趣，包括在开发 SP-100 空间反应

① 原文为 "2.5 W$_e$"，译者认为此处为笔误，应该为 "2.5k W$_e$"。——译者注
② 见第十章。K 型反应堆为生产钚 -238 运行了 30 多年。随着它的关闭，美国能源部失去了唯一的热源同位素生产能力。——原文注

堆电源系统期间所获得的经验。【见附录 C13】

48

斯特林技术公司，后来改名为英菲尼亚公司，总部位于华盛顿的肯纳威克，与美国能源部签订合同，开发一种 55 W$_e$ 的斯特林发动机，称为技术演示转换器 [①]。在多台演示发动机的初步开发和制造之后，对技术演示转换器进行了为期 3 个月的广泛评估，包括动态发射载荷能力测试、电磁场特性测试以及对功率输出、系统效率和温度等参数的性能测试。能源部发起的评估始于 1999 年底，其目的是了解斯特林转换器的技术准备情况，以评估将其用于 2004 年 12 月发射任务的可行性及其飞行开发的准备情况。为了支持评估，能源部利用了 NASA、洛克希德·马丁公司、轨道科学公司和其他公司的空间核动力系统专业知识。在为期 3 个月的评估结束时，55 W$_e$ 的技术演示转换器赢得了评估团队以及 NASA 和能源部内部技术决策者的支持，后续开发很快开始了。[20]

随着 55 W$_e$ 的技术演示转换器获得了良好的评估结果，能源部很快将其努力转向开发斯特林放射性同位素发电器 (Stirling radioisotope generator，SRG)。在合同缩减阶段开发概念设计之后，SRG 的开发于 2002 年 5 月正式开始，当时能源部选择洛克希德·马丁公司作为此新项目的系统集成商，开发一台能够生产 110 W$_e$ 的 SRG。洛克希德·马丁公司负责计划中的斯特林电源系统 (最终被称为 SRG-110) 的总体设计、集成和鉴定。SRG-110 概念采用了英菲尼亚公司正在开发的 55 W$_e$ 技术演示转换器，英菲尼亚公司负责转换器开发，包括设计、制造和测试。格伦研究中心为斯特林电源系统的开发提供了专业技术支持。在合同和项目团队到位的情况下，计划将逐步使具有飞行资格的斯特林放射性同位素电源系统成为现实。[21]

随着斯特林发电器的设计进展，技术演示转换器的制造和测试继续进行，以解决问题并达到可制造性、性能、寿命和可靠性标

① NASA 斯特林技术团队在提到斯特林电力转换时使用术语 "convertor" 而不是 "converter"。这种约定俗成将在本书全文酌情体现。——原文注

准。在格伦研究中心开展了大量测试以支持技术开发，包括转换器
性能测试、热真空测试、材料研究、交流发电机测试和结构动力学
测试。[22] 此类测试为解决技术问题和改进转换器设计提供必要的信
息，并为技术演示转换器与洛克希德 SRG 的整体集成提供支撑。[23]

49 到 2005 年底，洛克希德公司设计了一个斯特林电源系统，可
以在深空的真空和火星表面运行。SRG-110 的设计包括 1 个铍外壳，
其内部包含 2 个自由活塞斯特林发动机（即转换器）、2 个 GPHS
模块、隔热体和各种支撑组件。在外壳的外部安装有 1 个电子控制
器和其他杂项组件，还有几个散热片，用于排散未转化为可用电能
的余热。每台封闭式循环活塞斯特林发动机都会将来自 GPHS 模块
的热量转换为往返运动，然后通过线性交流发电机将其转换为可用
电能。每个技术演示转换器被设计为产生大约 60 瓦的（交流）电功
率，该电功率被转换为大约 55 瓦的直流功率水平。SRG-110 设计
采用英菲尼亚转换器，系统比功率约为 3.5 W_e/kg，系统效率约为
23%。[21], [24]

随着 SRG 设计的就位，发电器工程样机（为测试其能力满足
飞行要求而建造的完整系统原型）的制造已于 2005 年基本完成。
鉴定样机的设计、制造和测试也已启动，并计划于 2006 年底完成。
然而，成本超支和缺乏具体任务导致 2006 年决定取消 SRG-110 系
统的进一步开发。[25]

尽管 SRG-110 的比功率达到约 3.5 W_e/kg，与更有效地使用
钚 -238 的目标一致，但 GPHS-RTG 的比功率为 5.4 W_e/kg，这表
明比功率仍有提升的空间。为了继续改进放射性同位素电源系统，
NASA 和格伦研究中心于 2002 年发布了 1 项研究公告，放射性同
位素电力转换技术是其中的重点。其中 1 项技术随后被选为为期 3
年的开发和示范项目，这项技术就是由太阳能公司开发的自由活塞
斯特林发动机概念。[26]

根据 2003 年 NASA 的合同，太阳能公司领导的团队致力于
开发先进斯特林转换器。在 3 年的时间里，太阳能公司开发了一
种转换器设计，其估计输出电力为 80 W_e（交流电），转换效率大

于 30%，转换器比功率大于 90 W$_e$/kg。在斯特林发电器系统层面，格伦研究中心预计比功率约为 8 W$_e$/kg，是基于技术演示转换器的 SRG-110 系统的 2 倍多，比 GPHS-RTG 高出许多。早期的先进斯特林转换器测试模型样机也成功通过了振动测试，没有发生功率下降或转换器故障。[27]

鉴于这种潜力，NASA 要求能源部完成 SRG-110 工程样机的制造（已经在进行中）和测试，利用早期版本的先进斯特林转换器代替技术演示转换器，以更好地认识新技术的潜力。这项工作已于 2008 年完成，此时本应该为该项目画上句号；然而，对斯特林系统的新兴趣以及发电器的良好测试结果牵引出了一项新的飞行开发工作，称为先进斯特林放射性同位素发电器 (Advanced Stirling Radioisotope Generator, ASRG) 项目。[24], [25]

在新的 ASRG 项目下，洛克希德·马丁公司根据与能源部签订的合同继续担任系统集成商，并负责 ASRG 的设计、制造和测试。太阳能公司负责斯特林转换器的设计、制造和测试。格伦研究中心为太阳能公司制造的转换器提供技术支持和测试能力，就像他们为英菲尼亚公司的技术演示转换器提供的一样。

尽管太阳能公司对先进斯特林转换器的初步开发和测试结果令人鼓舞，但由于技术问题和挑战仍有待解决，准备将其应用于飞行仍然是一个遥远的目标。例如，设计者需要证明转换器加热端的使用寿命为 17 年。加热端是指斯特林转换器直接与 GPHS 模块连接那部分，该部分必须能够承受长时间在高温度下工作。为了提高系统的温度比 ① 及其整体转换效率，斯特林转换器的开发人员寻求转换器热端和冷端之间温差的最大化。

英菲尼亚公司的设计技术问题有些正在调查、有些已关闭，这导致对先进斯特林转换器都必须进行重新审查。此外，先进斯特林转换器的开发和测试工作包括用 Inconel 718 和 MarM-247 制造加

50

---

① 温度比是指斯特林转换器热端温度与冷端温度的比值。根据卡诺定律，温度比越大，卡诺效率（冷热端温差与热端温度之比）越大，通常转换效率越大。——译者注

热端，这两种高温合金的工作温度分别为 650 ℃ 和 850 ℃。尽管在较高的工作温度可提高转换效率，但测试结果表明在较高温度条件下仍存在材料问题。例如，转换器设计者必须重新考虑氢气（转换器工作流体）在较高工作温度下的渗透新型加热端材料的可能性。如果由于渗透造成的氢气损失过高，斯特林转换器的运行性能将降低，从而降低系统的输出功率。因此，必须设计和制造一种特殊的渗透性测试设备来解决渗透问题。另一个需要重新研究的领域是有机材料，这种材料存在于转换器中，用于线性交流发电机的电绝缘和结构连接。选择用于先进斯特林转换器的材料与技术演示转换器中使用的材料不同，有必要了解它们在预计的工作温度下以及在存在辐射（主要可能来自空间环境（例如木星系统）但也有可能来自氧化钚燃料）情况下的性能。这些和其他关键技术问题一旦出现就必须解决，以证明空间转换系统的可行性、寿命和可靠性。[28]

洛克希德·马丁公司作为斯特林发电器系统的开发商，在开发和鉴定未经演示的转换器并将其集成到新 ASRG 的过程中，面临着一系列类似的问题和挑战。2008—2010 年间，太阳能公司制造了许多基于不同材料的转换器，并在格伦研究中心斯特林研究实验室进行了一系列长寿命可靠性测试。2008 年，洛克希德公司完成了 ASRG 工程样机的系统级测试，包括模拟发射和太空环境的振动、冲击和热真空测试。该工程样机随后被转移到格伦研究中心并投入长期运行。[29] 按照预期，到 2011 年 ASRG 将从稍高于 1 千克的氧化钚燃料产生约 130 W_e 电力。样机的预计重量不超过 32 千克，系统转换效率约为 27%。[30]

随着 ASRG 开发工作的持续推进，NASA 于 2011 年决定将 ASRG 开发进度与未来任务保持一致，以支持最早可能于 2016 年 1 月的发射任务；该决定为项目带来了重大的进度挑战。[31] 由于发现者号任务的成本有限，NASA 打算将 ASRG 作为政府供应设备提供给任务使用。【见附录 C14】

2011 年，对 ASRG 设计进行了最终设计审查，以确认系统相对于指定性能和操作要求的充分性。[32] 这次审查发现了技术问题，需要进一步调研和审查，这种情况一直持续到 2012 年。尽管在此期间解决了许多技术问题，但解决这些问题所需的时间引发了对在2016 年时间框架内提供飞行合格样机的能力的担忧。[33] 同时，剩余未解决的技术难题，如关键部件的材料性能问题以及与外壳设计相关的核发射安全问题，继续影响项目成本和进度。尽管 ASRG 的支持者仍然对近期任务的可行性抱有希望，但这些希望在 2012 年 8 月开始消退，当时 NASA 在 2017 年发现级行星科学任务中选择了太阳能火星着陆器，而不是两项由 ASRG 提供电力的任务。ASRG 的开发人员立即开始寻找下一个发现级行星任务，以此作为一个机会来展示新放射性同位素电源系统在空间中的应用。[34]

在 NASA 的格伦研究中心测试未装载燃料的 ASRG。（来源：NASA）

2013 年 11 月，当 NASA 宣布已指示能源部停止 ASRG 飞行样机的进一步工作时，ASRG 近期飞行的任何希望一丝不剩，理由是预算限制以及一个批准重启热源同位素生产的新项目带来了有利的钚 -238 库存前景。[35] 经过近 14 年的发展，SRG 在太空中的应用将不得不继续等待。

展望未来

多年来，能源部和 NASA 投入了大量的时间和资金来推进放射性同位素电源系统技术，特别是在动态电源系统领域。尽管重点主要集中在布雷顿、朗肯和斯特林动力系统上，但还开展了其他技术开发工作，例如碱金属热电转换器。[36] 最近，对新型热电材料 (即方钴矿) 的研究显示出其在电力转换技术中的应用前景。所有这些努力都为空间核动力系统的知识体系做出了贡献，为未来的发展提供了更强大的基础。

参考信息来源

[1] Schock, A., 1981, "Modular Isotopic Thermoelectric Generator," FSEC-ESD-217-81/180B, April 3, 1981.

[2] Eck, M., and M. Mukunda, 1983, "MITG Test Procedure and Results," 18th Intersociety Energy Conversion and Engineering Conference, Orlando, FL, August 21-26, 1983, Paper No. 839174, Vol. 3, pp. 1071-1082.

[3] Schock, A., 1983, "MITG Post-Test Analysis and Design Improvements," 18th Intersociety Energy Conversion and Engineering Conference, Orlando, FL, August 21-26, 1983, Paper No. 839175, Vol. 3, pp. 1083-1092.

[4] Schock, A. 1983, "Revised MITG Design, Fabrication Procedure, and Performance Predictions," 18th Intersociety Energy Conversion and Engineering Conference, Orlando, FL, August 21-26, 1983, Paper No. 839176, Vol. 3, pp. 1093-1101.

[5] Rock, B. J., 1984, "Radioisotope Space Power Programs," Proceedings of a Workshop Held at NASA Lewis Research Center, Cleveland, Ohio, April 10-12, 1984, NASA Conference Publication 2352, pp.75.

[6] Hartman, R. P., 1995, "Modular RTG Technology," Chapter 37, CRC Handbook of

Thermoelectrics, Edited by D. M. Rowe, CRC Press LLC, 1995.

[7]   GE, 1992, "Modular Radioisotope Thermoelectric Generator (RTG) Program," Final Technical Report, GESP-7230, GE Astro Space Division, December 31, 1992.

[8]   Dick, P. J., 1960, "SNAP I RadioisotopeFueled Turboelectric Power Conversion System Summary, January 1957 to June 1959," MND-P-2350, June 1960.

[9]   Raleigh, H. D., 1964, "Systems for Nuclear Auxiliary Power (SNAP) – A Literature Search," TID-3561, Rev. 4, June 1964.

[10]   Bennett, G. L., and J. J. Lombardo, 1987, "Technology Development of Dynamic Isotope Power Systems for Space Applications," 22nd Intersociety Energy Conversion and Engineering Conference, U. S. Department of Energy, Philadelphia, PA, August 10-14, 1987, Vol. 1 of 4, pp. 366-372.

[11]   Bennett, G. L., 2009, "Dynamic Power for Defense and Exploration: A Look at the Department of Energy's 1987 Nuclear Power Sources Assessment Team Report," 7th International Energy Conversion and Engineering Conference, Denver, CO, August 2-5, 2009, AIAA 2009-4636.

[12]   Sundstrand, 1978, "Organic Rankine Kilowatt Isotope Power System, Final Phase I Report," COO-4299-032, Sundstrand Energy Systems, July 15, 1978.

[13]   Garrett, 1978, "Brayton Isotope Power System Phase I Final Report," Report No. 31-2919, Garrett Corporation, Airesearch Manufacturing Company of America, July 28, 1978.

[14]   Bennett, G. L., and J. J. Lombardo, 1988, "The Dynamic Isotope Power System: Technology Status and Demonstration Program," U. S. Department of Energy, Chapter 20, *Space Nuclear Power Systems 1988*, Edited by M. S. El-Genk and M. D. Hoover, Orbit Book Company.

[15]   Communication from Earl Wahlquist, DOE (retired), July 30, 2014.

[16]   NASA, 1991, "Aeronautics and Space Report of the President: 1989-1990 Activities," National Aeronautics and Space Administration, p. 60.

[17]   Bents, J. D., B. J. McKissock, et. al., 1991, "Comparison of Dynamic Isotope Power Systems for Distributed Planetary Surface Applications," CONF-910116, American Institute of Physics, pp. 586-597.

[18]　Hunt, M. E., W. D. Otting, and R. D. Rovang, 1993, "A Near-Term Dynamic Isotope Power System for the Space Exploration Program," Rockwell International, Rocketdyne Division, CONF 930103, American Institute of Physics, pp. 1073-1078.

[19]　Dick, S. (NASA Chief Historian), 2014, "Summary of Space Exploration Initiative," available at http://history.nasa.gov/sei.htm, website accessed December 3, 2014.

[20]　Furlong, R., and R. Shaltens, 2000, "Technology Assessment of DOE's 55-We Stirling Technology Demonstration Convertor (TDC)," Proceedings of the 35th Intersociety Energy Conversion and Engineering Conference, AIAA-2000-3018, pp. 1213-1221.

[21]　Schmidt, G. R., R. Wiley, et. al., 2005, "NASA's Program for Radioisotope Power System Research and Development," CP746, Space Technology and Applications International Forum – STAIF 2005, American Institute of Physics, pp. 429-436.

[22]　Schreiber, J. G., 2007, "Status of the NASA Stirling Radioisotope Project," NASA/TM-2007-214804, Glenn Research Center, Cleveland, Ohio, May 2007.

[23]　Mason, L. S., and J. G. Schreiber, 2007, "A Historical Review of Brayton and Stirling Power Conversion Technologies for Space Applications," NASA/TM-2007-214976, November 2007.

[24]　Shaltens, R. K., 2007, "Future Opportunities for Dynamic Power Systems for NASA Missions," NASA/TM-2007-214707, August 2007.

[25]　Rebecca Onuschak (DOE), personal communication, November 2, 2017.

[26]　Wong, W. A., 2004, "Advanced Radioisotope Power Conversion Technology Research and Development," NASA/TM-2004-213352, December 2004.

[27]　Wood, J. G., and N. Lane, 2005, "Development of the Sunpower 35 We FreePiston Convertor," CP746, Space Technology and Applications International Forum – STAIF 2005, American Institute of Physics, pp. 682-687.

[28]　Schreiber, J. G., and L. G. Thieme, 2008, "GRC Supporting Technology for NASA's Advanced Stirling Radioisotope Generator (ASRG)," NASA/TM-2008-215196, July 2008.

[29]　Lewandowski, E. J., 2013, "Testing of the Advanced Stirling Radioisotope Generator Engineering Unit at NASA Glenn Research Center," NASA/TM-2013-217854, November 2013.

[30]　DOE, 2011, "Space Radioisotope Power Systems, Advanced Stirling Radioisotope Generator," Fact Sheet, January 2011.

[31]　Roberty Wiley, DOE (retired), personal communication, August 5, 2014.

[32]　Withrow, J. P., 2012, "Advanced Stirling Radioisotope Generator for Flight Development," Nuclear and Emerging Technologies for Space (2012), publication 3107.

[33]　Berger, B., 2013, "Discovery Mission Finalists Could be Given Second Shot," SpaceNews, July 26, 2013, http://www.spacenews.com/article/civil-space/36485discovery-mission-finalists-could-be-given-second-shot, website visited June 16, 2014.

[34]　Leone, D., 2013, "NASA Planning Mock Mission for Next-gen Nuclear Battery," SpaceNews, March 3, 2013, http://www.spacenews.com/article/nasa-planningmock-mission-for-next-gen-nuclear-battery, website accessed June 16, 2014.

[35]　Foust, J., 2013, "NASA Stops Production of Advance Plutonium Power Source," SpaceNews, November 19, 2013, http://www.spacenews.com/article/civilspace/38244nasa-stops-production-of-advanced-plutonium-power-source.

[36]　Giglio, J. C., et al., 2001, "Update of the Design of the AMTEC Converter for Use in AMTEC Radioisotope Power Systems," AIP Conference Proceedings 552, 1047 (2001).

阿波罗登月宇航员。阿波罗时代的项目已奠定了坚实的基础，反应堆的能力是太阳能等竞争技术无法比拟的。（来源：NASA）

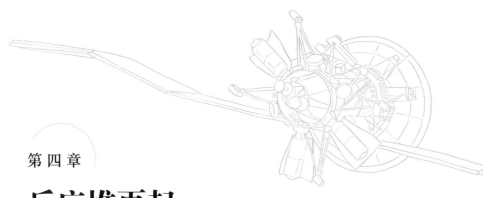

第四章

反应堆再起

——空间核反应堆的插曲

在 1973 年 NERVA 核火箭计划和其他空间反应堆研究终止后，此后 10 年是空间核反应堆技术发展的干燥时期。不断变化的国家优先事项和减少的联邦预算阻碍了这 10 年的进一步研究。与此同时，使用空间核反应堆的动机仍然很强。阿波罗时代的项目已奠定了坚实的基础，反应堆的能力是太阳能等竞争技术无法比拟的。该技术更强大、更紧凑、更坚固，有助于美国密切关注潜在敌人，使卫星能够更多地用于民用，并大大加快对外太阳系的探索。直至某一天，新的任务重新点燃了人们对太空核反应堆技术的兴趣，20 世纪 70 年代的大部分时间都致力于让这项技术保持活力。

空间反应堆复兴

尽管美国的空间反应堆研究在 1973 年被撤资，但一个规模较小的空间核电源计划继续执行，大部分资金都用于放射性同位素电源系统的开发。1973 年 3 月，在原子能联合委员会的听证会上，AEC 空间核系统部主任大卫·加布里埃尔表示，注意到空间反应堆研究因预算优先事项而终止，以及 NASA 短期内缺乏需要空间核反应堆供电的任务："这些预计的 [任务] 延迟以及预算优先事项导致了这样的决定——遥远的回报不值得继续为高功率核推进或反应堆动力系统提供资金。"[1]

尽管大规模空间反应堆的开发已经结束，但在随后的几年里，为保持空间反应堆技术的可行性，仍进行了一些小规模但持续不断的努力。[2] 此外，一些空间电力能量转换技术在地面电力和运输项目中找到了新的生命，但多年后，它们又在新的空间反应堆项目中复活。一个例子是应用研究和技术计划中的热离子能量转换技术，该计划研究利用从燃煤中央发电站回收的热量和热离子转换技术发电。1975 年，NASA 扩大了该计划，将高温堆芯外核热离子电源系统纳入，作为未来空间应用。[3]

1973 年，AEC、美国国防部和 NASA 成立了一个特设小组"……以评估国防部未来在空间动力方面的需求，并指出利用空间[核] 动力系统满足这些需求的可能性。"[2] 该小组于 1974 年 3 月发布了最终报告，建议保留 SNAP 计划下开发的反应堆技术，并启动"一项有针对性的空间动力计划，以便国防部更早地完成任务"。[2]

1975 年，当国防部和新成立的能源研究与发展管理局 (AEC 的继任机构) 成立了空间核应用指导小组时，有针对性的空间动力计划开始形成。由 AEC 空间核安全项目前负责人乔治·迪克斯担任主席[4]，该小组的任务是在各机构之间建立有效的管理和沟通渠道，以"促进为空间核能系统制订适当的开发计划"。[2] 为了配合指导小组，国防部和能源研究与发展管理局还在 1976 年初建立了一个空间核动力工作组。该工作组的任务是研究国防部未来的空间动力需求，以确定哪些应用最适合于核动力系统，并推荐一项空间动力技术开发计划。[5]

1976 年 8 月，国防部指导小组主席 A·E·沃斯伯格致信能源研究与发展管理局的核能助理局长理查德·罗伯特，称："我们正在为确保及时满足国防部未来的空间电力需求而持续努力，我希望提请各位注意，在 20 世纪 80 年代末及以后，越来越可能需要 10 ～ 100 kW 范围的空间核反应堆系统。"[2]

到 1977 年，指导小组已经确定了几个国防部任务，其功率需求达到 100 kW_e。该小组将反应堆与其主要的太空竞争对手太阳能电池进行了比较，发现在军事任务中，太阳能板和电池的组合在 25 ~ 50 kW_e 范围内与核能相比具有竞争力；核能被判定为功率水平大于 50 kW_e 时具有优势。随着几项潜在的国防部任务需要 25 kW_e 以及更高功率，特别是空军计划的天基雷达系统，一个新的空间反应堆开发计划继续获得支持，指导小组在 1977 年 1 月指出：

> "尽管指导小组无法找到任何经批准和已有预算的国防部任务（需求功率大于 3 kW_e）……反应堆电源目前是未来高功率应用唯一的航天器电源候选项。这一事实，再加上美国境外 ① 空间反应堆电源的能力，拥有足够的功率运行雷达等在轨设备所提供的增强军事实力，以及对手手中类似的高功率能力对我们太空防御态势的未来威胁，致使指导小组建议，在通过深入的预备研究，清晰定义反应堆电源系统及其要求之后，美国应启动反应堆电源开发计划。"[2]

空间电源系统工作组为新的空间反应堆开发计划提供了额外的支持，他们推荐了一项"适中技术和实验计划，为发展空间反应堆提供了坚实基础"。[5] 这些建议很快就产生了效果。

56

空间电力供应计划

1977 年，美国国防部和能源研究与发展管理局发起了一项联合技术筛选研究，以评估现有的空间反应堆电源系统技术，并为后续开发提供一个空间反应堆电源系统概念。该研究由洛斯阿拉莫斯科学实验室根据新的空间电力供应计划进行。[6], [7] 随着计划中的太空运输系统或航天飞机（自 1972 年以来一直在开发中）的出现，有望开启一个新的太空利用和探索时代，随之而来的是更大的天基系统对更高功率电源的需求，从而推动了新的空间反应堆开发工作。[8]

尽管这项技术筛选研究是在能源研究与发展管理局领导下开始

---

① 美国境外特指苏联，这里采用的是一种"委婉的"表述。——译者注

的，但它将在一个新的联邦机构领导下完成。能源研究与发展管理局成立仅 20 个月后，其近 9000 名员工被整合到新成立的能源部，该部将能源研究与发展管理局和其他与能源相关的联邦机构合并。乔治·迪克斯成为这个新联邦机构的安全和环境运营总监[4]，伯纳德·洛克成为空间核项目办公室主任。空间电力供应计划继续在新能源部的能源技术助理部长组织的核能计划小组下进行。[7]

筛选研究的目标包括明确几个国防部任务，这些任务可能需要高达 100 kW$_e$ 的功率，例如卫星和天基雷达，其中一些任务预计将在 20 世纪 90 年代初需要。国防部要求 7 年的使用寿命和 95% 的可靠性，更倾向于只会逐渐退化的设计方案，并避免由单个故障导致整个系统失效的可能性（这种故障通常被称为单点故障）。反应堆必须能够在地球的自然辐射场中运行，系统在整个任务寿命期内产生的辐射率和总量必须受到限制。预计该反应堆还将满足 NASA、国防部、能源部和负责该系统发射场地的国家靶场指挥官的所有规定。[5]

除了潜在的国防部任务外，格鲁曼公司和麦道公司的研究还确定了可能需要空间核电源系统的商用工业规模的近地轨道任务。其中一项任务设想在太空构建一个建筑基地，在里面建造太阳能或核能卫星，向地球发送能量。另一项任务是低重力制造设施。这些研究还提出了军用新型 GPS 的民用版本，以及聚焦于恒星和行星的科学任务。[5] 对于 NASA 来说，潜在的应用包括通信和监视系统、电子邮件和先进的电视天线系统，预计这些系统的功率为 5 ～ 220 kW$_e$，以及需要更高功率的行星探测任务。

基于 10 ～ 100 kW$_e$ 的目标功率水平，洛斯阿拉莫斯科学实验室开发了 135 种反应堆动力装置组合，包含了一系列反应堆设计、电力转换技术和排热系统。反应堆设计包括热管、气冷和液态金属概念，燃料类型包括碳化铀、氧化铀和氮化铀。该实验室评估了几种电力转换技术，包括静态（温差电、热离子）和动态（布雷顿、钾朗肯、斯特林）系统。排热选项包括热管、基于泵送流体的散热片和基于泵送流体的热管散热器。在考虑了包括重量、尺寸、可靠性、安全性以及开发成本和时间在内的标准后，洛斯阿拉莫斯科学实验室推荐了一项基于热管固体反应堆、温差电转换和热管散热器的技术开发计划。[5]

　　随着洛斯阿拉莫斯科学实验室技术研究的进展，一次涉及苏联空间反应堆动力系统的事故沉重地提醒人们，将安全纳入空间核动力系统设计的各个方面非常重要。1978 年 1 月，一颗由核反应堆供电的苏联卫星宇宙 954 号发生故障，导致其无法进入更高的轨道。再入大气层后，反应堆在上层大气中解体 (按照其设计)，导致放射性碎片散落在加拿大北部超过 1.24×10^{11} 平方米的地区。加拿大和美国的联合应急行动设法找到了大约 0.1% 的反应堆堆芯。[9], [10] 这一事件引发了有关在太空中使用核反应堆的国际政策问题，并导致成立了一个联合国工作组来解决这个问题。这也促使总统吉米·卡特提议，如果防止放射性物质进入大气层的故障安全机制无法实施，美国和苏联将联合禁止在地球轨道上使用核反应堆；然而，该禁令并未被苏联接受。[11]

来自美国和加拿大的一个联合应急小组身着专门设计的北极服装，用手持辐射探测器搜索宇宙 954 号卫星的放射性碎片。(来源：美国能源部 /NV1198)

虽然宇宙 954 号事故具有广泛的知名度，但它也为讨论安全性提供了一个背景，因为它与当时正在进行的洛斯阿拉莫斯科学实验室的空间反应堆技术评估工作相关。洛斯阿拉莫斯科学实验室的空间反应堆技术评估小组的关键成员大卫·布登指出，"安全一直是并将继续是参与空间反应堆使用的美国科学家的主要忧患。"[12] 通过工程设计、分析和测试相结合，科学家们将安全性纳入空间反应堆的设计中。例如，使用备用控制棒的反应堆的安全特性，一次只能解锁一个控制棒，以防止意外操作。反应堆的设计还包括提供措施以防止浸没在水中时发生意外临界。长期以来，对安全的重视一直是并将继续是美国空间反应堆电源系统发展的一个基本方面，包括洛斯阿拉莫斯科学实验室正在进行的空间反应堆工作。

空间动力先进反应堆

1979 年底，美国能源部启动了一项 5 年计划，以开发洛斯阿拉莫斯科学实验室推荐的热管反应堆电源系统并建立技术基础【见附录 C15】。它计划每年投入 200 万美元的资金，目标是开发一个能够生产 10 ～ 100 kW_e 的空间反应堆系统。洛斯阿拉莫斯科学实验室的热管反应堆电源系统概念随后被命名为空间动力先进反应堆，即 SPAR。[14], [15] 在能源部进行开发活动的同时，NASA 还开始资助洛斯阿拉莫斯科学实验室及其自身设施开展热管和电力转换开发工作。1980 年初，能源部、NASA 与国防部联合成立了一个指导委员会和空间反应堆工作组，以便在一定程度上统一能源部资助的 SPAR 工作和 NASA 自己的空间反应堆工作 (这两个小组一直合作到 1981 年)。[2]

到 1981 年，SPAR 的初步设计已经完成。反应堆被设计在 1500 K 温度下运行时产生额定 1200 kW_t 的热功率。反应堆设计包括一个由 90 个钠热管氧化铀燃料元件模块组成的堆芯。热管将从反应堆堆芯中移走热能，并将其传递至热电转换系统。为了与航天飞机电源系统兼容，反应堆质量应小于 1910 千克。[16]

堆芯将被铍或氧化铍的中子反射体包围，这将控制反应堆的运

行。与 NERVA 计划一样，旋转鼓用于功率控制；每个鼓将包含 1 个
碳化硼扇区，该扇区可以旋转进出反应堆，以控制反应性。冗余的
仪器仪表和电子设备将提高可靠性，这被认为与安全同样重要，即
使某些组件出现故障，反应堆也必须保持运行。

对于热电转换系统，洛斯阿拉莫斯科学实验室计划使用 MHW-
RTG 硅锗热电材料的改进版本，MHW-RTG 曾为旅行者 1 号和 2 号
航天器提供电力；当时能源部正在开发的改良硅锗材料含有磷化
镓，具有更高转换效率。多余的热量将通过热管散热器系统辐射到
空间。阴影辐射屏蔽设计也取自早期的 SNAP 和漫游者号反应堆。
由于该反应堆将在太空中使用，那里没有空气来偏转屏蔽罩周围的
中子和伽马射线，因此可以通过将反应堆和有效载荷放置在航天器
的相对两端，并在两者之间设置屏蔽体，而不是屏蔽整个反应堆，
来减轻重量。

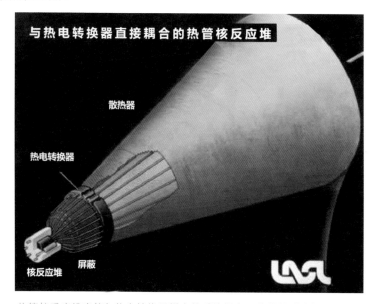

热管核反应堆直接与热电转换器耦合的系统概念。热管从反应堆堆芯（图左下
方）延伸出来，将热量输送到热电转换器。未转化为电的多余热量通过第二组热管
传递到散热器。（来源：洛斯阿拉莫斯国家实验室）

　　到 1982 年，SPAR 技术开发计划已经发展成为一个以反应堆、热管、热电材料和屏蔽为中心的广泛测试、实验和分析计划。例如，使用临界装置对反应堆堆芯中子行为的预测进行了实验验证。开展了分析工作，以证明在浸入水中的情况下，反应堆将保持安全的亚临界状态。燃料开发侧重于氧化铀燃料的生产过程和反应堆内测试，以验证燃料性能和传热特性。钼热管的开发包括材料测试、吸液芯设计开发、热管弯曲工艺开发以及与工作流体兼容性的性能测试。对于电力转换系统，活动集中于硅锗热电转换模块（即转换板）的开发，该模块将与排热系统热管连接。[17], [18]

　　由于航天飞机将是向太空发射系统的主要手段【见附录 C16】，反应堆电源系统设计者还必须确保航天器及其反应堆电源系统能够安装在航天飞机的货舱中，该货舱是一个长 18.3 米、直径 4.6 米的圆柱体。当一个上面级运载器被纳入航天器配置时，航天飞机的可用空间可能将减小至长 12.8 米、直径 4.3 米。[19]

定义角色和目标：建立合作

　　随着技术开发工作的推进，未来的资金很快就成了问题。在制定 1982 财政年度预算时，管理和预算办公室指示美国能源部将空间反应堆开发的资金减少到 100 万美元，从而使国防部和 NASA 陷入资金短缺的困境，需要尽快填补资金缺口。尽管国防部选择不提供资金，但 NASA 同意支持该项目，并与能源部合作进入到联合技术验证阶段；NASA 的任务模型表明，100 kW$_e$ 适用于外行星任务和地球轨道任务。由于能源部的预算限制，NASA 还承担了电力转换子系统的开发任务，而能源部则在 NASA 的资金支持下保留了反应堆子系统的开发任务。[15] 这一安排标志着 NASA 和能源部以前的联合方式发生了变化，在之前的方式下，能源部全权负责资助

反应堆技术开发 ① 。[3]

　　在 NASA 成为 SPAR 技术开发计划的共同赞助者后不久，SPAR 技术开发计划被命名为空间核反应堆电源系统技术计划，SPAR 反应堆被更名为 SP-100(为实现空间动力 100 kW$_e$)。[2], [15] SPAR 反应堆的设计也再次被改进，以确保其与航天飞机的兼容性，并提高其工作温度和能量密度。[21] 新的计划目标与最初 SPAR 设计中概述的目标相似，包括在 100 kW$_e$ 下满功率运行 7 年，系统总寿命为 10 年，无单点故障。[2]

　　尽管技术开发计划已转向支持 NASA，但国防部内部的团体继续对空间反应堆电源系统保持兴趣。能源部负责增殖反应堆计划和监管空间反应堆项目办公室的副助理部长戈登·奇普曼指出，这类系统除了对天基雷达、监视、通信、电力推进和干扰机具有吸引力外，还有其他好处：

> "核动力增强了对抗核攻击、激光攻击和反卫星攻击的生存能力。它还使有效载荷具有高功率成为现实，通过更高的轨道、更多的地面链路、更坚固的电子设备、更小的天线和移动地面接收器来提高生存能力。核动力还为航天器提供了更好的视野和更高的指向精度，并允许其在范艾伦辐射带中不退化地运行。" [15]

　　随着对空间动力反应堆的持续兴趣，能源部将其空间核项目办公室分为一个专注于放射性同位素电源系统技术的特殊应用办公室和一个空间反应堆项目办公室。[22]

国家研究委员会伸出援手

　　在能源部和 NASA 提出 SP-100 反应堆构想之后的几个月里，这些机构开始与国防高级研究计划局合作，制订一个开发 100 kW$_e$

---

　　① 　方式改变后，能源部继续负责反应堆子系统开发，由 NASA 提供资金，而不再是由能源部自主提供资金。译者认为，在此之前由于反应堆技术涉核，比较敏感，一直都是由能源部出资开发，处于垄断地位。——译者注。

空间反应堆系统的联合计划。在管理、组织和计划目标上的分歧很快就导致了紧张。1982 年年底，NASA 在一个名为"先进太空动力技术计划"的项目下与国防高级研究计划局合作了一段时间，留下能源部继续研究 SP-100 反应堆技术。[21]

当这 3 个机构努力寻找共同点时，陆军部、海军部、空军部、国防高级研究计划局及 NASA 于 1982 年 10 月赞助了国家研究委员会，以评估当前最先进的核动力系统在空间推进领域可能的应用，包括屏蔽和安全问题。委员会还被要求报告空间核动力系统技术的研究差距和不确定领域，并为未来的发展工作提出建议。为了完成任务，负责评估的委员会于 1982 年 11 月组织了一次关于先进反应堆概念的研讨会【见附录 C17】。专题讨论会为整个空间核动力界的专家提供了一个机会，讨论空间核动力技术概念、安全、研发问题以及空间反应堆电源和推进系统的任务要求。它还为委员会对未来空间核能技术发展工作的评估和建议提供了基础。[23]

空间核动力评估委员会在其最后报告中指出，政府范围内的联合空间反应堆电源系统计划是合适的，因为军事和民用机构都有未来的电力需求，只能通过反应堆来满足。如果不采取行动，就意味着以后要为应急计划支付更高的费用，或者根本就没有所需的技术可用。该报告还包括对几个项目的评估，这些项目曾导致早期各机构之间的沮丧和紧张，包括资金和研究计划目标，并提供了对洛斯阿拉莫斯科学实验室热管反应堆的评估。[24]

该报告准确地描述了国防部、NASA 和能源部在决定是否以及如何继续推进时所面临的一个"鸡先和蛋先"的困境：

> "大多数研发经理都希望用户（拥有资源）能够精确地指定一项需求，作为技术开发工作的目标。然而，经验丰富的技术经理认识到，这种线性情况①很少出现 [原文如此]，特别是在需要较长的交付周期和昂贵的开发投入的情况下。谨慎的项目经理不愿冒险或暴露大规模资源以达到规定的要求，直到技

---

① 线性情况指先有"需求"后有"开发"。——译者注

术的可行性充分确立，足以提供一个合理的前景，即能够以可估计的成本满足要求。另一方面，除非有明确的要求，否则用于研究和开发计划的主要资源要求不容易被那些控制资金的人所接受。这种情况的必然结果是，除非能够以现实的态度接受不确定性，否则就无法采取任何行动。……"[25]

该报告还强调了哪些机构应为所需的研究和开发支付费用的问题：

"空军和 NASA 作为潜在的用户不愿意在技术演示之前提出需求，因为他们担心……一笔巨额的开发费用，可能在 5～10 亿美元之间。然而，大多数空间系统项目的管理者认为，未来……将指向核能……军事用户应该认识到，需要有人为他们所需的作战能力承担研发成本。因此，这些用户应该认识到，除非他们更加支持这些初步的研究和开发工作，否则所期望的能力将不会得到。"[26]

关于能源部和 NASA 的 SP-100 反应堆，报告指出，洛斯阿拉莫斯科学实验室设计方案具有较高质量，但"没有足够独特或明显优于其他概念设计，无法证明选择这种方法的合理性"。[27]该报告指出，在进行全面地面测试之前，仍有几个领域需要进行重大开发，最值得注意的是热管（制造、性能和寿命）、反应堆（燃料性能和致动器性能）及高温热电性能。出于这些原因，委员会敦促将其他替代概念"推进至一个阶段，使它们可以在类似的基础上相对于SP-100 进行评估"。

根据评估结果，最终报告建议启动一项研发计划，每年为其提供 1000 万～1500 万美元的资金，以开发一个 100 kW$_e$ 的空间动力反应堆。作为一种通用的多用途开发，该计划不与特定任务挂钩。该建议附带警告："这段历史的主要教训是，将研发工作与坚定需求的孕育过程匹配起来是非常重要的。委员会试图努力避免大规模的研发计划，因为这些计划永远无法满足军用或民用空间用户的需求或超出资源可用性。"[28]

1983 年 2 月，能源部、NASA 和国防高级研究计划局终于走到了一起，签署了一份三方机构协议备忘录，按照国家研究委员会的建议采取行动。[29] 该协议要求三个机构评估、推进 100 kW$_e$ 和数兆瓦级 (multi-megawatt，MMW) 空间核电源系统技术，为用户提供工程开发和系统制造，并确保核安全。根据新协议，各机构将能源部和 NASA 的 SP-100 的名称纳入一个新的空间反应堆开发计划，这将是自漫游者 /NERVA 以来规模最大的一次。

插曲让位

在漫游者 /NERVA 计划终止后的 10 年时间里，美国空间反应堆的发展似乎是一个插曲。付出大量努力的目的是保持技术的进步。虽然看似被埋没了，但空间反应堆电源系统所提供的电力和其他好处具有广阔的前景，由此启动了一项以热管反应堆为重点的新开发计划，它为未来空间反应堆工作夯实了基础。对空间反应堆电源的渴望也推动了更广泛的空间核动力系统技术界聚集在一起，分享技术现状、概念和信息。这场聚会促成了一场为期 10 年的周年活动，最终扩大到与国际合作伙伴共同协作。在 1983 年年底，这段插曲被 SP-100 计划所取代，这是空间反应堆电源系统发展协奏曲中的一篇新乐章 (将在第五章中讨论)。至于洛斯阿拉莫斯科学实验室热管反应堆系统概念，它在新 SP-100 计划中已进入技术评估阶段，但最终被其他技术所取代。

参考信息来源

[1] AEC Authorization Legislation Fiscal Year 1974, "Hearings Before the Joint Commission on Atomic Energy on Applied Technology; Space Nuclear Systems; Radioactive Waste Management," Congress of the United States, Ninety-Third Congress, First Session, March 20 and 22, 1973, written statement by David S. Gabriel.

[2] Dix, G. P., and S. S. Voss, 1984, "The Pied Piper–A Historical Overview of the U.S. Space Power Reactor Program," Space Nuclear Power Systems 1984, Chapter 6, p. 25,

Edited by El-Genk and M. O. Hoover, Orbit Book Company.

[3] Bloomfield, H.S., and R. J. Sovie, 1991, "Historical Perspectives: The Role of the NASA Lewis Research Center in the National Space Nuclear Power Programs," NASA Technical Memorandum 105196.

[4] Engler, R., 1987, "Atomic Power in Space: A History," U.S. Department of Energy, March 1987.

[5] Buden, D., G. A. Bennett, K. Cooper, et. al., 1979, "Selection of Power Plant Elements for Future Reactor Space Electric Power Systems," LA-7858, pp 8-10, September 1979.

[6] Buden, D., 1977, "Reactor Technology for Space Electrical Power (10 to 100 kWe)," LA-6891-MS, 1977.

[7] Warren, J. L., 1978, "Reactor Technology, January—March 1978, Progress Report," LA- 7316-PR, Los Alamos Scientific Laboratory, July 1978.

[8] Buden, D., 1978, "Nuclear Reactors for Space Electric Power," LA-7290-SR, June 1978, p. 2.

[9] Health Canada, "Radiological and Nuclear Events," http://www.hc-sc.gc.ca/hc-ps/ed-ud/ -event-incident/radiolog/index-eng.php.

[10] Settlement of Claim between Canada and the Union of Soviet Socialist Republics for Damage Caused by "Cosmos 954," http://www.spacelaw.olemiss.edu/library/space/ International_Agreements/Bilateral/1981Canada-USSR Cosmos 954.pdf.

[11] Gordon and Breach, 1989, "Space Reactor Arms Control, Science and Global Security," Volume I, 1989 Gordon and Breach Science Publishers S.A. pp.59-82, accessed online at http://scienceandglobalsecurity.org/archive/volume_01/ v_1_no_1-2/.

[12] Buden, D., 1978, "Nuclear Reactors for Space Electric Power," LA-7290-SR, June 1978.

[13] National Security Science, 2011, "Inspired Heat Pipe Technology," Issue1, 2011, http://www.lanl.gov/science/NSS/issue1_2011/story6full.shtml.

[14] NASA, 1979, "Aeronautics and Space Report of the President: 1979 Activities," National Aeronautics and Space Administration, p. 75.

[15] Chipman, Jr., G. L., 1982, "Outlook for Space Nuclear Power Development, U.S.

Department of Energy, in "Proceedings of a Symposium: Advanced Compact Reactor Systems," National Academy of Sciences, November 15-17, 1982, p. 462ff.

[16] Buden, D., and J. A. Angelo, 1981, "Reactors for Nuclear Electric Propulsion," LAUR-81-703, 1981.

[17] NASA, 1981, "Aeronautics and Space Report of the President: 1981 Activities," National Aeronautics and Space Administration, p. 50.

[18] NASA, 1982, "Aeronautics and Space Report of the President: 1982 Activities," National Aeronautics and Space Administration, p. 54.

[19] Angelo, Jr., Dr. J. A., and D. Buden, 1985, "Space Nuclear Power," Orbit Book Company, Malabar, FL, 1985, p. 223.

[20] President of the United States of America, 1982, National Security Decision Directive 42, National Space Policy, July 4, 1982, (Washington: Office of the President, 1982) 1-12, www.hq.nasa.gov/office/pao/history.

[21] NRC, 1983, "Advanced Nuclear Systems for Portable Power in Space: A Report Prepared by the Committee on Advanced Nuclear Systems, Energy Engineering Board, Commission on Engineering and Technical Systems, National Research Council, 1983, p. 47. Appendix C, History of High Temperature Compact Reactors.

[22] Chipman, Jr., G. L., 1982, "Outlook for Space Nuclear Power Development, U.S. Department of Energy, in "Proceedings of a Symposium: Advanced Compact Reactor Systems," National Academy of Sciences, November 15-17, 1982, p. 463.

[23] NAS, 1982, "Proceedings of a Symposium on Advanced Compact Reactor Systems," National Academy of Sciences, Washington, D.C., November 15-17, 1982.

[24] NRC, 1983, "Advanced Nuclear Systems for Portable Power in Space: A Report Prepared by the Committee on Advanced Nuclear Systems, Energy Engineering Board, Commission on Engineering and Technical Systems," National Research Council, 1983.

[25] NRC, 1983, "Advanced Nuclear Systems for Portable Power In Space," National Research Council, 1983, p. 5.

[26] NRC, 1983, "Advanced Nuclear Systems for Portable Power In Space," National

Research Council, 1983, p. 9.

[27] NRC, 1983, "Advanced Nuclear Systems for Portable Power In Space," National Research Council, 1983, p. 24.

[28] NRC, 1983, "Advanced Nuclear Systems for Portable Power In Space," National Research Council, 1983, p. 2.

[29] NASA, 1984, "Aeronautics and Space Report of the President: 1983 Activities," National Aeronautics and Space Administration, pg. 51ff.

艺术家对空间核动力反应堆运行于地球上空的构想概念。(来源:NASA)

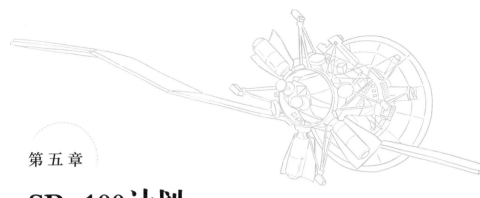

第五章

SP-100计划

——一种 100 kW_e 空间反应堆

在漫游者 /NERVA 计划终止后的 10 年里，美国国内空间反应堆计划通过偶尔为技术审查和有限的开发工作提供的资金支持，一直保持着不温不火的势头。随着美国在 20 世纪 80 年代发生转变，国防部和 NASA 内部越来越普遍地谈论需要更高功率系统的任务，这种趋势开始加速。1981 年，随着能源部、国防部和 NASA 在规划一项新的空间反应堆开发计划上寻求共识，对话开始变得乐观。当这些机构于 1983 年 2 月签署了一项三方协议（如第四章所述），共同开发能够产生几十千瓦至 1000 千瓦电力的空间核反应堆动力系统技术，这种乐观态度成为现实。新的 SP-100 计划，正如它所宣称，是 20 世纪 70 年代末在洛斯阿拉莫斯国家实验室以 "SPAR/SP-100" 为代号的空间反应堆开发工作的继承者，开启了美国空间反应堆发展史上的新篇章。【见附录 C18】

为成功做好准备

SP-100 计划为期 10 年分三阶段进行。第一阶段 (1983—1985) 将涉及技术评估和改进，最后将作出进入地面试验阶段的决定。如果有必要，第二阶段 (1986—1989) 将涉及反应堆电源系统原型的开发和地面测试。第三阶段 (1990—1993) 将涉及电源系统的飞行鉴定。[1]

1983 年的三方协议为美国能源部、NASA 和国防高级研究计划局在第一阶段合作选择一个空间反应堆电源系统概念提供了总体框架。总体方案方向和政策由一个三方机构高级指导委员会提供。在洛斯阿拉莫斯国家实验室和 NASA 刘易斯研究中心的协助下，由文森特·特鲁塞洛领导的喷气推进实验室项目办公室提供了技术指导并整合了项目活动。[2]

为支持第一阶段的技术评估和开发活动，三方机构高级指导委员会为预期的 SP-100 系统制定了一套通用性能标准。这套标准包括：(1) 输出功率 100 kW_e；(2) 设计寿命 10 年，满功率运行 7 年；(3) 最大系统质量为 3000 千克；(4) 最大长度为 6.1 米。长度标准与航天飞机货舱有关，该货舱用于将空间反应堆送入轨道。电源系统还要求可扩展到更高或更低的功率水平，而无须进行重大设计变更。[2] 虽然本质上是通用的，但这一电源系统标准为 SP-100 电源系统候选概念的评估和设计提供了广泛的目标。

在三个承包商的协助下，即通用原子技术公司、罗克韦尔国际公司和通用电气公司，喷气推进实验室负责审查电源系统候选概念，并推荐一个能够满足预期的民用和军用任务要求的概念。能源部实验室 (包括洛斯阿拉莫斯国家实验室、橡树岭国家实验室和阿贡西部国家实验室) 推进了核技术的相关研究工作，如燃料和材料研究。位于加利福尼亚州洛杉矶的能源部能源技术工程中心为测试设施及相关工作提供了支持。[3] 刘易斯研究中心在任务分析方面提供了支持，特别侧重于航天飞机任务和先进技术计划下的能源转换、热管理、空间电源材料和结构等技术开发工作。[4]

任务、电源系统和技术

SP-100 计划的第一阶段每年约有 1500 万美元的资金，包括 3 项核心任务：(1) 确定可能需要核电源的国防部和 NASA 任务，

(2) 评估能够满足任务要求的反应堆电源系统概念，以及 (3) 提升技术 (包括测试和分析) 以解决某些技术领域的不确定性。从一开始，主要的关注点是确保在整个计划 (包括第一阶段) 中妥善处理核安全问题。因此，建立了一个安全评估计划，以确保反应堆系统概念和支持这些概念的相关技术所产生的一系列设计不会导致不可接受的核安全风险。第一阶段还包括评估用于反应堆电源系统地面测试的能源部候选场地的适用性。[2]

　　将 SP-100 电源系统与特定任务联系起来，对于证明该计划的合理性和确定设计目标至关重要。这种联系也是确保长期资金投入和支持的必要条件。事实上，历史表明，尽管之前的空间反应堆开发工作，如漫游者 /NERVA 计划，已经证明了技术上的高度成功，但如果没有明确的任务，就可能无法投入使用。[5] 为此，国防部和 NASA 成立了审查小组，在第一阶段早期进行任务分析和需求研究。研讨会为讨论技术和电源需求提供了一个途径。[6] 最终确定了几个通用任务。国防部预计电力需求高达 100 kW_e，用于强大的监视系统、具有抗干扰能力的可生存通信，以及用于轨道转移和天基武器的电推进系统。NASA 预计，用于行星际任务、地球轨道拖船、载人空间站和行星基地等领域的核电源和核电推进的功率需求高达 50 kW_e。[7]

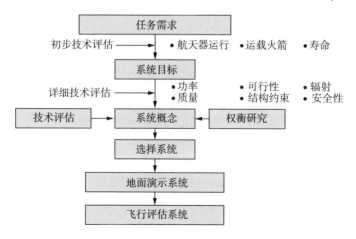

开发空间核动力系统的基本步骤。(改编自参考信息来源 [23])

　　在技术开发领域，第一阶段的活动侧重于广泛的测试和实验，以提升用于多个反应堆系统或 SP-100 计划之外领域的通用技术。例如，开始对热离子二极管进行堆芯寿命测试，以证明其具有 7 年寿命的潜力。启动了高温热电材料研究。对反应堆结构材料和反应堆冷却剂进行了兼容性测试。还开始了难熔金属热管的制造和寿命测试。洛斯阿拉莫斯国家实验室重新建立了自 20 世纪 60 年代 SNAP-50 计划以来失去的氮化铀燃料元件的生产能力，并继续努力证明难熔金属燃料销的制造能力。[2] 在电力转换技术领域，刘易斯研究中心启动了一个空间动力演示发动机项目，以证明 25 kW$_e$自由活塞斯特林发动机与 SP-100 系统一起使用的可行性。[8]

　　随着技术开发和任务分析的推进，反应堆电源系统概念的开发和评估也在进行。到 1984 年初，初步评估已经完成，从多个方面对反应堆技术的适用性和性能进行了广泛评估【见附录 C19】。这些方面包括：核燃料、难熔合金和其他高温应用材料，快堆堆芯和慢化堆堆芯以及气体和液体金属冷却反应堆类型，热管、热电和热离子静态电力转换，以及动态转换系统、核安全、核辐射和屏蔽。选择了三种有前景的反应堆电源系统概念进行进一步评估：(1) 基于堆外热电转换的高温液态金属冷却针式燃料元件快堆；(2) 基于堆内热离子转换的快堆电源系统；(3) 基于斯特林动态转换的低温针式燃料元件反应堆。1985 年 8 月，在对电源系统概念进行了详细的、系统的研究之后，快堆热电转换系统被选定用于第二阶段的后续开发。[7]

　　尽管热电 (温差电) 技术提供的电力转换效率低于热离子技术和斯特林技术，但由于该技术已在 RTG 中成功使用了几十年，因此它代表了 3 种选择中最低的技术风险。出于这个原因，跨机构指导委员会选择热电反应堆电源系统进行进一步的工程开发和地面测试，部分也是基于这样的判断，即这是唯一可以在 1991 财政年度结束时低于 5 亿美元的成本为飞行系统开发做好准备的技术。其他影响决定的因素还包括使用寿命和重量。战略防御倡议组织从 SP-100 计划第二阶段开始取代国防高级研究计划局，发挥主导作用，曾为该组织实施 SP-100 计划的罗伯特·威利回忆说："推动该决定的一个关键因素是，国防高级研究计划局的比尔·赖特特别坚定地认为……重量是关键。为了找到实际应用，该装置必须相对轻便。"[13] 经过 3 年，耗资约 5100 万美元，第一阶段于 1985 年 9 月完成。[14]

分道扬镳

在决定继续使用基于热电转换的反应堆电源系统的同时，跨机构指导委员会还决定将地面试验的功率水平从 100 kW$_e$ 提高到 300 kW$_e$，以满足国防部不断变化的需求，主要是基于空军的建议。[12] 这一决定给反应堆电源系统的开发人员带来了一个小问题——较高的功率水平在技术上与热电系统的能力不兼容。尽管存在技术上的不兼容性，但计划的惯性以及与重新进行另一轮技术选择相关的政治风险使计划继续向前推进。大约 1 年后，设计功率水平目标又恢复到 100 kW$_e$。[15]

虽然功率水平决定引入了技术可行性问题，但选择热电转换技术并未得到一致支持，计划实施过程中开始出现分歧。威利指出："空军的大多数人都坚信热离子技术才是正确的答案。他们对选择热电技术的决定感到非常不满……因此，一些人实际上正在考虑对这一决定提出正式异议，但他们没有选择这样做……"[13] 在与热离子技术倡导者进行了多次讨论后，能源部和战略防御倡议组织启动了一个名为热离子燃料元件验证计划的堆芯内热离子技术开发计划①。NASA 还启动了另一个项目，开发一种高温斯特林发动机，该发动机能够产生 5 倍于 SP-100 反应堆热电转换器的输出功率。尽管最初的意图是在第二阶段专注于单一技术，但开发将沿着独立的技术分支进行。[16]

地面测试计划生根发芽

随着反应堆电源系统的方案选择完成，SP-100 计划将其重点

---

① 热离子燃料元件验证计划将在第七章中详细讨论。——原文注

转向严格的工程和测试活动，为开发飞行鉴定系统做准备。该计划第二阶段的总体框架和计划在一份新的三方机构协议中进行了定义，该协议确定了机构的具体角色和责任、总体管理构架以及总金额约为 5 亿美元的 6 年资助计划，地面测试将于 1991 财年末完成。由于计划于 1996 年发射，人们对 SP-100 计划的乐观情绪愈发高涨。[17]

　　虽然在地面工程和测试阶段，三方机构指导委员会仍然负责计划的总体方向把控，但现在每个机构都承担了具体的责任。能源部提供了大部分资金，并负责开发和测试反应堆电源系统，包括选择和准备反应堆测试设施。NASA 和国防部继续进行任务分析；然而，大部分潜在的重点任务和预计的用户机构计划资金仍由国防部承担。NASA 还继续开发非核系统，如电力转换和电力调节，但其在 SP-100 先进技术计划的资金水平相对较低。项目管理职能仍保留在喷气推进实验室 / 洛斯阿拉莫斯国家实验室。[17]

　　在没有特定任务的情况下，开发了一种参考飞行系统设计，可向上或向下扩展，以适应 SP-100 系统的大范围功率水平需求【见附录 C20】。该飞行系统旨在支持地球轨道军事任务，并为测试反应堆电源系统所需的地面系统和设施的设计及开发奠定了基础。

　　参考飞行系统的核心是一个基于氮化铀燃料的锂冷却针式燃料元件快堆。该反应堆的大小约为一个 5 加仑 ① 的桶，在大约 1350 K 的温度下可产生 $2.4\ MW_t$ 的热功率。反应堆堆芯中产生的热量将通过一系列热管传递到热电转换系统，锂金属冷却剂由电磁泵系统驱动在热管中移动。电力转换系统利用组装在热电模块中的硅锗 / 磷化镓热电材料来产生 $100\ kW_e$ 的额定功率。部分未转化为可用电能的多余热量将通过连接到散热器的一系列热管（锂反应堆冷却剂在其中流动）从系统中排出。通过散热器管道后，冷却的锂返回反应堆堆芯。系统总长度约为 12 米，包括反应堆子系统、能量转换组件和排热子系统。辐射屏蔽将最大限度地降低有效载

_____

①　1 加仑（美）≈ 3.785 412 升。——译者注

荷处的剂量（距离反应堆约 25 米），而热屏蔽将在再入大气层时保护反应堆。一个辅助冷却回路被设计用来在主系统失去冷却剂的情况下散热。[7], [19-21]

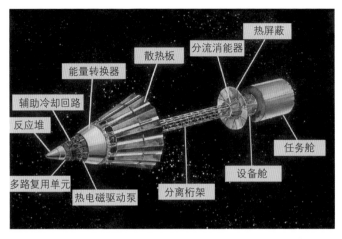

艺术家对 SP-100 反应堆电源系统和航天器的概念构想。（来源：史密森学会）

　　SP-100 反应堆电源系统的地面测试计划在华盛顿里奇兰附近的汉福德工程开发实验室进行，该实验室后来更名为汉福德场区。能源部于 1985 年 11 月根据对包括 5 个候选场址的评估选择了由西屋公司管理的汉福德场区。选择汉福德的部分原因是考虑到已退役的钚循环试验反应堆设施的可用性。钚循环试验反应堆在1969 年退役后，剩余的安全壳建筑和其他设施及设备已被拆除，为 SP-100 反应堆系统及其主要部件的运行、性能和可靠性测试提供了理想的地点。1986 年，能源部开始进行安全与环境评价，以便为计划中的核组装测试修改和升级安全壳结构及其他配套设施。计划中的修改包括安装一个大型真空室，用于在近空间环境中测试反应堆系统部件。第二阶段测试将以"核组装测试"告终，该测试旨在检查 SP-100 反应堆、主热传输（冷却）回路和辐射屏蔽的运行情况。[19]

1964 年前后汉福德场区的钚循环试验反应堆。1969 年退役后，其安全壳结构将作为 SP-100 空间反应堆的测试结构体。(来源：美国能源部的 Flickr 网站)

除了汉福德实验室之外，能源部在 20 世纪 80 年代中期还拥有一个核基础设施，该基础设施已经过几十年的建设发展，可以追溯到曼哈顿项目。最重要的是，基础设施包括一批核心的国家实验室，如洛斯阿拉莫斯国家实验室、圣地亚国家实验室、橡树岭国家实验室和阿贡西部国家实验室。在爱达荷国家实验室 [前身为国家反应堆测试站] 和汉福德场区等地已建立并积累了工程和反应堆专业知识。在核研究和开发方面的私营行业合作伙伴包括通用电气公司、西屋电气公司、罗克韦尔公司和喷气飞机公司。这种独一无二的国家资源的核心是一支非常能干的队伍，他们被描述为"一个庞大而多样化的技术专家群体，他们对先进核动力系统有兴趣和经验……等待着重新被启用并赋予使命，以使核动力在太空中发挥作用。"[23]这一资源已在第一阶段的初步可行性工作中安排就位，准备好迎接新空间反应堆计划第二阶段带来的挑战。

SP-100 技术向前发展

为了便于工程开发，反应堆电源系统的设计和开发工作被分解成一组逻辑上独立的子系统。主要子系统包括反应堆系统、电力转换系统、排热系统、仪表与控制系统、屏蔽系统及机械与结构系统。每个子系统执行特定功能。例如，反应堆子系统提供了热源，由热电元件及其相关部件组成的电力转换子系统将热能转换为可用电能。仪表与控制子系统确保了反应堆的正常运行和安全。屏蔽子系统保护航天器有效载荷不受反应堆在轨道上启动后产生的强烈中子和伽马辐射的不良影响。每个子系统必须集成在一起，以使反应堆电源系统的正常运行。设计人员还必须确保每个子系统及其各自的部件满足与空间发射和运行相关的要求，如温度限制、压力限制、冲击和振动限制，以及针对核电源系统发射和运行的安全要求。通过分析、测试和 (或) 实验验证了设计。【见附录 C21】

随着反应堆电源系统设计的推进，另一项同样重要的任务集中于开发制备与制造工艺，以便用于建造、组装和测试 SP-100 系统的各种组件和部件。在某些情况下，单个组件需要几种不同的工艺。例如，反应堆燃料芯块的生产需要一份规范，以确定随后将被压成燃料芯块的氮化铀原料的确切化学组成。必须开发一种将原料制成燃料芯块的工艺。另一种生产工艺是将燃料芯块封装在其金属包壳内，包壳由内部金属衬垫层和外部金属包壳层组成。对包覆芯块[①]进行检查和测量确保它们满足放置在燃料元件内的尺寸要求，燃料元件是容纳多个燃料芯块的结构组件，它也是组成反应堆堆芯的基本构件。燃料芯块只是为 SP-100 空间反应堆计划开发的一整套制造和生产过程的一个缩影。

除了设计和制造过程外，还制订了严格的测试程序，用于验证组件、子系统和整个反应堆电源系统的设计。使用位于阿贡西部国家实验室的零功率物理反应堆建立并开展实验，以验证 SP-100 反应堆堆芯核物理计算结果和其他相关参数。[24] 利用能源部旗下的几个设施对燃料组件 (即燃料芯块和包壳材料) 进行了核应用测试。阿贡西部国家实验室运营的实验增殖反应堆 2 号和位于汉福德场区

---

① 燃料芯块封装于包壳后，被称为包覆芯块或燃料舱。——译者注

的快速通量测试设施提供了独特的测试能力，致使燃料芯块和包壳材料在高温和辐射水平下持续测试数月至数年。这种辐照试验为燃料设计者提供了与材料退化和其他标准有关的信息，这些信息对验证燃料在预期反应堆运行温度下能维持所需的 7 年寿命至关重要。洛斯阿拉莫斯国家实验室开发的氮化铀燃料和铌合金燃料销最终被证明，在超过系统设计温度的包壳温度下，燃料燃耗寿命相当于 7 年寿命。

位于阿贡西部国家实验的零功率物理反应堆的 SP-100 堆芯实体模型。(来源：爱达荷国家实验室)

在电力转换系统方面，通用电气公司致力于开发一种热电电池，其功率密度是伽利略号和尤利西斯号航天器上使用的 RTG 电力单元的 16 倍。通用电气公司的其中一项措施是在热电电池的外表面使用涂层材料，以帮助提高整体结构的完整性，从而使其可在满功率条件下运行 7 年。

在热传输系统方面，主要工作是开发一种热电电磁泵。通过这种泵，液态锂将在泵的作用下通过一级和二级反应堆冷却剂回路。该泵为自动驱动，在流经泵的一次和二次冷却剂回路之间设置了热电电池，通过回路之间的温差发电来为泵提供电力。

与泵的开发密切相关的是，需要确保锂冷却剂（在系统运行前为固态）以某种方式解冻致使泵可按照设计运行。除了演示组装技术外，项目团队还通过一系列泵测试验证了其液压和电磁性能。泵和其他主要 SP-100 子系统（如热电电力转换和排热系统）的测试使用与 GPHS-RTG 类似的非核热源。

矛盾加剧

虽然在第二阶段的头几年中取得了重大的技术进步，但 1986 年 SP-100 计划开始出现财务问题。在 1985 年格雷厄姆 - 鲁德曼 - 霍林斯赤字削减法案的推动下，联邦政府开始全面收紧财政开支。财政紧缩导致所有联邦机构的资金减少，SP-100 计划受到的打击尤为严重。在第二阶段的头四年 (1986—1989)，根据第二阶段三方机构协议各机构应拿到资金大约 4.5 亿美元，但实际只收到和（或）被捐助了 2.6 亿美元。在机构层面，能源部拿到了预算 2.1 亿美元中的 1.6 亿美元（减少 25%)，战略防御倡议组织只拿到了预算 2.2 亿美元中 8200 万美元（减少 60%)，NASA 的预算为 1600 万美元而实际获得 1.99 亿美元。到了 1990—1991 年，情况没有改善，还是拨款继续落后于资助计划。除了降低机构的资金水平外，SP-100 计划由于持续的技术问题，成本大幅增长，从而恶化了该计划的财政前景。[25]

随着财务状况的恶化，计划很快发生了重大变化。地面工程系统和技术开发活动被推迟，计划完成日期从 1992 年推迟到 1994 年，随后从 1994 年推迟到 2002 年。三方机构协议不止一次更新，以反映不断变化的资金和进度现状。[25] 由于资金问题和进度延误，人们开始感到沮丧，尤其是在战略防御倡议组织内部。战略防御倡议组织是 SP-100 计划的主要承研单位，此时也成为了资金削减的主要对象。

由于资金削减和进度延误的现状正在对 SP-100 计划造成损害，

77

人们继续努力地将 SP-100 电源系统与特定任务联系起来。1989
年，潜在的空军任务孕育了各种"加固"设计，这些设计能够提
供 10 ～ 40 kW_e 电力，并满足军事反应堆的目标，包括敌对威胁
生存。[26]

快速通量测试设施是一个 400 兆瓦的热、液态金属（钠）冷却反应堆。图中
的白色圆顶是容纳反应堆容器的安全壳建筑。（来源：洛斯阿拉莫斯国家实验室的
Flickr 网站）

国防部对低功率系统的兴趣一直持续到 1990 年，当时空军签
署了 5 份为期 1 年的设计合同，以确定若干种 40 kW_e 反应堆设计
的关键技术问题：(1)STAR-C 反应堆 ①；(2) 热管 - 热离子反应堆；
(3) 小型外部装料热管 - 热离子反应堆；(4) 慢化热管 - 热离子反应堆；
(5) 空间动力先进核心元件反应堆，这是一种基于苏联设计的衍生
品，由于 20 世纪 80 年代末苏联发生的经济和政治衰退，致使获取
了设计细节。[27] 几十年来，苏联通过其空间反应堆计划开发并建
立了热离子技术。1989 年，一个被美国称为 TOPAZ-II 的热离子反

───────────

① STAR 型反应堆是美国处于建设或设计阶段的一种小型液态金属反应
堆。——译者注

应堆概念引起了战略防御倡议组织的注意。随着对苏联技术的极大兴趣，并希望以相当于国内技术开发计划的一小部分成本获得苏联数十年的发展成果，一项交易随后被促成，最终将 TOPAZ-II 技术带到了美国 (至少暂时如此)①。

1989 年 7 月老布什总统宣布太空探索倡议计划后，NASA 对 SP-100 系统的兴趣得到加强。太空探索倡议为太空探索的未来带来了新的愿景，包括到 2019 年重新实现载人登月和首次实现载人登陆火星。NASA 和能源部的任务规划人员很快开始针对下一财年的载人火星任务重新审视核推进概念，并针对月球前哨站重新研究核电源技术。

78

变化即将来临

尽管人们对 SP-100 电源系统仍有兴趣，但到 1991 年，SP-100 计划的未来面临着越来越大的不确定性。资金不足继续对测试和开发计划产生不利影响。任务需求仍然在不断发生变化，目标在国防部和 NASA 之间频繁转变。各机构之间的关系非常紧张，一些机构内部的紧张程度甚至更高。

1991 年 11 月，战略防御倡议组织宣布它将不再支持 SP-100 计划以便追求苏联的热离子技术。这一声明引发了新的担忧，即购买苏联反应堆将破坏 SP-100 计划，因为政府将空间反应堆电源系统开发的资金转向战略防御倡议组织。这也使得空军成为唯一参与 SP-100 计划的国防部实体。[28]

随着战略防御倡议组织的退出，SP-100 计划的任务目标问题重新浮出水面。在能源部部长詹姆斯·沃特金斯的要求下，管理和预算办公室随后审查了陷入困境的 SP-100 计划。审查时，SP-100 团队希望在 2004 年进行地面反应堆电源系统测试，成本约为 18 亿美元，这意味着 10 年的进度延迟和 13 亿美元的超支。虽然已经确定了若干可能的任务，但审查发现，空间反应堆系统没有明确的民

① TOPAZ-II 反应堆将在第七章中详细讨论。——原文注

用任务需求。为了解决 SP-100 系统日益严重的进度和成本问题，各机构随后被要求制订规划方案，以促进形成一个更有竞争力、更低成本、更快节奏和更灵活的计划，开发空间反应堆电源系统，供国防部和 NASA 在 21 世纪初秋初期至中期使用。[28]

在管理和预算办公室审查后不久，该计划在 1992 年 3 月的国会听证会上受到进一步审查。听证会主席、众议员霍华德·沃尔普以一种可怕的语气开始了听证会：

"这是一个处于危机中的计划……经过 10 年和 4 亿美元的支出，SP-100 尚未被国防部或 NASA 选中执行明确任务。而且目前还没有出现明确任务的迹象。我们最初的计划成本估算飙升，计划进度大幅落后。SP-100 的发起者之一，国防部最近撤回了财政支持，理由是对计划管理、高成本、长交付时间的不满，以及想从俄罗斯人那里购买 TOPAZ 型反应堆……这个计划遇到了严重的麻烦……" [29]

所有三个机构的代表都提供了证词，包括能源部核能办公室的威廉·杨、NASA 负责航空航天技术副助理局长罗伯特·罗森博士、战略防御倡议组织的西蒙·"皮特"·沃登上校。美国总审计局和美国科学家联合会的史蒂文·阿夫特古德也提供了证词。在听证会过程中，对 SP-100 计划的优点进行了讨论和辩论。机构、管理及组织方面的问题、紧张的关系和挫折都公开暴露出来。与会者注意到由于缺乏具体的任务，从而提出了 SP-100 计划是否要成为一项持续的研究和开发计划的问题。还出现了谁应该为这种计划支付费用的问题。由于能源部和国防部为 SP-100 计划提供了绝大部分资金，NASA 试图不劳而获（或至少付出很少）而受到指责。在技术方面，战略防御倡议组织对其退出 SP-100 计划而支持购买俄罗斯热离子反应堆技术的理由进行了说明。SP-100 计划时而会与新的战略防御倡议组织计划发生冲突，尽管此时对外国技术还有许多未知之处。

当所有这些都说了、做了，人们对降低成本和加快项目进度的措施仍持怀疑态度。听证会结束时沃尔普议员的语气和开始时一样，"战略防御倡议组织……已经退出 SP-100 计划。如果今年的资助继续下去，该项目将以大约 5000 万美元的年度预算来资助一个 15 亿美元的计划……按照这个速度大约 50 年才能完成这个计划。显然这不是一个可选项……坦率地说，我认为是时候终止这个计划了。"[30]

不管听证会上提出了什么问题，SP-100 计划继续向前推进。为了响应管理和预算办公室的要求，能源部、NASA 和国防部制订了一项规划方案研究，该研究建议启动一项空间反应堆电源系统计划，目标是在 2000 年之前发射一个原型反应堆。[27]在进行规划方案研究的同时，能源部和 NASA 开始评估可在 20 世纪 90 年代发射的成本明显更低的 SP-100 系统 [新] 方案。这些机构将工作重点放在支持 5 ～ 15 kW$_e$ 系统的技术上。通过使用鉴定系统作为飞行系统，也可以节省成本和加快进度。它们开发了 7 个概念设计方案，筛选出 3 个发射日期。其中，4 个方案使用原型地面飞行系统组件，用于 1997 年或 1999 年发射的 15 kW$_e$ 系统，具体取决于系统细节。其余方案使用类似于 RTG 的温差电技术，以适配 1996 年的发射日期。所有方案都建议取消全面地面试验以降低成本。此前被认为是一种激进的方式，基于经济和工程效益 (包括当时强大的分析能力)，取消满功率地面测试开始变得有意义。[26]

1992 年底，能源部和 NASA 再次努力，为空间科学和行星表面应用的小型 (5 ～ 20 kW$_e$) 空间核反应堆计划和用于载人及货运火星任务的高性能推进系统确定备选方案。能源部和 NASA 团队提出了一项以 1998 年发射为核心目标的计划，利用现有的基础设施来实现 NASA 的科学和探索目标，这是其他电力系统无法实现的。1998 年的飞行基于 500 kW$_t$ 的 SP-100 反应堆与 20 kW$_e$ 封闭式布雷顿循环电力转换子系统的耦合开发。为了响应这一建议，能源部改变了计划的方向，并启动了系统设计活动。设计审查证实，封闭式布雷顿循环设计方法对于早期任务是可行的。虽然需要进行常规的工程开发，但没有发现关于开发封闭式布雷顿循环技术的重大问题。[26]

在技术开发领域，通用飞行系统设计也于 1992 年更新。更新后的设计表明，一个质量不超过 4600 千克的 100 kW。系统是可以实现的。研究人员确定了一个解冻概念，该概念利用辅助冷却回路使反应堆在停堆后重新启动，工程师们完成了反应堆、燃料和燃料销制造技术的开发。通电公司继续开发热电电池的组装工艺。两个含有高温锂冷却剂的测试回路演示了难熔铌合金的焊接和制造技术。试验表明，该反应堆设计可以在最小应力下完成锂解冻。[31]

80

到 1993 年，这些机构在总统威廉·克林顿①的领导下工作。克林顿政府有一系列新的优先事项，但其中不包括核电研发。SP-100 计划一直试图修改其测试和开发方案，以更好地匹配预期任务。然而，在 1993 财年初，情况变得越来越清楚，基于封闭式布雷顿循环耦合 SP-100 反应堆电源系统的早期任务不太可能存在，这导致了一个决定，即开发一项 20 kW。的温差电设计，其理由是——随着开发时间的增多，设计将在质量和寿命能力方面更具竞争力。与封闭式布雷顿循环设计要求一样，瞄准基于 5 年的核电推进行星际或小行星任务。[26] 然而，最终的系统重新设计并没有得到比以前更多的支持。正如第三章所讨论的，太空探索倡议缺乏国会的支持和资金，所希望的任务从未实现。

有序关闭

尽管为解决国会的担忧付出了努力，但克林顿政府并未表现出支持 SP-100 空间反应堆计划的意愿，该计划于 1994 财年终止；为计划收尾活动提供了 1690 万美元的资金。包括收尾活动的资金在内，SP-100 计划共花费约 5.2 亿美元。

尽管 SP-100 空间反应堆电源系统从未被完全开发，但该计划取得了一些成就，并在保存该技术方面付出了显著努力，可为今后的研究人员所用。反应堆燃料已经被成功地证明具有低膨胀性并满足寿命超过 7 年的要求。洛斯阿拉莫斯国家实验室已为一个 100 kW。

---

① 威廉·克林顿 (William Clinton) 通常被称为比尔·克林顿 (Bill Clinton)。——译者注

空间反应堆制造、检测、验收了足够的氮化铀燃料芯块。热电电池和电力转换器技术克服了主要的技术障碍，已演示验证其功率密度约为 GPHS-RTG 技术的 16 倍。反应堆致动器套件是 SP-100 唯一带有活动部件的装置，已成功开发并在高真空、原型温度①(800 K)下进行了测试。一种能够同时泵送 2 个独立的液态金属回路的自供电电磁泵原型已经生产出来，其电力取自于高温液体。低成本热管在原型温度下进行了寿命测试，显示出长期稳定性。作为收尾活动的一部分，设备被分发给政府实验室、大学和工业企业。此外，关键制造工艺文件、工作记录和其他与计划相关的文件都存放在政府资料储存库中。[32]

在该计划的实施过程中，还成功开发了一些技术，包括那些在太空计划之外具有额外应用的技术。SP-100 系统在真空中高温条件下运行 10 年的要求导致了高导热性传导、自润滑轴承、应力缓解部件、自供能泵、紧凑型换热器、陶瓷与金属连接、高温线圈、电绝缘体、温度计高温电机和发电机等领域的技术发展。[32] 由于这些组件中的许多具有潜在的商业用途，在获得能源部的许可后，喷气推进实验室的 SP-100 项目办公室于 1993 年末启动了一项积极的项目，以寻找 SP-100 计划开发出的制造工艺、设备和组件的商业应用。

100 多家公司对技术转让前景表示兴趣，其中包括航天飞机的自润滑滚珠轴承、用于飞机激活器的电动机，以及在制造软饮料糖浆时可从液体中去除气体的气体分离器概念。[32],[33]

回首往事

随着 SP-100 计划的结束，美国空间反应堆历史上的最新篇章也画上了句号。虽然提出的反应堆系统从未被完全开发出来，但在空间反应堆系统技术和其他支持领域取得了许多进展。重现 30 年前 SNAP-10A 发射成功的愿景最终消失了，原因是资金不足、缺乏

①　原型温度指在原型设计中给定的工作温度。——译者注

任务以及不断变化的政治环境，这些因素对持续进行的核研究和开发的必要性提出了质疑。

变革的影响远远超出了 SP-100 计划。实验增殖反应堆 2 号作为美国仅有的快堆试验设施之一，于 1994 年被关闭。零功率物理反应堆设施于 1990 年被关闭[①]，汉福德场区的快速通量测试设施于 1992 年被关闭（多年后，即 2008 年，最后一批燃料从反应堆中移除）。其他设施，如钚回收和试验反应堆综合设施，最终将屈服于能源部环境管理计划下的大规模清理工作。对一些人来说，这样的关闭和拆除可能意味着，就美国冷战时期的清理遗产而言，取得了显著进展。对其他人来说，停摆就意味着失去生计。无论如何，这个国家失去了一部分核遗产和大量核基础设施。

82

83

爱达荷国家实验室的实验增殖反应堆 2 号。（来源：爱达荷国家实验室的 Flickr 网站）

---

① 原文此处引用参考信息来源 [38]，由于本章节仅有 33 项参考信息来源，译者认为原文存在笔误。——译者注

参考信息来源

[1]　NASA, 1984, "Aeronautics and Space Report of the President: 1983 Activities," National Aeronautics and Space Administration, p. 52.

[2]　NASA, 1985, "Aeronautics and Space Report of the President: 1984 Activities," National Aeronautics and Space Administration, p. 63.

[3]　NASA, 1989, "Aeronautics and Space Report of the President: 1987 Activities," National Aeronautics and Space Administration, pp. 109-110.

[4]　Bloomfield, H. S., and R. J. Sovie, 1991, "Historical Perspectives: The Role of the NASA Lewis Research Center in the National Space Nuclear Power Programs," AIAA/NASA/OAI Conference on Advanced SEI Technologies, September 4-6, 1991.

[5]　NRC, 1983, "Advanced Nuclear Power Systems for Portable Power in Space, Committee on Advanced Nuclear Systems, Energy Engineering Board, Commission on Engineering and Technical Systems," National Research Council, 1983.

[6]　NASA, 1984, "Space Power," Proceedings of a Workshop Held at NASA Lewis Research Center, NASA Conference Publication 2352, April 1984.

[7]　Buden, D., 1994, "Summary of Space Nuclear Reactor Power Systems (1983-1992)," pg. 21 in A Critical Review of Space Nuclear Power and Propulsion, 1984-1993, Ed. Mohamed S. El-Genk, American Institute of Physics, 1994.

[8]　Dochat, G., 1993, "SPDE/SPRE Final Summary Report," NASA Contractor Report 187086, NASA Lewis Research Center, September 1993, page 3.

[9]　Leifer, R., Z. R. Juzdan, W. R. Kelly, J. D. Fassett, and K. R. Eberhardt, 1987, "Detection of Uranium from Cosmos-1402 in the Stratosphere," Science 23, Vol. 238, no. 4826, pp. 512-514, October 1987.

[10]　Dix, G. P., and S. S. Voss, 1984, "The Pied Piper–A Historical Overview of the U.S. Space Power Reactor Program," Space Nuclear Power Systems 1984, Edited by El-Genk and M. O. Hoover, Orbit Book Company, Chapter 6, p. 23, Herman E. Roser quoted therein.

[11]　Mankins, J., et. al., 1987, "Preliminary Survey of 21st Century Civil Mission Applications of Space Nuclear Power," JPL-D-3547, March 1987.

[12]　Kuspa, J. P., E. J. Wahlquist, and D. A. Bitz, 1988, "Important Technology

Considerations For Space Nuclear Power Systems," U.S. DOE Technology White Paper, DOE/NE-0093, March, 1988.

[13] Robert Wiley interview, July 18, 2011.

[14] U.S. General Accounting Office, 1987, "Challenges Facing Space Reactor Power Systems Development," GAO/RCED-88-23, Report to Congressional Requesters, December 2, 1987, released to the public on January 4, 1988.

[15] Robert Wiley, May 14, 2014, personal communication.

[16] Kuspa, J. P., E. J. Wahlquist, and D. A. Bitz, 1988, "Important Technology Considerations For Space Nuclear Power Systems," U.S. DOE Technology White Paper, DOE/NE-0093, March 1988, pp. 17-19.

[17] NASA, 1986, "Aeronautics and Space Report of the President: 1985 Activities," National Aeronautics and Space Administration, p. 73.

[18] Corliss, W. R., 1966, 1971, "Nuclear Reactors for Space Power," AEC, 1966, 1971.

[19] Smith, G. L., C. M., Cox, and M. K. Mahaffey, 1990, "SP-100 Design, Safety, and Testing," WHC-SA-0817-FP, Rev. 1, July 1990.

[20] DOE, 1987, "SP-100 Space Reactor Safety," DOE/NE-0083, U.S. Department of Energy, May 1987.

[21] Bennett, G. L., 1990, "Safety Status of Space Radioisotope and Reactor Power Sources," Paper No. 900464, 25th Intersociety Energy Conversion Engineering Conference, National Aeronautics and Space Administration, Washington, D.C., August 12-17, 1990.

[22] Rickover, H. G., 1953, "Paper Reactors, Real Reactors," Naval Reactors Branch, Division of Reactor Development, U.S. Atomic Energy Commission, unsigned paper dated June 5, 1953.

[23] Chipman, Jr., G. L., 1982, "Outlook for Space Nuclear Power Development," U.S. Department of Energy, Washington DC, in Proceedings of a Symposium: Advanced Compact Reactor Systems, National Academy of Sciences, November 15-17, 1982, p. 462.

[24] McFarlane, H. F., et. al., 1990, "Analysis and Evaluation of ZPPR Critical Experiments for a 100 Kilowatt-Electric Space Reactor," Paper submitted to: International Conference on Physics of Reactors: Operation, Design and Computation, April 23-27,

1990.

[25] U.S. General Accounting Office, 1992, "The SP-100 Nuclear Reactor Program: Should It Be Continued?" United States General Accounting Office Testimony Before the Subcommittee on Investigations and Oversight, Committee on Science, Space, and Technology, House of Representatives, GAO/T-NSIAD-92-15, March 12,1992.

[26] Marriott, A., and T. Fujita, 1994, "Evolution of SP-100 System Designs," SP-100 Project, Jet Propulsion Laboratory, Space Nuclear Power And Propulsion: Eleventh Symposium, AIP Conference Proceedings, Volume 301, pp. 157-169 (1994).

[27] DOE et. al., 1993, "Planning Option Study for an Integrated Space Nuclear Reactor Power System Program," Prepared by the Department of Energy, National Aeronautics and Space Administration, Strategic Defense Initiative Organization, and Department of Defense, for the Office of Management and Budget, March 1993.

[28] "The SP-100 Space Reactor Power System Program, Hearing Before the Subcommittee on Investigations and Oversight of the Committee on Science, Space, and Technology," U.S. House of Representatives, 102nd Congress, Second Session, March 12, 1992.

[29] "The SP-100 Space Reactor Power System Program, Hearing Before the Subcommittee on Investigations and Oversight of the Committee on Science, Space, and Technology," U.S. House of Representatives, 102nd Congress, Second Session, March 12, 1992, pp. 1-2.

[30] "The SP-100 Space Reactor Power System Program, Hearing Before the Subcommittee on Investigations and Oversight of the Committee on Science, Space, and Technology," U.S. House of Representatives, 102nd Congress, Second Session, March 12, 1992, pp. 271, 276.

[31] NASA, 1992, "Aeronautics and Space Report of the President: Fiscal Year 1992 Activities," National Aeronautics and Space Administration, p. 22.

[32] Mondt, Jack F., Vincent C. Truscello, and Alan T. Marriott, "SP-100 Power Program," CONF 940101, American Institute of Physics, 1994.

[33] NASA, 1995, "Aeronautics and Space Report of the President: 1994 Activities," National Aeronautics and Space Administration, p. 28.

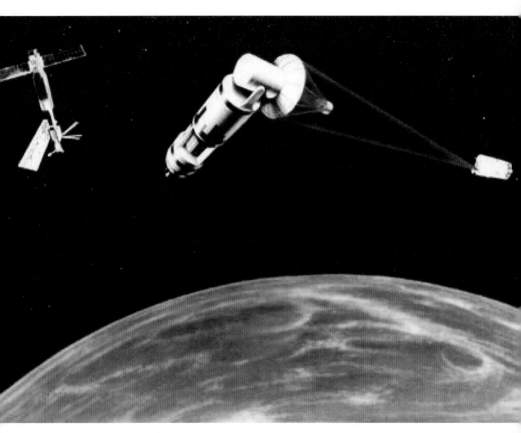

战略防御倡议天基武器概念。(来源：美国空军)

第六章

数兆瓦级计划

——提升空间反应堆至新等级

随着在 SP-100 计划下十万瓦级空间反应堆电源系统的发展，天基武器和传感器设计在战略防御倡议的推动下继续发展。随着能够抵御冷战中苏联攻击威胁的全球防御系统的愿景扩大，能量密集型天基武器系统概念开始出现，例如电磁轨道炮、自由电子激光器、中性粒子和带电粒子束系统。随着这一类技术的出现，人们需要先进的电力系统来为这些耗能巨大的武器供电。

从千瓦级到兆瓦级

战略防御倡议天基武器概念分为三种作战模式 (内务、警戒和突击)，具有常规的电功率需求分级。内务模式适用于通信和监视系统等运行基础负载，在 10 年或更长的运行寿命周期内，需要几千瓦至几万瓦的电功率。警戒模式适用于在发生敌对威胁时将系统置于战备状态，需要十万瓦至十兆瓦的电功率。突击模式适用于作战场景中的武器系统，需要几十兆瓦到几百兆瓦的电功率持续数百秒。这些高功率的天基概念很快引起了对先进数兆瓦级 (即 MMW) 电源系统的需求。[1]

MMW 电源系统的开发是在战略防御倡议组织 MMW 空间电源

计划的支持下进行的，通过该计划，为电源开发工作提供了总体规划方向和指导。该计划有三个主要要素：(1) 军事任务分析和需求定义；(2) 非核概念与技术；(3) 核概念与技术。虽然前两个要素的责任分配给了空军，但核概念要素是由战略防御倡议组织和能源部通过一份联合倡议共同承担。

85

MMW 空间反应堆计划

战略防御倡议组织 - 能源部联合倡议，即 MMW 空间反应堆计划 (简称 MMW 计划)，它作为国防部 - 能源部跨机构协议的一部分，始于 1985 年，在此框架下能源部支持战略防御倡议工作。新 MMW 计划的目标是确定至少一种空间反应堆系统概念的技术可行性，以满足适用的战略防御倡议组织性能要求。目标是到 1991 年之前证明技术可行性。根据可行性研究的结果，战略防御倡议组织随后将决定是否继续进行反应堆电源系统概念的工程开发和地面系统测试。[2]

该计划分为四个阶段，技术可行性工作包含于前两个阶段。在第一阶段，将选择几个反应堆电源系统概念进行评估、分析和权衡研究，并确定可能对系统可行性产生不利影响的问题。第二阶段拟对 2 个或 3 个电源系统概念进行详细分析，通过分析找到最有希望满足战略防御倡议应用要求的概念。第二阶段还包括准备初步的安全评估、部件选择和可行性问题的解决。如果需要，第三阶段将包括在 20 世纪 90 年代中后期为单个反应堆概念开发地面工程系统。飞行演示工作将在最后一个阶段，即第四阶段进行，预计于 20 世纪 90 年代末开始，并在 21 世纪初完成。[3]

为了在前两个阶段支持反应堆电源系统概念的开发，能源部启动了一项技术开发计划，通过该计划，可以利用其国家实验室的专业知识和资源来解决反应堆技术问题。在技术开发过程中获得的信息也将为有关概念可行性的决策提供支撑。太平洋西北实验室负责反应堆燃料开发，材料研发工作则由橡树岭国家实验室负责。圣地亚国家实验室牵头负责与仪器及控制相关的开发工作。洛斯阿拉莫斯国家实验室牵头负责了热管和热管理开发工作。最后，爱达荷国家工

程实验室 (即后来的爱达荷国家实验室) 负责各个实验室之间的系统 86
和技术集成，而洛斯阿拉莫斯国家实验室则负责协调核安全。[2], [4]

尽管新的空间反应堆计划是能源部 - 战略防御倡议组织联合发起的，但实施是能源部的责任。能源部管理架构包括能源部总部及其爱达荷运营办公室。整个项目的责任由核能助理部长负责。计划指导的责任分配给了国防能源项目和特殊应用办公室 ① 下属的国防能源项目部。项目日常执行和管理被委托给了设在能源部爱达荷运营办公室的项目整合办公室，负责管理项目日常活动和监督爱达荷州国家工程实验室。

通过几个国家实验室和私营公司的努力，宽谱系的初步反应堆系统概念开发始于 1986 年。随着反应堆电源系统概念开发的进展，刚起步的能源部计划很快发现自己面临着 20 年前的问题——缺乏资金和任务需求，这导致计划的目标飘忽不定。随着战略防御倡议组织任务规划的发展，很快就出现了不确定性——究竟何时需要空间反应堆电源系统。为了应对可能比原计划提前的时间表，能源部修改了其总体计划战略，并制定了 3 个广泛的初步电源类别，以涵盖一系列战略防御倡议应用【见附录 C22】。这些类别被用作后续反应堆电源系统概念开发的框架。I 类概念为短时脉冲型系统，产生数十兆瓦电功率，有流出物排放 (开放式系统)。II 类概念的系统与 I 类相似，但没有流出物 (封闭式系统)，最低寿命为 1 年，能够连续满足脉冲功率要求或可在单次轨道周期内充电。III 类概念旨在提供数百兆瓦的脉冲功率，可以是开放式或封闭式系统【见附录 C23】。[3], [5] 87

初步的反应堆电源系统概念包括开放式和封闭式循环系统以及热离子系统概念。战略防御倡议组织特别感兴趣的是气冷开放式循环反应堆系统概念，因为与采用封闭式循环设计的反应堆系统相比，前者具有潜在的质量优势。[7]初步电源系统概念的相关工作开始于 1986 年，随后在 1987 年由多个能源部实验室、刘易斯研究中心和空军武器实验室的代表所组成的多机构团队进行了评估。[8]

在对初步反应堆系统概念进行评估后，由于资金短缺，进一步的

---

① 国防能源项目和特殊应用办公室，隶属核能组织。——原文注

概念开发工作被缩减。开发工作于 1988 年重新开始，代表 6 个不同反应堆概念的 6 个承包商团队被授予合同，以改进各自的电源系统概念。除了概念开发工作外，承包商的工作还包括确定可能影响电源系统可行性的技术问题。随着第一阶段的正式进行，初步概念设计于 1989 年初完成。[9] 在第一阶段研究选择的 6 个概念中，3 个用于 I 类系统，2 个用于 II 类系统，1 个用于 III 类系统【见附录 C24】。[6],[10]

　　1987 年，总审计局对能源部空间核反应堆研发活动进行审计时，强调了资金短缺及其对该计划的影响。该审计源于 1986 年 5 月国会的一项要求，包括对 MMW 计划和 SP-100 空间反应堆计划的审查。审查考虑了计划现状以及空间反应堆计划所涉及的资助组织之间的管理和协调情况。在其最终报告中，总审计局指出，这两项计划都面临着一些挑战，并且：

> "MMW 计划仍处于起步阶段，可能面临着比 SP-100 计划更大的挑战……需要更高的反应堆运行温度和空间电源系统的重大技术进步。然而，该计划的资金水平已经降低。因此，能源部调整了原来计划的时间周期和工作范围。项目经理表示，能源部仍有可能在 20 世纪 90 年代初实现其目标，即验证并确认为战略防御倡议提供 MMW 核电源的技术可行性。然而，项目官员表示，在目前预测的预算水平和时间限制下，追求高风险但前景广阔的空间反应堆概念可能不切实际。"[5]

　　正如总审计局报告所述，MMW 计划的资金问题始于 1986 年，当时该计划仅收到 1720 万美元 (能源部和战略防御倡议组织的联合资金) 中的 1580 万美元。在 1987 财年，情况恶化，该计划只收到了 4000 万美元中的 1460 万美元。由于 1987 年的资金水平仅为申请的 37%，而且未来看起来也不会有好转，因此进度延误也就不足为奇了。最初预计反应堆电源系统概念定义将在 1987 年 8 月完成，但由于计划恢复日期为 1988 年 4 月而被推迟。到 1988 年，由于预算限制，设计概念的选择被推迟到 1991 年以后，MMW 反应堆的最终开发被推迟到 2000 年以后。除了资金短缺之外，战略防御倡议组织开始减少用于发展空间核动力技术的资金，转而支持非核技术。该计划刚刚起步，就已经感受到联邦预算赤字膨胀导致的大规模财政紧缩的影响。然而，能源部继续推进系统研究。[5]

在总审计局审查能源部空间反应堆研发活动的同时，国家研究委员会审查小组在更广泛的背景下审查了用于空间任务的先进动力系统。1984 年，那时战略防御倡议组织处于刚起步阶段，根据国防部提出了一项要求，研究委员会的审查最初只针对与战略防御倡议应用相关的空间电源系统，但后来扩大到包括军事空间电力需求（战略防御倡议组织需求以外的），以及 NASA 潜在的空间电力需求。MMW 空间反应堆系统具有几个理想的特点，包括重量轻、紧凑、寿命长、可连续使用、良性的或无流出物、高可靠性及固有的抗辐射加固性和生存能力【见附录 C25】。因此，潜在的民用应用包括用于减少行星际运输时间的核电推进和核热推进技术，用于月球或火星载人基地的核星表动力系统，以及用于空间大规模工业作业方案的核动力系统。

根据 1987 年对先进电力系统概念和信息的审查，最终报告提出了若干建议，供需要使用 MMW 功率水平的空间任务规划人员考虑。相对 MMW 电源系统，委员会认识到战略防御倡议"突击模式"应用的功率需求可能会大大超过现有和计划中的电源系统的能力，并建议"应同时执行核和非核战略防御倡议 MMW 计划"。该报告对核选项提出了警告，然而，同时也指出"核反应堆电源系统可能被证明是战略防御倡议'突击模式'的唯一可行选择（如果化学电源的流出物被证明是不可容忍的）……"[1] 针对"警戒模式"功率水平也提出了类似的警告。

即便面临 1987 年的资金短缺、外部的总审计局审查以及国家研究委员会的审查，MMW 计划在技术方面仍取得了进展。工作重点放在与概念可行性评估紧密相关的领域，包括反应堆燃料、材料、能量储存、热管理、仪表与控制。在反应堆技术方面，取得的进展包括为颗粒床反应堆概念签发了基于碳化锆涂层的碳化铀（贫化和浓缩）燃料颗粒和燃料元件制造合同，以及开发和演示了使用替代物燃料颗粒和氮化铀燃料颗粒的陶瓷金属燃料制造工艺。为了

89

评价氮化铀燃料与钨铼、钼铼合金的兼容性，以及高温难熔合金的制造、焊接和材料性能，开展了相关试验。[2] 1988 年研究继续取得进展，主要在轻质热管和反应堆难熔材料方面，以及颗粒床反应堆材料与组件的制造和测试方面，其中包括用于 MMW 反应堆型的颗粒床燃料元件套件的堆内测试。[12]

1989 年初，在第一阶段结束时，人们首次尝到了成功的滋味，成功提交了 6 个反应堆系统概念包。概念包描述了反应堆电源系统概念，提供了初步的安全方案，并详细说明了第二阶段规划的开发工作的实施方案。在已评估的 6 个概念中，有 3 个计划用于后续设计开发：(1) 西屋公司的 NERVA 衍生概念，(2) 格鲁曼公司的颗粒床开放式循环概念，以及 (3) 罗克韦尔公司的陶瓷金属燃料封闭式朗肯循环概念。[8]

随着反应堆概念开发工作的推进，战略防御倡议组织架构演变为不依赖高功率天基平台，从而最终赶超了空间反应堆计划。最终，战略防御倡议组织系统设计发生了变化，因而降低了功率需求。随着功率需求的降低，非核电源系统的替代方案变得更具竞争力。MMW 空间反应堆计划的需求很快消失了，战略防御倡议组织的资金也随之消失。尽管 NASA 已经确定了 MMW 空间反应堆技术的可能用途，但他们没有开发资金。在没有赞助商的情况下，能源部不准备为反应堆开发提供资金。因此，该计划在仅仅存在的第 4 年，也就是在其第二阶段开始前的 1990 年终止了。[8] 从 1986 财年到 1989 财年，战略防御倡议和能源部为该计划提供的资金总额为 3710 万美元。

尽管 MMW 计划在第一阶段结束后就夭折了，但该计划的某些要素仍在继续。随着 1989 年太空探索倡议的出现，一些 MMW 概念和技术后来被确定为 NASA 空间核推进和电源应用的主要候选方案。热离子技术也继续成为国防部的感兴趣对象 ①。

参考信息来源

[1] National Academy Press, 1989, "Advanced Power Sources for Space Missions," Committee on Advanced Space Based High Power Technologies, Energy Engineering

----

① 热离子技术将在第七章中详细讨论。——原文注

Board, National Research Council, Commission on Engineering and Technical Systems, National Academy Press, Washington, D.C. 1989, available online.

[2] NASA, 1989, "Aeronautics and Space Report of the President, 1987 Activities," National Aeronautics and Space Administration, p. 111.

[3] Kuspa, J. P., E. J. Wahlquist, and D. A. Bitz, 1988, "Important Technology Considerations For Space Nuclear Power Systems," U.S. Department of Energy Technology White Paper, DOE/NE-0093, March 1988.

[4] John Warren, personal communication, May 21, 2014.

[5] United States General Accounting Office, 1987, "Challenges Facing Space Reactor Power Systems Development," GAO/RCED-88-23, Nuclear Science, Report to Congressional Requesters, December 1987, released to the public on January 4, 1988.

[6] Buden, D., 1993, "Summary of Space Nuclear Reactor Power Systems (1983-1992)," in *A Critical Review of Space Nuclear Power and Propulsion*, 1984-1993, edited by M. S. ElGenk, American Institute of Physics, pp. 21-87.

[7] Marshall, A. C., 1989, "A Review of Gas-Cooled Reactor Concepts for SDI Applications," SAND-87-0558, August 1989.

[8] DOE et. al., 1993, "Planning Option Study for an Integrated Space Nuclear Reactor Power System Program," Prepared by the Department of Energy, National Aeronautics and Space Administration, and Department of Defense for the Office of Management and Budget, March 1993.

[9] NASA, 1991, "Aeronautics and Space Report of the President: 1989-1990 Activities," National Aeronautics and Space Administration, p. 92.

[10] Dearien, Dr. J. A., and J. F. Whitbeck, 1990, "Multimegawatt Space Power Reactors," EGG-M-89264, Senior Program Specialists, Multimegawatt Project, Technical Support Office, Idaho National Engineering Laboratory, 1990.

[11] Boeing, 1989, "Multimegawatt space nuclear power supply, phase 1. Supplement: D180-30619-8 Publication: Final Report," Boeing Aerospace Co., Kent, WA. Publication Date: 02/1989.

[12] NASA, 1989, "Aeronautics and Space Report of the President, 1988 Activities," National Aeronautics and Space Administration, p. 103.

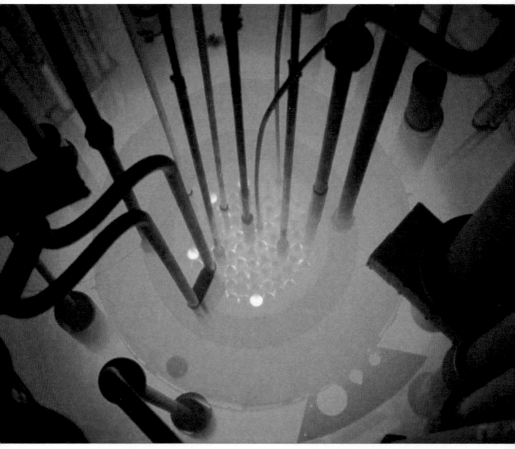

　　热离子燃料元件验证计划下的材料测试在通用原子公司的 TRIGA 反应堆（如图所示）、爱达荷国家实验室的实验增殖反应堆 2 号和汉福德的快速通量测试设施中进行。（来源：通用原子公司）

第七章

热离子复兴

——第二次机会

　　美国热离子空间反应堆电源系统的发展起源于 20 世纪 50 年代中期。1963—1973 年间，在 AEC 指导下的热离子反应堆计划侧重于发展堆芯内转换概念，其中核燃料和热离子电力转换系统集成于热离子燃料元件。在早期 AEC 计划下开发的热离子反应堆概念设计面向广泛的空间应用和功率水平，包括用于无人卫星的 5 kW$_e$ 系统、用于载人空间实验室的 40 kW$_e$ 系统和用于核电推进的 120 kW$_e$ 系统。然而，这些概念都没有发展到具备飞行的程度。1973 年，AEC 空间核反应堆电源系统开发终止后，热离子反应堆电源系统研究转向开发堆芯外热离子转换器概念，其中电力转换功能位于反应堆外部。此后不到 10 年，关注重点再次回到堆芯内反应堆概念。[1]

　　随着罗纳德·里根总统于 1983 年 3 月宣布战略防御倡议，人们对天基卫星和武器的空间核动力系统的兴趣重新燃起。尽管在 SP-100 计划下选择了开发快中子反应堆热电转换系统，但热离子反应堆技术仍然被认为是可行的替代方案。为了利用这种可行性并为 SP-100 计划提供备用技术，能源部在 20 世纪 80 年代中期根据热离子燃料元件验证计划，恢复了堆芯内热离子技术开发。为了利用国外热离子研发成果，美国国防部与能源部主持的开发计划分道扬镳，转而青睐由于冷战结束而得以获取的那项技术 [1]。

堆芯内热离子电源系统

堆芯内热离子空间反应堆电源系统利用热离子燃料元件转换器发电【见附录 C26】。位于热离子反应堆电源系统内部核心位置的是核反应堆本身。在美国，热离子反应堆的设计以多栅元热离子燃料元件为中心。其他反应堆设计，如俄罗斯开发的一些反应堆，则采用了单栅元热离子燃料元件技术。每种技术路线在可测试性、重量和转换效率方面都有优缺点。

93

典型的多栅元热离子燃料元件包含 6 个单独的热离子燃料元件转换器，它们堆叠在一个燃料元件内，如同电池堆叠在手电筒中。每个热离子燃料元件转换器的额定输出功率为 0.4 W_e，单个多栅元热离子燃料元件在其单个转换器串联连接的情况下可产生 2.6 W_e。因而，反应堆堆芯尺寸由所需的输出功率决定。例如，由 176 个多栅元热离子燃料元件组成的热离子反应堆电源系统可产生约 1.3 MW_t 的热能，可转换输出 110 kW_e[2]。[1]

1973 年，当美国国内空间反应堆电源系统计划终止时，多栅元热离子燃料元件的设计已经发展到了一个阶段，该元件的使用寿命约为 20 000 小时，与当时的性能目标一致。两个主要问题阻碍了更长的使用寿命。首先是发射器的变形。发射器变形主要由燃料芯块的尺寸膨胀引起。燃料芯块的膨胀导致发射器膨胀，从而与收集器的表面接触。发射器 - 收集器之间的接触在燃料电池内部产生短路，从而将输出电压降至零。第二个问题涉及由辐射引起的绝缘体密封结构损伤。这种损伤由一些小裂缝组成，裂变气体可以通过

---

① "那项技术"指由俄罗斯提供的热离子反应堆电源技术，包括 TOPAZ-I 和 TOPAZ-II。——译者注

② 按照每个多栅元热离子燃料元件额定功率 2.6 W_e 计算，176 个多栅元热离子燃料元件应该产生 2.6 W_e/ 个 ×176 个 =457.6 W_e，与原文中的 110 kW_e 相差巨大，后者约为前者的 240 倍。译者认为此处信息不全或数据有误。——译者注

这些裂缝进入发射器和收集器之间的电极间隙。裂变产物气体与铯 94
气体的混合降低了铯提供的空间电荷的有效性。[2]

热离子燃料元件验证计划

　　1984 年，作为更广泛的 SP-100 计划的一部分，根据热离子技术计划，解决热离子燃料元件寿命问题的工作重新启动。这项工作由通用原子公司牵头，并得到雷泽联合公司、太空动力公司和热电公司的支持。在重新启动的热离子计划下，通过包括设计、制造、堆芯内辐照测试和分析在内的反复迭代研究，多栅元热离子燃料元件技术持续进步【见附录 C27】。例如，通过增加发射器厚度、使发射器和收集器之间的间隙加倍、降低发射器的工作温度等手段来解决燃料发射器变形问题。通过选择替代材料解决了绝缘体问题。[2]到 1985 年底，已经设计并制造了 9 个装料发射器和几个绝缘体试验件，并正在训练、研究和同位素通用原子①(Training, Research, and Isotopes General Atomic, TRIGA) 反应堆中进行了辐照。在一项单独的热离子辐照计划下，装料发射器和绝缘体样件的辐照试验一直持续到 1986 年，最终成为 1986 年由能源部发起的更广泛热离子燃料元件验证计划的一部分。[3]

　　热离子燃料元件验证计划由能源部提出，目的是证明多栅元热离子燃料元件的技术成熟度，以适用于功率输出为 0.5 ～ 5.0 MW_e、全电源寿命为 7 年的热离子反应堆。该计划由通用原子公司牵头，在太空动力公司、雷泽公司和 ThermoTrex 公司的支持下，开展了一系列广泛的非核试验、组件测试和热离子燃料元件集成测试。西屋汉福德公司负责对快中子反应堆测试的相关工作进行全面协调，而项目层面的技术监督由洛斯阿拉莫斯国家实验室负责。 95

　　基于 AEC 和 NASA 在 20 世纪 60—70 年代初开发的热离子燃料元件技术和数据库，以及近期 SP-100 热离子的开发工作，一项

---

　　① 训练、研究和同位素通用原子反应堆也叫作铀氢锆反应堆，是一种以氢化锆与浓缩铀均匀混合物为燃料的固有安全性很高的研究堆。——译者注

多栅元热离子燃料元件基线设计得以问世，用于一种 2 MW$_e$ 概念反应堆。与 SP-100 计划目标一致，基线燃料元件的设计寿命为 7 年，为各种燃料元件组件的设计提供了初始点。为达到功率和寿命目标，需要进行详细设计的组件包括氧化铀燃料、发射器和收集器、绝缘体、裂变产物捕集器、各种准直和支撑构件等。[4]

除了设计工作外，还为每个组件建立了制造和生产工艺流程。例如，开发了在发射器上化学气相沉积钨的工艺和设备，以及制造氧化铀燃料芯块的工艺和设备。开发了电子束焊接设备并建立了用于制造等离子喷涂护套绝缘体的设施。一旦制造工艺被开发出来，并对操作员进行了工艺培训，组件生产就开始了，随后是严格的测试程序。[4]

组件级测试用于验证和确认设计，并通过演示证明制造和生产流程的可接受性。此类测试包括非核开发和筛选试验，以及在汉福德场区的快速通量测试设施和阿贡西部国家实验室的实验增殖反应堆 2 号进行的涉核试验。快速通量测试设施和实验增殖反应堆 2 号反应堆提供了一个快堆环境，在该环境中，组件被中子轰击并在反应堆热条件下进行测试。

一旦每个组件的设计得到验证和确认，这些组件就会被组装成一个集成的燃料元件，然后在 TRIGA 反应堆中进行测试。TRIGA 反应堆为热离子燃料元件测试提供了多年的辐射和热环境。使用几个只有部分长度的元件，对其进行一系列测试，以确定参数，例如燃料元件性能随发射器膨胀、绝缘体材料耐久性以及裂变气体排放通道的充分性的变化。基于测试结果可对 7 年寿命内燃料元件的预期性能进行评估。在热离子燃料元件验证计划期间，通用原子公司的反应堆共测试了 6 种热离子燃料元件：3 种单栅元燃料元件、2 种三栅元燃料元件和 1 种六栅元燃料元件。1988 年 9 月至 1993 年 10 月期间对燃料元件进行了辐照。前 4 种元件的堆芯内测试时间从 14 000 小时到 20 000 小时不等。测试仪器或 TRIGA 测试运载车的故障限制了前 4 种元件的测试持续时长。当验证计划在 1994 财年终止时，最后 2 种元件正在进行辐照；当试验终止时，这 2 种元件在辐照环境中分别放置为 4300 小时和 8000 小时。[4]

涉核试验提示了两个问题。在一次早期测试中，发射器内部的钨组件似乎影响了发射器的寿命，这在随后的测试中被成功纠正。另一个问题与用于将裂变气体导出发射器的裂变气体端口的大小有关。在反应堆测试期间，未发现其他影响燃料元件性能的寿命或材料问题。

TRIGA 反应堆中的热离子燃料元件测试于 1993 年 10 月结束，最终侧重点转向了热离子计划中的其他工作。到热离子燃料元件验证计划结束时，多栅元热离子燃料元件的寿命已经达到了 18 个月，多栅元热离子燃料元件技术也在多个领域取得了进步，包括在热离子燃料元件制造工艺方面、燃料发射器与护套绝缘体的寿命方面。尽管如此，与期望的 7 年寿命相关的问题仍然存在，为解决这些问题，需要开展与燃料发射器退化机制、热离子燃料元件性能预测和护套绝缘体寿命相关的额外测试和分析。[4]

热离子空间核电源系统计划

随着热离子燃料元件验证计划的进展，国防部开始重新评估其未来任务的电力需求，主要是为了应对冷战接近尾声时不断变化的环境。经过一系列的审查和设计研究，国防部建立了一套新的性能指标，低于 SP-100 计划中的性能指标。为了应对减少后的国防部需求，能源部、战略防御倡议组织和空军于 1991 年启动了热离子空间核电源系统设计和技术演示计划。根据 1991 年 6 月签署的协议备忘录，这些机构在空军热离子研究工作的基础上，寻求俄罗斯热离子技术的可利用性。新的热离子计划包含在热离子燃料元件验证计划下进行的多栅元热离子燃料元件测试，该测试与 SP-100 计划并行运行。新计划的目标是设计和演示一个 40 kW$_e$ 的热离子动力装置，其设计寿命目标为 10 年。[5]

在 1992 年开始的双路线向下选择过程中，能源部将合同授予了两个不同的团队，以开发可在 5 ～ 40 kW$_e$ 范围内扩展的热离子空间核电源系统。其中一个概念被称为"S-Prime 热离子核电源系统"，由洛克达因公司联合体基于多栅元热离子燃料元件技术开发。另一个概念被称为"太空动力先进堆芯长度元件反应堆热离子系统"，由太空动力公司联合体基于单栅元热离子燃料元件技术开发。初步计算表明，当系统功率为 40 kW_e 时，这两种系统的比功率为 18 W_e/kg，输出功率可扩展至超过 100 kW_e。[6] 原计划在 1995 年底前完成初步设计并演示关键技术和组件。然而，资金削减导致计划于 1995 年终止。

俄罗斯技术进入美国 ①

97   当能源部在热离子燃料元件验证计划下努力改进其多栅元热离子燃料元件时，战略防御倡议组织开始探索使用俄罗斯热离子反应堆技术来满足其任务需求。苏联长期以来一直使用空间核反应堆电源系统。雷达海洋侦察卫星，在美国被称为 RORSATs，由一个与硅锗热电转换系统耦合的快中子反应堆提供电力。反应堆电源系统产生的功率水平从几百瓦到几千瓦不等。[6]

20 世纪 80 年代末，一个新的热离子反应堆电源系统在两次太空系列试验中进行了测试【见附录 C28】。基于多栅元热离子燃料元件设计的新型热离子系统在美国被称为 TOPAZ-I。1987 年，TOPAZ-I 系统为两颗宇宙卫星提供了在轨电力，成功完成测试。在一项单独的（但并行的）工作中，另一个基于单栅元热离子燃料元件设计的热离子反应堆电源系统也在苏联被开发出来。这个在美国被称为 TOPAZ-II 的系统，虽然苏联从未发射过，但经过了重大的开发努力，在苏联体系被认为是具备了飞行条件。[6], [7], [8]

20 世纪 80 年代末，随着苏联的政治和经济环境发生变化，俄

---

① 战略防御倡议组织收购俄罗斯 TOPAZ-II 反应堆主要是希望在苏联研发成果的基础上，以最大限度地降低空间反应堆电源系统的开发成本。本次收购活动在采购、签署合同和与外国实体建立伙伴关系方面积累了经验。它还提供了与《原子能法案》规定要求有关的经验教训，这些要求对进出美国的核相关技术转让实施管控。感兴趣的读者可以查阅 Booz Allen & Hamilton[8] 和 Dabrowsk[9]。——原文注

罗斯空间核研究界面临着不确定的未来【见附录 C29】。在此期间，俄罗斯太空计划的官员提出向美国国防部出售 2 套完整的、无燃料的、电加热的 TOPAZ-II 反应堆系统和相关测试设备。

国防部认为，这一收购是一种获取成套系统的手段，包括 2 个反应堆、1 个真空试验台和相关泵装置、1 个燃料元件试验台和控制硬件，其成本大大低于在美国实施类似开发计划所需的成本。经过漫长的谈判、许可、授权和批准过程，涉及多个联邦机构和外国机构、私营公司和联营企业，1992 年 5 月，在战略防御倡议组织和新墨西哥州空军菲利普斯实验室的支持下，购买了 2 台未装燃料的 TOPAZ-II 反应堆和相关测试设备，并将其转移至美国。设备转移和随后的热离子系统评估试验计划是苏联解体后美国和俄罗斯之间国际合作的一个突出例子，这项技术曾经受到严格控制和保密。[9], [10]

对俄罗斯技术的测试

根据热离子系统评估试验计划，1992 年 11 月，在新墨西哥州阿尔伯克基的新墨西哥大学工程研究所开始对 2 个未装燃料的 TO-PAZ-II 反应堆和单栅元热离子燃料元件进行非核试验。TOPAZ-II 反应堆系统被设计为使用钨电加热器代替燃料元件进行地面测试，从而允许在没有核燃料的情况下整个反应堆系统在高温下进行测试。TOPAZ-II 试验计划包括一系列电力、机械和热试验与操作，这些测试和操作验证了基线设计和系统性能，并为培训美国操作员提供了机会。特别重要的是，需要证明 TOPAZ-II 技术对国防部空间飞行要求的符合性。考虑到 TOPAZ-II 的收购，战略防御倡议组织电力技术经理理查德·维加将这种想法描述为"不仅仅是 [为了] 逆向工程，而是为了看看是否有可能制造一种 TOPAZ[-II] 技术的美国变体，以体现我们对电力 [重量]，特别是对安全的期望。"[11]

TOPAZ-II 反应堆系统被设计为，从约 115 kW_t 的反应堆热能输出产生约 6 kW_e 电能（包括运行钠钾泵所需的 1 kW_e）。圆柱体反

98

应堆堆芯相对较小，直径约为 25 厘米，长度约为 38 厘米。反应堆堆芯由 37 个单栅元热离子燃料元件组成，每个热离子燃料元件包含 1 个环形高浓缩铀氧化物燃料芯块的堆叠。反应堆冷却由钠和钾组成的液态金属提供。[6]

在大约 3 年的热离子系统评估试验计划中，一个美俄联合研究团队完成了设施和反应堆系统验收测试、对美国操作人员的培训和反应堆系统性能表征测试。2 个反应堆系统共完成了 11 次热真空试验。其中一个反应堆系统的测试表明，它容易受到输出功率振荡的影响。另一个系统样机在额定工作条件下进行了长达 1000 小时的测试，结果观察到电极间隙中存在少量泄漏，并且其中一个热离子燃料元件存在间歇性短路。此外还进行了其他测试，如评估热离子燃料元件转换器的电输出性能，验证反应堆和燃料元件的热物理特性，并在机械和冲击载荷下运行系统。[9]、[13]、[14]

根据试验结果，策划了一个后续演示项目，其中将使用 TOPAZ-II 反应堆作为空间卫星电推进技术的电源。1993 年 5 月，在战略防御倡议组织的组织名称变更后，核电推进空间试验计划成为弹道导弹防御组织的一部分。1993 年年底，TOPAZ-II 计划也被重新命名为 "TOPAZ 国际计划"，以更好地反映热离子系统评估试验团队的国际组成属性，该团队除了美国和俄罗斯之外，还包括英国和法国的研究人员。[9]、[15]

TOPAZ-II 准备升空

在弹道导弹防御组织管理下，核电推进空间试验计划有 4 个目标：(1) 演示启动反应堆电源系统的可行性；(2) 演示利用核电推进调整轨道的能力；(3) 评估 TOPAZ-II 反应堆的在轨性能和选定电推进器；(4) 测量、分析和模拟核电推进环境。预定任务要求将反应堆系统首次发射到 5.25×10^6 米的圆形轨道。一旦进入轨道，反应堆将根据地面命令启动。随着反应堆的成功运行，每台机载离子推进器都将进行 1000 小时的测试。在大约 27 个月的时间内，推进

器将缓慢地将卫星的轨道高度提升至 4.0×10^7 米。[15], [16]

TOPAZ-II 反应堆系统。(来源：斯科特·沃尔德)

核电推进空间试验计划将发射计划的所有方面纳入考虑，包括任务和航天器设计、安全、集成和鉴定、发射批准及发射操作。执

100 行这种任务的一个关键好处是可以表征在轨反应堆和电推进产生的电磁和等离子体环境，这可用于未来基于反应堆的电子系统设计。另一个好处是确定与反应堆发射相关的要求，例如安全和批准。对第二个好处的兴趣基于这样一个事实——美国唯一发射的反应堆是 1965 年的 SNAP-10A 装置，而距离第一次发射已经过去了近 30 年。正如项目经理们很快发现的那样，通往成功的道路，特别是当成功取决于外国技术时，面临着许多挑战。[15]

第一个主要挑战是技术集成。例如，TOPAZ-II 反应堆设计用于与苏联质子火箭集成；为了与美国运载火箭集成，需要进行设计变更。设计变更还体现在航天器电子设备的热管理方法上。在 TOPAZ-II 系统中，电子设备被封闭在一个加压容器中，采用对流传热去除电子设备产生的多余热量。虽然这种方法简化了热管理，但增加了航天器的质量和体积。TOPAZ-II 电子设备随后被替换为基于美国"热管理理念"的小型设备，该理念依赖于导热传热和辐射传热过程，从而最大限度地减少质量和体积。其他设计变更集中在确保液态金属冷却剂在太空反应堆启动前不会结冰的方法上。核电推进空间试验计划的设计人员没有像俄罗斯人那样在发射前使用大电流地面电加热器来加热冷却剂，而是采用了另一种方法——使用了地面温度控制气流，并缩短了反应堆启动前的时间。[15]

安全方面的考虑导致了更多的设计变更。为了证明符合美国的发射准则，进行了初步的核安全评估，确定了在预期任务期间需要
101 的几个安全特性，以确保反应堆系统的核安全。所需的安全特性包括：(1) 热屏蔽，防止反应堆系统在假设的再入事件中破损；(2) 工程控制，以确保反应堆在浸没事件中保持亚临界状态，如反应堆降落在海洋或其他水体中时；(3) 控制系统，确保反应堆自动停堆。安全问题导致了额外的设计变更和安全要求文件的开发，该文件是根据早期为太空探索倡议进行的跨机构 (国防部、NASA 和能源部) 研究而制定的。[16],[17]

虽然非核地面试验提供了巨大的价值，但如果不在装载燃料的条件下进行试验，整个演示工作就无法完成。每个 TOPAZ-II 反应

堆都被设计成用大约 27 千克的高浓缩铀作为燃料。在考虑了各种 102
选项后，弹道导弹防御组织决定购买专门为 TOPAZ-II 反应堆制造
的俄罗斯燃料。除燃料外，还为弹道导弹防御组织提供了 4 个额外
的未装燃料 TOPAZ-II 反应堆样机。新增的 4 台样机包括 2 台按照
俄罗斯飞行标准建造的样机（战略防御倡议组织收购的前 2 台样机
不具备飞行资格）。由于有 2 台具有飞行资格的样机，弹道导弹防
御组织将其中 1 台样机将专门用于飞行，将另 1 台样机作为飞行备
用。在收到能源部的采购授权（仅包含针对未装燃料地面测试的进
口和使用）后，4 台未装燃料样机于 1994 年 3 月交付美国。[16]

从运输集装箱卸载 TOPAZ-II。（来源：斯科特·沃尔德）

随着弹道导弹防御组织和空军共同推进 TOPAZ-II 系统的设计
变更和非核试验，能源部启动了 TOPAZ-II 空间核电源系统的独立
安全评估。预授权评估是在预计到国防部将要求进行涉及核材料操
作的情况下进行的，包括为 TOPAZ-II 反应堆购买核燃料、涉及核
燃料的地面测试以及发射装载燃料的 TOPAZ-II 系统（经修改可满
足适用的美国要求）；根据《原子能法案》第 91b 章节的规定，这

种授权是 (现在仍然是) 必须的。审查小组得出结论认为，评估时可用的信息不足以确认拟议飞行计划的安全性，并且"极难最终证明在发射期间或任务结束再入阶段的所有可信事故条件下都可以防止意外临界。"当时能源部空间与防御动力系统办公室主任艾伦·纽豪斯后来描述了俄罗斯反应堆的一个关键问题：

> "俄罗斯人……的设计很有趣。它有很好的特点。它只是有缺陷……它有一个所谓的正温度系数，例如，如果它浸入水中，这意味着它会迅速达到临界状态，并随着一声巨响而自行解体。我们……不允许我们的空间反应堆以这种特性发射。你希望它能自我调节。海军所有的反应堆都是如此。"[18]

审查小组得出结论认为，低功率 (临界) 核实验可以在能源部监督下安全进行，并建议在完成所有分析、实验和安全报告的准备工作后进行额外的独立安全审查。[16]

TOPAZ 渐渐停息

1993 年，由于削减成本的压力和国防开支重点的变化，TOPAZ-II 国际计划的资金被削减。为了使该计划继续下去，除了最初的技术转让目标外，战略防御倡议组织将其目标扩大到"国防转型"——帮助俄罗斯将部分国防工业转化为民用企业。俄罗斯库存中剩余的 4 个 TOPAZ-II 反应堆于 1994 年 3 月运至美国。其中 2 个用于地面测试，以支持与航天器集成；另外 2 个被计划在拟议的飞行试验中使用。

1995 年 10 月，TOPAZ-II 国际计划从弹道导弹防御组织转移到国防核机构。在预期的转移中，国防核机构成立了一个工作组，并邀请能源部帮助指导其热离子开发计划的后续发展。在弹道导弹防御组织及其前身机构管理下，TOPAZ-II 计划以演示 TOPAZ-II 能力为目标而诞生，随后进行了飞行演示，但资金削减导致该计划严重缩水。因此，国防核机构决定重新调整该计划，以提高与该国更

广泛的空间核反应堆技术需求的一致性。

在转移到国防核机构之前不久，TOPAZ-II 国际计划因管理不善和合同不当的指控受到了几次调查。围绕项目的收购、签约和资助手续出现了质疑。能源部和空军菲利普斯实验室也出现了担忧，担心由于俄罗斯的专利和商业秘密主张，无法获取 TOPAZ-II 全部技术。总审计局质疑技术转让的最初计划目标是否真正实现了。[19]

1996 年，陷入困境的 TOPAZ-II 国际计划正式终止。终止协议的部分原因是总审计局的审计结果，但也因为国防部或 NASA 缺乏明确的任务，以及国防机构内部优先事项的变化。在协议终止后，最初购买用于测试和飞行演示的 6 座 TOPAZ-II 反应堆于 1997 年归还俄罗斯，这与 TOPAZ-II 收购谈判早期设想的计划一致。

热离子空间电源计划反思

从依托 SP-100 计划开始，到能源部的热离子燃料元件验证计划和热离子空间核电源系统计划，再到国防部对 TOPAZ-II 反应堆系统的采购和测试，热离子空间反应堆技术在更广泛的空间核动力体系中获得了一支特遣队 ① 的青睐。尽管近 10 年半的努力显然有助于推进空间核热离子动力转换技术的发展，但它也暴露了过去困扰美国空间核动力界的分歧，比如哪种空间反应堆技术最有前途。尽管利用外国技术所期望获得的成果从未完全实现，但这一努力确实为开展此类交流提供了经验教训。

104

参考信息来源

[1] Angelo, Jr., J. A., and D. Buden, 1985, "Space Nuclear Power," Orbit Book Company, 1985.

[2] General Atomics, 1984, "SP-100 Thermionic Technology Program Annual Integrated Technical Progress Report for the Period Ending September 30, 1984," GA-A17773, November 1984.

---

① 此处暗指从始至终都有人对热离子空间反应堆技术感兴趣并愿意投入资源（人力、财力、物力）。——译者注

[3] General Atomics, 1987, "Thermionics Irradiations Program," Final Report, GAA18916, July 1987.

[4] General Atomics, 1994, "Thermionic Fuel Element Performance, Final Test Report, TFE Verification Program," GA-A21596, June 1994.

[5] NASA, 1992, "Aeronautics and Space Report Report of the President – 1991 Activities," National Aeronautics and Space Administration.

[6] Buden, D., 1994, "Summary of Space Nuclear Power Systems (1983-1992)," in *A Critical Review of Space Nuclear Power and Propulsion*, 1984-1993, edited by M. S. El-Genk, American Institute of Physics, pp. 21-87, 1994.

[7] NASA National Space Science Data Center, Cosmos 1818, http://nssdc.gsfc.nasa.gov/nmc/masterCatalog.do?sc=1987-011A.

[8] NASA National Space Science Data Center, Cosmos 1867, http://nssdc.gsfc.nasa.gov/nmc/spacecraftDisplay.do?id=1987-060A.

[9] TOPAZ, 1995, "The TOPAZ International Program: Lessons Learned in Technology Cooperation with Russia," Booz-Allen & Hamilton, Inc., TOPAZ International Program, 1995.

[10] Dabrowski, R., 2013, "U.S.-Russian Cooperation in Science and Technology: A Case Study of the TOPAZ Space-Based Nuclear Reactor International Program," The Quarterly Journal, Winter 2013.

[11] Richard Verga interview, October 11, 2011.

[12] IAEA, 2005, "The Role of Nuclear Power and Nuclear Propulsion in the Peaceful Exploration of Space," International Atomic Energy Agency, Vienna, 2005, pp. 29-34, www.pub.iaea.org.

[13] Schmidt, G., 1996, "Thermionic System Evaluation Test: YA-21U System TOPAZ International Program," PL-TR-96-1182, Final Report, July 1996, approved for public release July 28, 1997, www.dtic.mil/docs/citations/ADB.222940.

[14] Thome, F., and F. J. Wyant, 1995, "A TOPAZ International Program Overview," USAF Phillips Laboratory, et. al., Conference 950110, American Institute of Physics, 1995.

[15] Reynolds, E., and E. Schaefer, 1993, "Utilizing a Russian Space Nuclear Reactor for a United States Space Mission: Systems Integration Issues," SAND93-2345C, Johns Hopkins University Applied Physics Laboratory, et. al., 11th Symposium on Space Nuclear Power and Propulsion, September 1993.

[16] DOE, 1993, "Independent Safety Assessment of the TOPAZ-II Space Nuclear Reactor Power System," DOE/NE-0001P, U.S. Department of Energy, Office of Nuclear Energy, September 1993.

[17] NEPSTP, 1993, "Nuclear Safety Policies, Functional Requirements, and Safety Guidelines Document," NEPSTP/T-002, Nuclear Energy Propulsion Space Test Program, April 23, 1993.

[18] Alan Newhouse interview, December 9, 2011.

[19] GAO letter to Senator Pete Domenici, 1997, "TOPAZ II Space Nuclear Power Program – Management, Funding, and Contracting Problems," GAO/OSI-98-3R, "Improprieties in TOPAZ II Space Program," December 1, 1997, released to public December 19, 1997.

艺术家对核热推进转移飞行器和上升阶段两级火星着陆的概念构想。(来源：
NASA、帕特·罗林斯和芝加哥艺术学院)

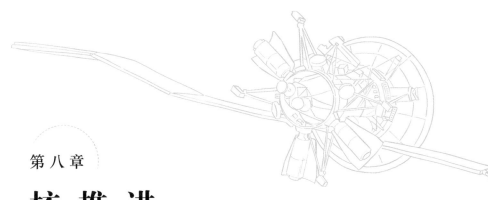

第八章

核 推 进

——空间反应堆升温

随着 1973 年 NERVA 核火箭计划的终止，美国的空间核推进工作沉寂了十多年。当时存在的少量空间核反应堆研究主要集中于反应堆电源系统的开发，而不是推进系统。到 20 世纪 80 年代末，这种情况开始改变，首先是在战略防御倡议的支持下，然后是在太空探索倡议的保护下。这两项计划导致了两个独立的核推进计划，一个围绕军事任务，另一个基于太空探索。在一个短暂的时期里，这两项计划相互重叠，为空间核热推进系统提供了可能是自 NERVA 时代以来最广泛的支持。

森林风和颗粒床反应堆

虽然战略防御倡议组织在 SP-100 空间反应堆电源系统的开发中持有很大的股份，但它的注意力很快转向了另一种可能用于军事应用的空间核动力系统。在能源部国防计划办公室及其管辖的国家实验室的支持下，战略防御倡议组织于 1987 年启动了一项计划，以探索开发新型核动力火箭的可行性。战略防御倡议组织没有采用漫游者 /NERVA 反应堆技术，而是为其新的推进系统选择了颗粒床反应堆，这一概念起源于 20 世纪 60 年代。[1]

20 世纪 60 年代，位于纽约厄普顿的布鲁克海文国家实验室首次研究了颗粒床空间反应堆的概念。在 20 世纪 70—80 年代，布鲁克海文国家实验室的詹姆斯·鲍威尔博士进一步发展了颗粒床概念，他设计了一种气冷反应堆，该反应堆采用了一种由小球形燃料颗粒组成的燃料元件，这些燃料颗粒被包装在 2 个被称为"熔块"的同心多孔圆柱体之间。颗粒床反应堆预计由 19 个燃料元件组成，这些燃料元件组装成反应堆堆芯。每个燃料元件可能含有数百万个微小的铀燃料颗粒（直径约 0.5 毫米）。氢气将进入反应堆堆芯顶部，并通过燃料元件的外筒壁进入燃料颗粒床，在那里裂变产生的热量将转移给氢气。加热后的氢气将通过燃料元件的内筒壁排出，并离开反应堆堆芯进入喷嘴室，从那里排出的气体将为航天器提供推力。理论上，小的燃料颗粒尺寸提供了非常高的表面积与体积比，从而实现了散热高效性、高功率密度和紧凑性，这支持了体积相对较小、重量轻的反应堆系统【见附录 C30】。[2]

20 世纪 80 年代初，鲍威尔及其所在的布鲁克海文国家实验室开始与格鲁曼航空航天公司领导的一个行业团队合作，为各种空间应用开发颗粒床反应堆概念。作为一种紧凑、轻量化、高密度的动力系统，颗粒床技术很快引起了战略防御倡议组织的注意，作为一种潜在动力系统，用于被称为"电磁轨道炮"的动能武器。对动能武器应用的兴趣让位给了使用基于颗粒床反应堆动力的、作为快速拦截器的核火箭概念，以便在弹道导弹助推阶段的早期摧毁弹道导弹。[3] 正是助推阶段拦截器的应用导致在 1987 年启动了一项高度机密的计划，代号为森林风；在此基础上，首次评估了颗粒床反应堆核热推进系统概念的可行性。直到几年后该计划被解密，这项新核推进系统的开发才被公众和更广泛的空间核技术界所知晓。[1]

颗粒床反应堆的可行性

随着 1987 年年中森林风计划的启动，战略防御倡议组织开始了为期 2 年的工作，以评估颗粒床反应堆技术的可行性。在能源部国防计划办公室、格鲁曼公司领导的行业团队以及两个能源部国家实验室（圣地亚和布鲁克海文）的支持下，这 2 年进行了设计、分析、制造和测试活动。主要重点放在反应堆系统的开发和测试上，包括燃料颗粒、燃料元件和反应堆。[3]

燃料设计师试图开发一种燃料颗粒，能够承受约 3500 K 的极高温度，以达到约 3000 K 的理想氢气排气温度。作为参考点，在漫游者 /NERVA 项目期间实际演示的最高燃料温度约为 2600 K。根据一个商业规模的高温气冷堆项目，开发了一种基线燃料颗粒设计，燃料颗粒由碳化铀燃料内核和包裹在外围的多孔石墨缓冲层组成。多孔石墨层外围是致密石墨层，然后再被碳化锆外层包裹。尽管基线燃料颗粒的固有温度限制约为 2800 K（ 远低于飞行合格燃料预期的 3500 K)，但其开发和使用有助于积累经验并为开发其他部件提供支撑。[3]

在设计基线燃料颗粒的同时，还需要具备生产极小（ 直径 0.5 毫米 ）燃料颗粒的能力。幸运的是，燃料开发者得到了橡树岭国家实验室的帮助，他们从橡树岭国家实验室获得了制造涂层微粒燃料的技术和设备。生产流程包括使用流化床化学气相沉积工艺实现石墨层涂覆。在洛斯阿拉莫斯国家实验室和通用原子公司的帮助下，巴布科克·威尔科克斯公司的燃料设计师还开发了一种化学气相沉积工艺，实现了在小燃料颗粒上涂覆碳化锆。[3]

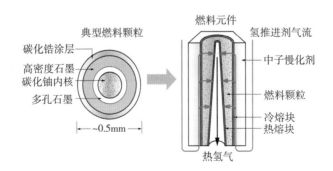

颗粒床反应堆的典型燃料颗粒与燃料元件。(改编自参考信息来源 ［2］)

　　燃料颗粒和燃料元件的测试包括非核和涉核方面。例如，使用巴布科克·威尔科克斯公司的测试炉进行了非核燃料颗粒加热试验。涉核试验是使用圣地亚国家实验室的 TRIGA 型试验反应堆（即一种环形堆芯研究堆）进行的。[4] 这种测试和后续检测提供了有关温度极限、涂层、颗粒强度和其他参数的数据，这些数据有助于验证燃料设计、识别潜在失效模式和评估制造工艺易变性带来的影响。这种测试的重要性很快就显现出来。在颗粒床燃料元件脉冲辐照项目下进行的早期燃料元件设计测试中，当发现测试回路的碳污染时，观察到燃料颗粒破裂。在随后的一系列试验中，发现基线燃料颗粒在大约 2500 K 的温度下失效，而不是在 2700 ～ 2800 K 的理论极限下失效。由于测试结果是失败的，燃料设计师开始开发两种先进的燃料颗粒：渗透内核颗粒和混合碳化物颗粒。[3]

位于圣地亚国家实验室的环形堆芯研究堆。（来源：圣地亚国家实验室的 Flickr 网站）

　　随着燃料颗粒和燃料元件的发展，最终这些工作将不得不解决堆芯中氢气流动可能存在不稳定的问题，这是颗粒床反应堆所特有的现象。由于燃料元件由随机堆积的球形燃料颗粒组成，氢冷却剂通过的路径自然各不相同。在其中一个路径中减少的氢流将减少从燃料中带走的热量，由此产生的温度升高将进一步减少氢的密度和氢流带走的热量。这一循环可能会持续到燃料颗粒失效，产生的粒子可能会阻塞额外的流动路径，导致系统逐渐失效。[5], [6]

　　除了加热引起的颗粒失效外，研究还关注了燃料颗粒可能受到破坏的其他机制，例如腐蚀、发射过程中燃料颗粒因运动或振动产生的摩擦，或由推进系统涡轮机械引起的摩擦。尽管布鲁克海文国家实验室的早期评估表明，这些颗粒源中的大多数都是微不足道的，不会造成流动不稳定的问题，但由于该计划终止，未能进行为解决堵塞或局部流动阻塞所需的长期测试和经验积累。[3], [7]

　　为了支持反应堆设计，还设计、建造了一个包含 19 个元件的临界实验反应堆，并在圣地亚国家实验室进行了零功率测试。在能源部批准临界实验反应堆后，1989 年末开始了一系列临界实验，以验证反应堆的核特性设计和对标反应堆设计准则。由于颗粒床反应堆的异质性预期会产生不均匀的中子通量和功率分布，设计者需要计算内部中子物理行为，以匹配冷却剂流动，并获得均匀的氢气出口温度。分析方法给出的预测性能在实际性能的 0.5% 以内，为设计提供了信心。[3]

110

　　经过 2 年的设计、分析、制造和测试，颗粒床反应堆技术的可行性已经确定，足以支持后续的开发和测试阶段。现有的测试设施已经投入使用，新的测试设施正处于规划和设计的初期阶段。项目团队已经合作了 2 年多，将一个多元化的团队聚集在一起所带来的许多困难和障碍都已经解决并消除。随着颗粒床反应堆技术的可行性显示出希望，一份新的合同于 1989 年启动执行，开始了颗粒床反应堆推进系统的下一阶段开发、测试和验证，为飞行演示发动机的最终地面测试做准备。

森林风逆风前行

　　尽管环形堆芯研究堆为燃料颗粒和燃料元件的设计提供了出色

的数据，但研究反应堆的运行和功率上限限制了它在燃料和其他核组件的飞行使用鉴定测试方面发挥作用。事实上，美国国内没有能够生产高温 (3500 K 燃料颗粒)、功率密度 (40 MW/ 升) 和运行环境 (流动氢气) 的试验反应堆，以提供颗粒床反应堆及其组件的鉴定测试条件。为了解决这个问题，计划建造一个新的试验反应堆。颗粒床反应堆整体性能元件测试仪 (PBR Integral Performance Element Tester, PIPET) 被设想为一个更大的新测试综合体的一部分，该综合体包含了测试和鉴定集成核热推进发动机所需的系统和基础设施。[3]

正如战略防御倡议组织最初设想的那样，PIPET 将是一个小型、低成本、一次性使用的设施，用于测试颗粒床反应堆燃料元件和发动机。随着时间的推移，这一概念演变成了一个用于反应堆和所有核部件的大型地面试验设施，并有一个单独的设施用于测试集成核热推进发动机。新的核推进试验综合体被计划建在位于内华达试验场的马鞍山试验场，该试验场将包括多个试验设施，类似于旧的漫游者 /NERVA 设施。PIPET 设施将包括：(1) 燃料套件的测试系统，其中包含控制台的掩体；(2) 用于反应堆堆芯非核试验的组装设施；(3)PIPET 反应堆试验腔室；(4) 冷却剂供应系统，用于供应低温氢气 (主冷却剂) 和氦气 (用于净化系统)；(5) 远程检测和维护系统，用于在高辐射环境下评估反应堆；(6) 流出物处理系统，从氢废气中去除潜在的放射性污染物，能够使废气燃烧的同时将大气排放量控制在限制范围内。[3]

该计划后续可扩展至一个具有完整功能的设施，包括一座带有用于试验件的地面测试和鉴定测试单元的建筑，可升级的冷却剂和流出物系统，用于辐照后评估的拆卸设施，以及一座非核发动机集成试验设施，在其中可以进行全面的冷流试验 (无反应堆)，并对发动机进料系统、推进剂管理系统和发动机部件进行表征、集成和鉴定。PIPET 反应堆将位于钢筋混凝土腔室中，其中一部分埋于地下。反应堆堆芯将被限制在 2 个碳碳压力容器和 1 个金属压力容器中。[3]

另外计划建造两个主要设施用于测试非核部件。第一个是圣谭氢试验设施，位于亚利桑那州坦佩市外约 32 千米的吉拉河印第安人保留地的一个山谷中。该设施的建造旨在实现与低温、高温 (3000 K) 氢气相关的测试。该基地已经运行了 30 多年，用于测试联合信号公司生产的航空航天系统和组件。该设施将能够设计、开发、验证和鉴定暴露于氢气中的组件和材料，如发动机涡轮泵、进料阀、喷嘴 (小尺寸) 和热熔块。[3] 第二个非核设施位于纽约州贝斯佩奇的格鲁曼综合体。格鲁曼系统集成与试验实验室用于开发集成发动机系统，并参与操作软件的开发、验证和验证。实验室开发了用于圣地亚国家实验室核元件试验的流量控制系统，并包括专用计算机资源，以支持热 / 流体、中子和其他反应堆系统建模。[3]

随着扩大测试能力的愿景逐渐清晰，森林风计划很快就遇到了一些困难，包括国会的行动、导致机构和任务变化的全球事件及公众对核火箭计划的认识。在 1990 财年，国会限制了核火箭计划的资金，等待更广泛的国防部认可，其中包括国防科学委员会的认可，该委员会由民用专家组成，就各种科学和技术问题向国防部提供建议。在该计划等待满足国会要求的同时，技术进展随之放缓。到 1990 年 10 月，收到了所需的认可。然而，作为其认可的一部分，国防科学委员会建议多机构共同开发基于颗粒床反应堆的核热推进系统，这表明广泛的共同开发工作将更好地服务于国家。[1], [3]

随着战略防御倡议组织致力于解决国会的担忧，由机构和任务变化带来的阻力很快就被感受到，当时苏联正处于重大政治和经济变革的阵痛中，随后冷战于 1991 年结束。国防系统的优先事项很快被重新定义，战略防御倡议组织的核动力拦截导弹计划让位于使用颗粒床反应堆技术将重型有效载荷送入地球轨道。作为一种上面级运载火箭，新的任务重点很好地满足了空军向太空发射重型卫星和其他通信系统的需求。由于基于颗粒床反应堆的拦截器不在考虑范围内，战略防御倡议组织没有理由继续为其提供资金。1991 财年，在投资 1.31 亿美元后，战略防御倡议组织放弃了 4 年前开始的核项目。该项目随后被移交给空军，核火箭活动的管理职责被分配给位于新墨西哥州阿尔伯克基的空军菲利普斯实验室。[8]

1991 年初，当战略防御倡议组织准备将颗粒床反应堆技术计

112

划移交给空军时，这个仍然属于保密项目的存在及其信息被泄露给了公众。随后有几次公开报道，包括 1991 年 4 月《纽约时报》的一篇文章，披露了该计划的大致内容。文章还援引美国科学家联合会的史蒂文·阿夫特古德的话说，圣地亚国家实验室准备的一份分析表明，如果一枚核火箭原型在南极洲附近海域进行亚轨道飞行试验时发生故障，坠入新西兰的概率为 2325 分之一。[9] 随后又有其他文章发表，包括《科学美国人》杂志上的一篇文章，其中美国科学家联合会 (包括阿夫特古德) 和苏联科学家全球安全委员会的联合工作组代表提出了禁止在地球轨道上使用核动力的观点；森林风计划被用来支持他们的论点。[10] 随后，有关保密级别的问题，对技术审查充分性的担忧，以及对国会对保密计划的监督的担忧接踵而至。[11] 1993 年初，该计划被解密，当时该计划中只有在能源部管辖下的核技术部分仍然处于保密状态。[3]

森林风重新命名——空间核热推进

森林风计划移交给空军后，更名为空间核热推进计划，并作为技术开发工作进行了重组。1992 年 1 月，参议员皮特·多梅尼奇和菲利普斯实验室的代表在第九届空间核动力研讨会上向公众介绍了这一新计划。据宣布，空军一直在支持一项基于先进颗粒床反应堆概念的核火箭技术开发计划。尽管核热火箭的主要应用是上面级运载火箭和轨道转移运载火箭，但没有确定具体的任务。[12]

在没有特定任务的情况下，空军为其新的热推进计划制定了一套广泛的性能目标，以保持对潜在用户需求和技术发展的灵活性。最终的基线设计代表了一种推力为 40 000 磅、热功率为 1000 MW_t、比冲为 930 秒、推重比为 20:1 的系统，这一性能与助推阶段拦截导弹的早期目标相比有所降低。与泰坦级和阿特拉斯级运载火箭所使用的化学推进系统相比，该设计的有效载荷空运能力高了约 2 至 4 倍。随着任务重心转向上面级运载火箭或轨道转移运载火箭，预计仅在距离地球 800 千米的高空才允许启动反应堆，从而解决了在地球大气层中使用核热火箭的问题。这一决定极大地改善了核推进项目的风险状况。[3]

核推进与空间探索计划

随着国防部机构和任务上的变化，NASA 很快就进入了国家核推进领域且扮演了更大的角色，并在 1989 年 7 月宣布了一项新的太空探索倡议。在阿波罗 11 号登月 20 周年之际，老布什总统提出了美国太空探索的未来愿景，包括永久重返月球和人类火星任务【见附录 C31】。为了使这项新计划成为关注焦点，老布什提出了几项挑 113 战，包括到 2019 年将人类送上火星的目标，这将纪念人类首次登月 50 周年。[13] 在《美国的起点》①（一份基础性报告，为实现新太空计划的目标提出了一种技术路线图）中，核热推进被确定为"唯一稳妥的火星运输推进系统"，部分原因是它将大大缩短往返火星的旅行时间，从而最大限度地减少长期太空旅行对宇航员的不利影响。[14]

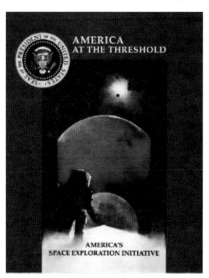

太空探索倡议研究报告 *America at the Threshold* 的封面

---

① 译者将报告 *America at the Threshold* 翻译为《美国的起点》。——译者注

　　在另一项独立但平行的努力中，NASA、能源部和国防部也开始研究推进技术，以支持新的太空计划。在加里·贝内特 (NASA)、厄尔·瓦勒奎斯特 (能源部) 和罗杰·勒纳德 (国防部空军菲利普斯实验室) 的领导下，1990 年启动了一项广泛的评估程序，以确定和评估核热推进与核电推进技术。早期规划演变为一项广泛的工作，其中组建了 6 个跨机构小组 (包括了若干核工业机构) 深入研究了核推进技术，任务分析，核安全政策，燃料与材料技术，以及测试和鉴定新核推进系统所需设施的细节。[15], [16]

　　随着核热推进和核电推进概念的发展和评估，各机构最终联合起来，实施了一项全国性的、基础广泛的核推进计划，以支持太空探索倡议及其他可能出现的民用和军事任务。总体计划方向由 NASA 和能源部总部决定。NASA 刘易斯研究中心 (现为格伦研究中心) 设立了一个核推进项目办公室，负责核推进技术开发，而核系统开发则由能源部 - 爱达荷负责。到 1991 年 10 月，这些机构已经为新的民用核推进计划奠定了基础；然而，1992 财政年度的资金只有约 350 万美元。

核热推进再度受困

　　到 1992 年，美国支持了 2 个独立的核推进计划，由不同的国会委员会提供资助和监督。NASA 领导的太空探索倡议致力于为其月球和火星任务评估核热推进及核电推进的概念与技术的可行性，但尚未过渡到技术开发或其他艰苦工作阶段。

　　同时，空间核热推进继续进行颗粒床反应堆技术开发。研究工作包括开发实验室规模的工艺，以生产先进的渗透内核燃料颗粒，包括石墨微球。为了确定反应堆的物理参数，已经进行了几个关键实验 (使用基线燃料颗粒)。[3] 使用环形堆芯研究堆进行了核元件试验 (规划的四个试验中的第一个)，旨在确认颗粒床反应堆燃料元件概念、获取工程数据和对标准则；然而，燃料元件在 1700 K 的温度下发生故障，表明之前的燃料元件设计 (尤其是熔块) 问题持续存在。[3], [17], [18] 此外，完成预期地面工程开发的潜在成本也开始凸显，第二阶段的综合开发和测试项目的成本预测从 5 亿美元上涨到超过 12 亿美元。[3]

　　由于有两项单独的计划和两个高昂的成本预算，加强合作成为不可避免的出路。例如，这些机构最终开始探索使用共同的核热推进测试设施 (如 PIPET) 的可能性，以满足这两个计划的需求。[19], [20] 1992 年 6 月，能源部内部对空间核热推进的支持责任也从国防计划办公室转移至核能办公室。在能源部核能办公室的支持下，空军发布了一份非密的空间核热推进环境影响报告，供公众审查 (之前国防部曾发布过一份经过大量修订的涉密环境影响报告)，为公众全面审查该机构的核推进计划提供了机会。在环境影响报告中，空军指出，它正在考虑是否应继续进行空间核热推进，如果是的话，在什么地点——拟议在内华达试验场的马鞍山试验场或在爱达荷州东南部的爱达荷国家工程实验室 (包含了相关试验设施)。[2] 在确定和评估可供替代的测试地点的过程中，两个拟议地点之间产生了竞争，因为每个地点都希望有新的设施和新的工作机会，这是能源部强调巩固和清理其武器综合体的结果。

　　尽管努力寻求共同点，但这两项核热推进计划仍然是 1992 年 10 月国会听证会的主题，国防部、NASA 和能源部的代表出席了听证会。霍华德·沃尔普主席及其监督委员会感兴趣的是另一项耗资巨大的太空核计划 (还有一项是 SP-100 计划) 的前景及其需求和预期收益。主题包括核热推进技术、预计开发成本、机构角色和合作。在听证会结束时，沃尔普表示，尽管这些机构努力缓解这些问题，但他仍对此表示担忧，并指出，他希望国会在进行下一步之前认真研究 [核] 推进计划。[1]

艺术家对可能的探索计划的概念构想。在抵达火星附近时，核热火箭点火将转移运载器送入轨道。核推进可以缩短星际旅行时间，减少从地球发射的质量。(来源：NASA、帕特·罗林斯和芝加哥艺术学院)

核推进的挽歌

到 1993 年，由比尔·克林顿领导的新一届总统政府成立。尽管在老布什政府即将结束之际，NASA 仍在继续太空探索倡议计划，但即将上任的克林顿政府似乎不太可能追求同样的太空探索目标。正如 NASA 历史学家托尔·霍根所指出的那样，由于缺乏广泛政治和国会支持，太空探索倡议看不到任何继续存在的希望，这主要是由于高昂的价格 (30 年内的资金需求高达 4000 亿～ 5000 亿美元)，以及 "一个有严重缺陷的政策 [决策] 过程，即在现有政治环境下未能制定 (甚至考虑) 政治层面可接受的政策选项。"[13]

在就职典礼上，克林顿和他的政府为国家开辟了一个新的方向，其中包括主要强调削减联邦赤字。克林顿在 1993 年 2 月 17 日的第一次国情咨文中指出：

　　"这是美国历史上最大的赤字削减之一，也是联邦优先事项的最大变化之一……我的建议是对联邦开支进行超过 150 项的艰难削减……我们正在取消不再需要的计划，例如核电研发。我们正在削减补贴，取消浪费的项目……除了美国人民的根本利益之外，我们不会有任何神圣不可侵犯的东西。"[21]

116

　　1993 财年，NASA 小型核推进项目（每年约 350 万美元）的资金没有兑现；更广泛的太空探索倡议计划于 1996 年被取消。

　　至于空间核热推进，尽管最终发布了一份非密的环境影响报告供公众审查，但空军在 1994 财年并未要求为其提供新的资金。在 1993 财年，空军还扣留了进一步研发的资金，等待将技术转移给另一个机构，可能是一个有兴趣继续推动技术发展的机构。由于转让未能实现，空间核热推进计划最终于 1994 年 1 月终止。[1], [2] 在短短的 7 年时间里，两个核热推进计划都结束了。

117

参考信息来源

[1] U.S. House of Representatives, 1992, "The Development Of Nuclear Thermal Propulsion Technology For Use In Space," Hearing Before The Subcommittee On Investigations And Oversight Of The Committee On Science, Space, And Technology, One Hundred Second Congress, Second Session, October 1, 1992.

[2] USAF, 1993, "Final Environmental Impact Statement, Space Nuclear Thermal Propulsion Program, Particle Bed Reactor Propulsion Technology Development and Validation," Department of the Air Force, May 1993.

[3] Haslett, R. A., 1995, "Space Nuclear Thermal Propulsion Program Final Report," PLTR-95-1064, May 1995, www.dtic.mil/docs/citations/ADA305996.

[4] Wright, S. A., 1992, "An In-Pile Testing Program to Study the Performance Characteristics of Coated Particle Fuels," SAND-92-1207C, Sandia National Laboratory, 1992.

[5] Dobranich, D., 1993, "Some Parametric Flow Analyses of a Particle Bed Fuel Element," SAND93-0529, May 1993.

[6] Kerrebrock, J. L., 1992, "Flow Instability in Particle-Bed Nuclear Reactors," Massachusetts Institute of Technology, NASA Conference Publication, 10116, pg. 498-506, NASA Lewis Research Center, October 22, 1992.

[7] Marshall, A. C., 1989, "A Review of Gas-Cooled Reactor Concepts for SDI Applications," SAND87-0558, App. F, August 1989.

[8] Kingsbury, N. R., 1992, "Space Nuclear Propulsion: History, Cost, and Status of Programs," GAO/T-NSIAD-93-02, Statement of Director, Air Force Issues, National Security and International Affairs Division, Before the Subcommittee on Investigations and Oversight, Committee on Science, Space and Technology, House of Representatives, October 1992.

[9] Broad, W. J., 1991, "Secret Nuclear-Powered Rocket Being Developed for 'Star Wars,'" New York Times, April 3, 1991.

[10] Aftergood, S., et. al., 1991, "Nuclear Power in Space," Scientific American, June 1991, p. 42.

[11] Secrecy & Government Bulletin, 1991, Federation of American Scientists, Issue 4, November 1991.

[12] Congressional Hearing (Oct. 1, 1992), pp. 237-255.

[13] Hogan, T., 2007, "Mars Wars: The Rise and Fall of the Space Exploration Initiative," SP 2007 4410, NASA History Series, May 2007.

[14] Stafford, T. P., 1991, "America at the Threshold, Report of the Synthesis Group on America's Space Exploration Initiative," May 1991, http://history.nasa.gov/staffordrep/main_toc.PDF.

[15] Clark, J. S., et. al., 1993, "Nuclear Thermal Propulsion Technology: Results of an Interagency Panel in FY 1991," NASA Technical Memorandum 105711, April 1993.

[16] Bennett, G. L., and T. J. Miller, 1994, "Nuclear Thermal Propulsion: Mission Utilization, Accomplishments and Mission Benefits," AIAA-94-2758, 30th AIAA/SAE/ASME/ASEE Joint Propulsion Conference, June 27-29, 1994, Indianapolis, IN.

[17] Williams, M. R., 2004, "Ground Test Facility for Propulsion and Power Modes of Nuclear Engine Operation," WSRC-MS-2004-00842, American Institute of Aeronautics and Astronautics, 2004.

[18] Rightley, M., M. Ales, and S. Bourcier, 1997, "NET-1.2 Post-Irradiation Examination Report," SAND94-1261, June 1997.

[19] NASA, 1994, "Aeronautics and Space Report of the President, Fiscal Year 1993 Activities," National Aeronautics and Space Administration, p. 29.

[20] Allen, G. C., et. al., 1993, "Space Nuclear Thermal Propulsion Test Facilities Subpanel Final Report," NASA Technical Memorandum 105708, April 1993.

[21] William J. Clinton "Address Before a Joint Session of Congress on Administration Goals," February 17, 1993, transcript accessed online at The American Presidency Project, http://www.presidency.ucsb.edu/ws/?pid=47232.

1959年，小型离子火箭在真空测试设施内进行测试。这种系统最初在苏联使用，后来用于美国商业太空船和 NASA 太空探测器。(来源：NASA)

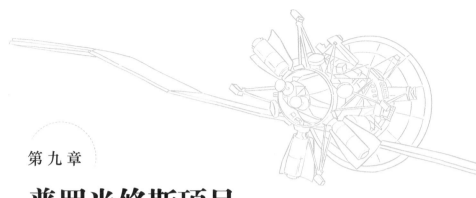

第九章

普罗米修斯项目

——空间反应堆复苏

经历 1983—1993 年空间核反应堆开发的复苏时期后，美国对空间反应堆研发的投资大幅减少。尽管一些小规模的研究和技术工作仍在继续，但重点是在太阳能、化学和放射性同位素系统方面，以满足空间和行星探索任务的电力及推进需求。然而，当在任务中计划使用核电推进系统时，尤其是面临的这些任务要求收集越来越多的数据并在不断减少的时间内传输这些数据，一个反复出现的障碍因素摆在面前——电力。如果这一障碍能够清除，太阳系的探索将呈现出一个全新的维度。

随着新千年的开始，总统政权的更迭使人们对核技术重新产生了兴趣。2001 年 1 月 20 日，乔治·布什 (小布什) 宣誓就任美国第 43 任总统。小布什在第一个任期之初宣布了一项新的国家能源政策。该政策大力支持核电作为国家能源结构的关键组成部分。[1]

一个项目腾飞

在小布什总统任期的早期，NASA 的众多职员正在与外国伙伴合作开发和运营国际空间站，并在继续努力实现火星无人探测。随

着对太阳系的持续探索，NASA 还致力于维持一项长期的地球遥感
计划。这些工作很快就由新任 NASA 局长肖恩·奥基夫领导。奥基
夫有公共行政和财务管理的背景，他并不是一个著名的太空人。然
而，他是一位敏锐而坚定的管理者，在被任命为 NASA 局长之前，
他在政界和学术界有着杰出的职业生涯。奥基夫在丹尼尔·戈尔丁
离开后继任了其在 NASA 的职位。除了他在公共管理方面的才能外，
奥基夫还让 NASA 意识到核推进的潜在能力。2001 年 12 月 21 日，
119　他开始被任命为 NASA 的第 10 任局长。[2]

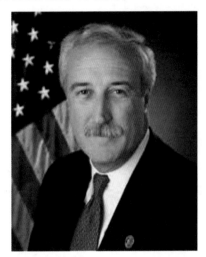

肖恩·奥基夫，NASA 第 10 任局长。

　　2002 年初，NASA 重新制订了一项行星探索计划。新计划的
一个关键要素包括投资开发核电推进技术。也许这样的投资将解决
太阳能和化学能对太空探索的限制。在一些人看来，支持行星探索
的技术还停留在过去。时任 NASA 空间科学主管的爱德华·维勒博
士在《纽约时报》的一篇描述范式转变的文章中提出了这一观点："我
们一直在尝试用大篷马车探索太阳系……现在是时候改用蒸汽机并
建造铁路来探索太阳系了，就像铁路为这个国家的探索和扩张做出
的贡献一样。"[3] 这条宇宙铁路的轨道将由核系统倡议铺设。这项

计划是一项为期 5 年、耗资 10 亿美元的投资，将恢复空间核反应堆的研究与开发，并继续开发新一代放射性同位素电源系统，这项技术已在 NASA 任务中成功应用了几十年。最终，电力障碍可能会被清除。

与所有核电项目一样，NASA 需要能源部的持续支持。能源部核能、科学和技术办公室（后来更名为能源部核能办公室）曾与 NASA 合作提供放射性同位素电源系统，并支持 NASA 开展新的空间反应堆技术工作。在参议院关于 2003 年能源部预算的听证会上，能源部核能、科学和技术办公室主任威廉·马格伍德四世认可了 NASA 的新倡议，并指出能源部将继续参与核电推进开发工作；然而，他的办公室参与的程度尚未确定。[4]

威廉·马格伍德四世，能源部核能、科学和技术办公室主任。

能源部核能办公室参与核裂变反应堆工作的程度仍在不断变化，因为奥基夫一直在与能源部的一个独立部门合作，即国家核安全管理局下属的海军反应堆办公室合作，为空间反应堆开发工作获取技术支持。在回答有关能源部海军反应堆办公室参与的问题时，该办公室副局长弗兰克·L·"斯基普"·鲍曼海军上将承认，能源

部和 NASA 的高级官员之间已经进行了初步讨论。他还指出，讨论
的目的是确定需要解决的问题，以便找到能源部海军反应堆办公室
参与空间核电工作的必要性。鲍曼还提醒参议院委员会，由于能源
部海军反应堆办公室负责海军核推进，而非民用空间反应堆，因此
任何有关此类参与的决定都将由总统或国会决定。[4] 虽然能源部海
军反应堆办公室的参与尚未完全确定，但奥基夫已经为一个新的参
与者进入空间核反应堆的舞台做好了准备。

120

能源部海军反应堆办公室标志。

随着核电推进技术的发展，它很快就与一项特定的任务联系起
来了。该任务将使用一艘核反应堆驱动的航天器，巡视木星及其 3
颗卫星。2002 年年底，木星冰月轨道飞行器任务诞生。正如设想
的那样，木星冰月轨道飞行器任务将是一个更广泛的名为普罗米
修斯的项目的一部分【见附录 C32】，核系统倡议的放射性同位素
电源系统和空间反应堆已作为目标被纳入其中。普罗米修斯 / 木
星冰月轨道飞行器项目始于 2003 年 3 月，当年获得 2000 万美元资
金，2004 年的预算申请为 9300 万美元。[5], [6]

深空进展

普罗米修斯项目有两个总体目标：(1) 开发一种将核反应堆与电
推进相结合的航天器，用于机器人探索外太阳系；(2) 对木星及其 3
颗冰冷的卫星（木卫四、木卫三和木卫二）执行科学探测任务。[5]

航天器在概念上很简单。核反应堆通过铀的裂变产生热量。反应堆的热量将被转移到电力转换系统，转换成可用的电力。电力将为电推进系统和其他航天器设备供电。任何未转化为可用电能的热量都会通过排热系统排到寒冷的太空。

虽然概念上很简单，但要实现以 2015 年为发射日期的目标却是极具挑战性的。该航天器的设计运行时间为 20 年。在这 20 年中，空间反应堆将提供 10 年的满功率运行和 10 年的低功率运行（假设为满功率的 30%)。反应堆输出或功率水平将由航天器和相关系统的功率需求决定。最大的单项电力需求将来自离子推进器推进系统，该系统将在 180 kW$_e$ 的功率水平和特定脉冲下运行 6000 ～ 8000 秒。为了满足推进系统和其他机载系统的功率需求，反应堆功率转换系统需要产生至少 200 kW$_e$ 的电力，相应地要求反应堆热功率输出水平大约为 1000 kW$_t$。

航天器及其所有系统的重量都将受到严格控制；然而，16 800 千克的重量已经接近运载火箭能力的上限。数据收集、存储和传输速率将得到最大化，但同时也受到深空网络和行星数据系统能力的限制，这是一种支持 NASA 太空探索的基于地球的数据处理和存储系统。最后，这些技术必须可扩展到月球和火星表面任务，从而为该项目增加了额外的技术复杂性。在讨论任务成功以及任务成功最终需要的技术进步水平时，使用了诸如"激进的""前所未有的"和"突破技术极限"等词语表述。[5], [8]

为了应对这些挑战，NASA 求助于喷气推进实验室，并由约翰·卡萨尼领导这项工作。卡萨尼为该项目带来了数十年的经验，他参与过之前的任务，包括水手号火星任务及旅行者号、伽利略号、卡西尼号任务。最初的项目团队包括喷气推进实验室、NASA、能源部核能办公室、两个能源部实验室（洛斯阿拉莫斯国家实验室和橡树岭国家实验室）和格伦研究中心的成员。随着项目的成熟，其他合作伙伴也加入了进来。2004 年 3 月，也就是在 NASA 和能源部开始讨论的两年后，空间核反应堆的设计和开发工作最终交给了能源部海军反应堆办公室。从 NASA 的角度来看，这项任命为该项目带来了"在开发安全、坚固、可靠、紧凑、长寿命且在恶劣环境中运行的反应堆系统方面的 50 多年实际经验"。[9]

在项目执行期间，能源部核能办公室将继续支持 NASA 的其他空间核技术工作，例如放射性同位素电源系统的开发。同年晚些时候，NASA 授予诺斯罗普·格鲁曼空间技术公司一份价值 4 亿美元的合同，并宣布他们将负责木星冰月轨道飞行器任务中航天器的联合设计，包括将所有系统与航天器集成。NASA 本身将提供运载火箭和相关的地面支持能力。其他部件，如排热系统和离子推进系统，将由 NASA 现场中心领导。

由于涉及项目庞大的组织、公司和人员，项目的行政管理与技术方面一样具有挑战性。由于有大量的合作伙伴组织，每个组织都有自己的文化、制度和做法，因此面临的挑战包括地域隔阂和沟通障碍。角色和责任需要明确的定义，组织界面也需要明确的界定。报告、文档和管理系统都需要协调一致。诸如此类情形不胜枚举，然而项目执行过程中的所得也为其他人提供了丰富的经验教训。[10]

122

航天器逐渐成形

尽管能源部海军反应堆办公室对地球海洋中的核电推进系统在设计、操作和维护方面拥有丰富的经验，但外层空间、月球、火星表面的环境带来了一系列新的挑战。如果说地球上的反应堆主要靠操作人员提供控制措施，那么太空中的系统必须完全基于远程或自主控制。海洋为冷却反应堆堆芯提供源源不断的水，而太空中的冷却则是通过大型散热器等排热系统实现的。大型散热器的设计必须能够装入火箭整流罩内部（即通过折叠方式），并且只有在航天器进入轨道后才能展开。[11] 为了应对这些挑战，能源部海军反应堆办公室将寻求其海军核推进实验室的工程师和科学家的帮助，包括贝蒂斯原子动力实验室、诺尔斯原子动力实验室和柏克德工厂机械公司。最终，能源部的其他国家实验室和 NASA 研究中心的工程师也加入了能源部海军反应堆办公室团队，汇集了数十年的反应堆及推进系统设计、操作和安全经验。

能源部海军反应堆办公室团队花了几个月的时间来确定和评估一套完整的核反应堆和电力转换技术。考虑了核反应堆系统的所有方面，包括反应堆堆芯，燃料和材料性能，反应堆屏蔽，主冷却剂输运和材料兼容性，能量转换和排热操作，以及运行等问题。根据任务确定的操作、功率和寿命要求，对各项技术进行了考虑，还从开发挑战性和技术成熟度的角度对它们进行了评估。开展了数百项参数研究，包括权衡研究和系统优化。最终开发了 5 个候选反应堆装置概念，并评估了它们的总体能力、可靠性、产能、成本和安全性。从这 5 个候选系统中，能源部海军反应堆办公室团队选择了一种与布雷顿循环电力转换系统耦合的气冷裂变反应堆【见附录C33】。正如能源部海军反应堆办公室团队在普罗米修斯项目上所做工作的总结报告所指出的那样，气冷反应堆 - 布雷顿循环系统"似乎能够满足任务要求……简化了工程开发测试，并为开发提供了最少的障碍。"[12] 这种"气冷 - 布雷顿"直接耦合的反应堆概念随后获得了能源部海军反应堆办公室的批准。

参考反应堆装置概念设计将单个气冷反应堆置于航天器前端。利用由氙和氦组成的惰性混合气体将热量从反应堆堆芯传递到电力转换系统。反应堆堆芯将由圆柱形高浓缩铀陶瓷燃料元件组成，这些元件布置在适当的堆芯结构内。容纳反应堆堆芯的容器相对较小，直径只有 0.6 米，长度只有 1.5 米。围绕在反应堆容器外的固定和可移动反射器组合为维持在理想运行温度反应堆的反应性提供手段。反应堆系统还将包括至少一个安全停堆棒，以防止在涉及地面运输和发射过程中发生意外临界。一旦航天器进入轨道，反应堆投入运行，位于反应堆和其余航天器系统之间的荫罩将减少中子和伽马辐射对电子设备和其他部件的不利影响。

推进系统采用了离子推进器技术。在离子推进器系统中，通过从推进器室排出高速推进剂来产生推力。这种系统产生的推力是推进剂的质量流量和推进剂排出速度的直接函数。离子推进器的推进系统主要部件包括推进剂、电子产生系统、电子与推进剂碰撞并导

123

致其电离的推进器室，以及产生高电压的电能源 (已电离的推进剂通过高电压被加速至极高速度逃离推进器室)。因此，虽然离子推进器的推力非常低，但其连续运行会产生非常高的比冲。

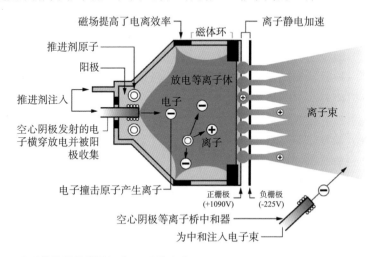

离子推进器的通用部件。(改编自 "Electric Propulsion Technology Development for the Jupiter Icy Moons Orbiter Project", NASA/TM-2004-213290)

对于木星冰月轨道飞行器任务，氙气将是首选的推进剂，电子将由微波源和 (或) 空心阴极产生。即便已经被大大简化，但推力仍然是通过以下 [复杂] 过程产生的。当氙气和电子被引入推进器室时，气体分子与电子碰撞，导致其电离。这些离子产生后相对于航天器具有较高电势。在推进器的排气端有一个由 2 个电网组成的系统，用于建立一个显著低于离子电荷的电势 (或电势差)。这种电压差将产生了一种力，使离子在离开推进器时被加速至极高的速度 (如 20 000 ～ 100 000 米 / 秒)，从而产生推动航天器穿越太空的推力。

变化即将来临

随着普罗米修斯项目的推进，2004 年 1 月发生的两起事件将对 NASA 及其未来任务和规划产生深远影响。1 月 14 日，小布什总统宣布了一项新的太空探索愿景，从而为国家制定了新的太空政策。在宣布政策时，他为美国的太空计划制定了一条新的道路，并赋予 NASA"太空探索的新重点和新愿景"。[13] 自 2003 年 2 月哥伦比亚号航天飞机灾难以来 [14]，已停飞的航天飞机舰队将于 2010 年恢复服役，以履行当前与国际空间站建设相关的义务。空间站建设完成后，航天飞机舰队将在服役近 30 年后退役。因此，NASA 将开始开发和测试一种新的太空飞行器，以运送宇航员往返空间站。最后，美国将在 2020 年重返月球 ①。

2004 年 1 月 14 日，小布什总统宣布了一项新太空探索愿景。（来源：NASA）

然而，在当月晚些时候的国情咨文演讲中，小布什讨论了"反恐战争"以及国家继续向前发展的未来。国防计划的资金将增加，而联邦政府其他领域的资金将保持稳定。目标是将联邦支出的增长率保持在 1% 以下，并在 5 年内将联邦赤字减少 50%。在使国家的财政现状焕然一新时，像 NASA 和能源部这样的机构将开始感受到固定预算的约束。[15]

2004 年初，负责监督 NASA 预算的参议员约翰·麦凯恩和丹尼尔·伊努伊对迫在眉睫的联邦预算限制感到担忧，呼吁对普罗米修斯项目进行审计。总审计局被要求审定"NASA 是否为普罗米修

① 事实上，美国未能在 2020 年及以前"重返月球"。——译者注

斯／木星冰月轨道飞行器项目的投资设立了正当理由"，以及"该
机构将如何确保关键技术在需要时达到适当的成熟度"。核系统倡
议于 2002 年宣布，目标是 5 年，耗资 10 亿美元。2003 年开始的
普罗米修斯项目在这一倡议的基础上进行了扩展，5 年预算为 30
亿美元；然而，预算没有反映出支持 2015 年发射所需的各年度活
动的成本，并且直到 2005 年夏天才对寿命周期成本进行估算。更
糟糕的是，国会预算办公室编制的一份成本估算显示，该项目可能
耗资 100 亿美元。2005 年 2 月发布的最终审计报告对该项目的商
业案例进行了广泛的讨论，但也指出"NASA 在其 2006 财年预算
请求中宣布，正在对替代方案进行分析，以确定一个在技术、进度
和操作方面具有更低风险的新任务。"[11]

呈曲线式增长

随着小布什总统宣布的新政策和新现实开始落实，从事普罗米
修斯项目的工程师和科学家继续努力，证明将反应堆驱动的飞行器
运送至木星的可行性。通过设计和开发、测试和实验，经历了多次
成功与失败，技术基础持续提升，它将服役于木星冰月轨道飞行器
任务，也将作为未来空间反应堆工作的跳板。

对于核电推进系统而言，气冷反应堆 - 布雷顿概念的开发在很
大程度上是纸上谈兵。项目团队收集、评估、分析并记录了反应堆
物理，热和机械评估，反应堆堆芯和装置排布，材料特性，以及仪
表和控制开发等领域的广泛信息。最大的挑战被认为是在反应堆燃
料和结构材料领域。反应堆系统的集成设计和测试将是另一个重大
挑战。此外，材料行为问题需要进行辐照、蠕变和兼容性测试，以
确保燃料体系能够满足运行寿命和温度要求。挑战不仅限于反应堆
- 推进系统层面。需要重新建立材料供应与制造能力，以确保部件
性能的高质量性和可重复性。最终报告总结了能源部海军反应堆办
公室为该项目开展的工作，报告指出："……在未来的项目中，必
须从一开始就理解开展如此规模的工程开发、制造和测试工作所需

的业务范围和时间表……"[12]

在电力转换方面，格伦研究中心领导的一个团队使用 2 千瓦的布雷顿试验台和 NASA 太阳能技术应用就绪发动机 [①] 进行了有史以来首次的布雷顿离子推进试验。试验成功地证明了推进器的交流 - 直流转换和容错能力。在惰性气氛环境和项目规定的工作温度、压力和速度下还进行了其他测试，开展了与轴承启动、负载能力和功率损失相关的条件评估。通过对用于制造系统部件的超级合金材料的长期测试，获取了材料特性行为方面的知识。[5] 此外，作为木星冰月轨道飞行器项目活动的一部分，格伦研究中心牵头提出了一种双闭环式布雷顿电力转换系统，具备 [与气冷反应堆] 共享气体供给和与通用热源适配的特性，并完成了该系统的采购、分析评估、安装且成功进行了性能测试。测试表明，双回路结构是电力转换系统的可行候选方案，能够直接耦合至气冷核反应堆电源系统。[16], [17]

126

位于俄亥俄州克利夫兰市的格伦研究中心。(来源：NASA)

在电推进方面，格伦研究中心和喷气推进实验室领导的团队持续推动离子推进器技术的进步。成功完成了两种候选推进器系统，即核电氙离子系统和高功率电推进系统，性能测试和 2000 小

---

① 原文为 NASA Solar Technology Application Readiness(NSTAR)engine。——译者注

时磨损测试。这两个系统都符合项目要求的技术规格，包括比冲 (6000 ～ 9000 秒)、效率 (大于 65%) 和功率水平 (20 ～ 40 千瓦)。与 1999 年深空 1 号飞船上使用的电推进发动机相比，这些新型核电推进器的性能有了显著提高。进步点包括：功率提高 10 倍，比冲提高 2 ～ 3 倍，推进器总效率提高 30%，提升了电网电压和提高了推进器寿命。尽管两种系统的开发工作进展顺利，但项目团队得出结论，考虑到双推进器系统的许多特征与单推进器系统具有相似性，因此将精力集中在单推进器技术上会更好[①]。该团队随后根据高功率电推进系统和核电氙离子系统设计中采用的离子推进器技术，选择了一种名为赫拉克勒斯[②]的单推进器设计。[5]

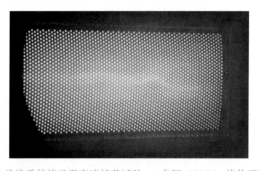

高功率电推进系统推进器束流捕获试验。(来源：NASA- 格伦研究中心)

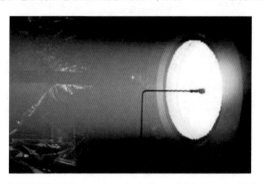

核电氙离子系统推进器发射出 4300V 氙束流。(来源：NASA- 格伦研究中心)

---

① 核电氙离子系统和高功率电推进系统都属于单推进器系统。——译者注

② 赫拉克勒斯的英文名称对应 Heracles 或 Herakles。——译者注

在其他领域，各项工作也在继续向前推进。在排热技术方面，工作重点是热管设计和测试，钎焊技术的开发，以及材料和化学兼容性测试。其他团队在高功率通信、低推力弹道工具和电子设备抗辐加固等领域取得了进展，这些对于防止辐射 (核反应堆产生的中子和伽马辐射，以及木星及其卫星附近自然产生的高辐射环境) 的破坏性影响是必要的。地面系统 (即测试设施、办公室、实验室和其他工作空间) 最终需要进行规划、设计和开发。执行任务所需的人员、程序及地面软件也需要到位，以支持普罗米修斯项目和木星冰月轨道飞行器的最终发射。[5]

127

愿景渐暗

当普罗米修斯项目成为 NASA 家族中一颗闪亮的明星时，这颗明星就开始褪色了。与项目成本、太空探索优先事项相关的问题不容忽视。该项目在涉核方面的激进性和前所未有性带来了巨大的挑战。最终，普罗米修斯项目之父 (NASA 局长奥基夫) 也退出了游戏。

2005 年，在根据预期预算重新评估其优先事项后，NASA 将其最高优先事项确定为让航天飞机重新投入使用，完成国际空间站搭建，并建造新的空间运载器以取代航天飞机。这些优先事项与小布什总统提出的太空探索愿景政策一致。在很大程度上已被推迟的核倡议中，核电推进将被重新安排在星表核动力和核热推进之后。

2004 年 12 月，奥基夫宣布辞职后，NASA 内部重新调整了优先级。在给小布什总统的一封信中，奥基夫在他即将离任之际列举他对这个大家庭的承诺，但他表示，在确定继任者之前，他将继续留任。奥基夫于次年 4 月离开 NASA。

2005 年 5 月，在项目实施仅 3 年后，NASA 就终止了木星冰月轨道飞行器项目，普罗米修斯项目于 10 月正式关闭。自该项目首次宣布以来，已经花费了近 4.65 亿美元。然而，人们所希望看到的空间核反应堆飞行将不得不继续等待。

128

木星冰月轨道飞行器项目探索木星及其卫星的早期概念。核反应堆和布雷顿循环发电装置位于航天器前部。中间的大型结构是排热系统。两个离子推进器提供推进，位于航天器尾部，在科学平台外侧。（来源：NASA）

129

参考信息来源

[1] National Energy Policy, 2001, "Reliable, Affordable, and Environmentally Sound Energy for America's Future," Report of the National Energy Policy Development Group, May 2001.

[2] Lambright, W. H., 2008, "Leadership and Change at NASA: Sean O'Keefe as Administrator," Public Administration Review, Syracuse University, March/April 2008.

[3] Leary, W. E., 2002, "Looking Anew At Nuclear Power For Space Travel," The New York Times, February 12, 2002.

[4] Senate Hearings Before the Committee on Appropriations, 2002, "Energy and Water

Development Appropriations, Fiscal Year 2003," 107th Congress, Second Session, H. R. 5431/S. 2784, April 18, 2002.

[5] NASA, 2005, "Prometheus Project Final Report," 982-R120461, National Aeronautics and Space Administration, October 1, 2005, available on NASA Technical Reports Server.

[6] Hearing Before the Committee on Science, 2003, "NASA's Fiscal Year 2004 Budget Request," House of Representatives, 108th Congress, February 27, 2003.

[7] John Casani, personal communication, July 8, 2015.

[8] NRC, 2006, "Priorities in Space Science Enabled by Nuclear Power and Propulsion," National Research Council, 2006.

[9] NASA, 2004, "NASA Partners With Department of Energy, For Space Exploration," News Release 04-096, National Aeronautics and Space Administration, March 17, 2004.

[10] Lehman, D. H., K. B. Clark, B. A. Cook, et. al., 2006, "Experiences in Managing the Prometheus Project," Jet Propulsion Laboratory, March 2006, available on NASA Technical Reports Server.

[11] U. S. Government Accountability Office, 2005, "Business Case for Prometheus 1 Needed to Ensure Requirements Match Available Resources," GAO-05-242, February 2005.

[12] Ashcroft, J., and C. Eshelman, 2006, "Summary of NR Program Prometheus Efforts," LM-05K188, February 8, 2006.

[13] President George A. Bush's Address Announcing a New Vision for Space Exploration, www.johnstonarchive.net/astro/bushspacegoals.html, site visited November 4, 2013.

[14] Report of the Columbia Accident Investigation Board, August 2003, http://www.nasa.gov/columbia/home/CAIB_Vol1. html.

[15] President Bush's FY 2005 Budget, The White House, www.georgewbush-whitehouse.archives.gov/infocu/budget/2005/index.html, site visited November 11, 2013.

[16] Hervol, D. S., M. Brigg, et. al., 2009, "Experimental and Analytical Performance of a Dual Brayton Power Conversion System," NASA/TM-09-215511, February 2009.

[17] Communication with John Warren, NASA.

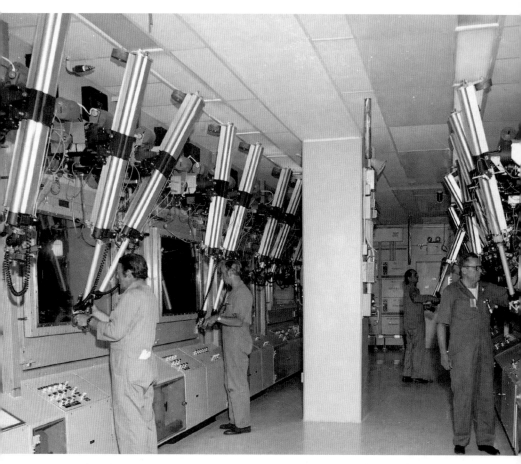

位于能源部萨瓦纳河厂的钚燃料形态设施。(来源：美国能源部萨瓦纳河厂)

第十章

基础设施进展

——让放射性同位素电源系统概念飞向太空

当人们看到航天器在太空旅行时拍摄的图像，或是漫游车横穿火星等行星表面收集的图像时，这种技术成就令人敬畏。幕后是一个不断发挥作用的电源系统，它让这些壮举成为可能。对于深空和行星任务，放射性同位素电源系统通常是唯一能够为任务成功提供可靠、持久电力的系统。

为了履行其提供此类系统的责任，能源部维护了包括设施、设备、实验室和高技能工人在内的基础设施，为放射性同位素电源系统开发提供了全方位支持，包括设计、制造、测试、组装和交付。[1]基础设施还包括一组科学家和工程师，他们运行并维护测试和分析能力，以支持完成严格的安全审查程序，从而将放射性同位素电源系统发射到太空。尽管主要活动基本上保持不变，但多年来这些活动的地点发生了变化，从而需要对构成现代放射性同位素电源系统基础设施格局的关键事件和环境进行叙述。

热源生产——早期年代

随着 RTG 技术在 20 世纪 50 年代的成熟，钚-238 最终成为美国放射性同位素电源系统的首选同位素。随着需求的增加，原子能委员会转而要求萨瓦纳河厂生产所需的同位素。萨瓦纳河厂由杜邦公司运营，它是几个生产反应堆的所在地，用于生产氚和钚以支持国家武器计划。伴随着新的钚-238生产任务，开发支持其生产所需的必要工艺和操作是一个面临的挑战。[2]

生产钚-238的第一步是开发新的化学分离工艺——从萨瓦纳河厂正在进行的核燃料加工作业所产生的高放射性液体副产品中回收镎-237【见附录C34】。回收的镎-237被加工成一个小的致密锻件，或者说是压块，然后在萨瓦纳河厂的K型反应堆中进行辐照。通过对辐照后锻件进行化学处理，回收得到钚-238产品，然后将这些产品转移到土墩实验室，在那里进行处理，生产出放射性同位素电源系统中使用的封装热源燃料形态①。1961年，萨瓦纳河厂首次生产出钚-238。[4]

从20世纪60年代初到70年代末，土墩实验室是放射性同位素电源系统热源燃料生产和封装的所在地，此外还承担与国防相关的任务。这些活动最初在1960年建造的特种材料设施中进行，后来转移到1967年建造的钚加工设施，即38号楼。[5] 土墩实验室由孟山都研究公司运营，位于俄亥俄州迈阿密斯堡市中心和代顿大都市区的郊区，该地区是近250万居民的家园。

到1971年，AEC内部已经开始担心在燃料生产过程中发生事故的可能性。具体而言，人们担心的是设施中存在和处理的大量钚-238氧化物粉末。操作是在手套箱中进行的，并且建筑和工艺通风系统采用了高效颗粒空气过滤措施，AEC对这些操作进行了评估并指出，"……放射性物质从土墩大范围释放似乎不太可能，但如果假设发生事故，则可能会在人口密集地区产生严重后果……"对此类事故可能性的担忧并没有被忽视。1971年3月，AEC决定将其燃料生产活动从土墩实验室转移到萨瓦纳河厂，因为萨瓦纳河厂

① 燃料形态是指将燃料粉末经过一系列工艺制造成为"燃料芯块"的专业术语。——译者注

的设施与公众之间距离较远。AEC 随后于同年 8 月将其决定通知了原子能联合委员会。1972 年，国会批准了 800 万美元用于在萨瓦纳河厂设计和建造一个新的燃料形态处理设施。[6] 新的钚燃料形态设施于 1977 年完工，1978 年开始运行。[7]

尽管土墩实验室失去了燃料形态生产任务，但它仍然承担燃料封装任务。此外，土墩实验室在 20 世纪 70 年代末还负责 RTG 组装和测试，这项工作以前在 RTG 开发商通用电气公司和特励达能源系统公司的设施中进行。新的 RTG 组装和测试任务在 50 号楼进行，土墩团队在该设施中建造了有史以来第一个飞行合格的 GPHS-RTG，用于伽利略号和尤利西斯号任务。

132

1990 年前后，位于俄亥俄州迈阿密斯堡的土墩实验室。（来源：土墩）

10 年转变——20 世纪 80 年代

到 20 世纪 80 年代初，放射性同位素电源系统基础设施主要分布在土墩实验室、萨瓦纳河厂和橡树岭国家实验室。洛斯阿拉莫斯国家实验室和圣地亚国家实验室继续分别在燃料形态开发、发射安全与事故分析领域提供支持。随着能源部及其基础设施将重点放在即将到来的伽利略号和尤利西斯号任务，与萨瓦纳河厂设施老化和反应堆安全相关的问题开始出现，再加上 1991 年冷战的结束，导致放射性同位素电源系统基础设施格局发生了第二轮变化。

位于土墩实验室的 RTG 装配腔室。(来源：美国能源部的 Flickr 网站)

　　为了最大限度地利用现有设施，工艺操作及其相关的新钚燃料形态设施被设计建造在一座萨瓦纳河厂现有设施上，即 235-F 号楼。与土墩和洛斯阿拉莫斯国家实验室 (钚 -238 操作在手套箱中进行) 不同，新的钚燃料形态被设计为一个由 9 个屏蔽热室组成的系列，燃料形态的生产操作将在其中进行。5 个热室用于钚 -238 粉末的危险操作，包括接收、加工、热压和高温炉操作。其余 4 个热室用于燃料形态封装和支持热源运输的操作。[8] 决定使用热室而不是手套箱与对工作人员受到的辐射剂量有关，根据预计在设施中处理的钚 -238 量 (每年约 30 千克)，预期辐射剂量相对较高。

　　一旦投入使用，钚燃料形态运行的前两年以生产 MHW 燃料球为重点，用于最初计划服役于伽利略号任务的 MHW-RTG[①]。燃料球生产活动完成后，重点转向了 GPHS 燃料舱的生产，这是一种较小热源，计划用于尤利西斯号和伽利略号任务的新型 GPHS-RTG。1980 年 6 月至 1983 年 12 月期间，钚燃料形态操作人员生产了所需的 GPHS 燃料舱，以支持伽利略号和尤利西斯号任务。燃料舱生产完成后，该设施处于待机模式，等待需要热源的新任务的到来。[7]

133

钚燃料形态设施内的 6 号热室视图 (通过充满水的屏蔽窗观察)，热室中正在进行铱包壳焊接操作以封装 GPHS 燃料芯块。(来源：萨瓦纳河厂的 Flickr 网站)

　　不幸的是，所希望的新任务从未实现。此外，热室和设备维护也开始减少。由于资金紧张，用于维持热室惰性气氛的氩气系统最终被关闭。在氧气 (即空气) 存在的情况下，热室中的钚 -238 污染

---

　　① 伽利略号最终使用了 GPHS-RTG，而非 MHW-RTG。——译者注

开始损坏室内的工艺设备。其中一个更大的问题涉及热室远程操纵器，它们用于执行室内操作、去污和维护活动。由于钚-238 的腐蚀作用，操纵器最终"冻结"在原地，无法继续使用。[7]

　　到 1990 年，净化和翻新热室的费用估计接近 5000 万美元，完成期限至少为 2 年。对于能源部来说，这是一个令人不安的消息，因为 NASA 当时正在规划 20 世纪 90 年代中期的两次未来任务，即彗星会合小行星飞越和卡西尼号，这将需要多台 GPHS-RTG；这些规划最终在 1997 年卡西尼号任务及其携带的 3 台 GPHS-RTG 中达到顶峰。鉴于重新整改钚燃料形态的高昂花费和至少 2 年的翻新窗口，能源部于 1990 年决定将 GPHS 燃料舱的生产活动（包括燃料芯块生产和封装）迁移至洛斯阿拉莫斯国家实验室。[9] 虽然搬迁的最初意图是作为一种临时修复措施，以等待钚燃料形态老化问题的解决，但这种临时修复措施最终成为永久性措施。自此以后，钚燃料形态再也未因热源生产而恢复使用。[7]

134

　　选择洛斯阿拉莫斯国家实验室为卡西尼号任务生产 GPHS 燃料舱是一个应对潜在棘手的计划进度问题的直接解决方案。多年来，实验室第 55 技术区的钚处理设施一直在进行与钚材料相关的研究和开发。具体针对放射性同位素电源系统所需的热源钚材料来说，实验室的经验包括开发 MHW 燃料球和 GPHS 燃料芯块的氧化钚工艺流程，该流程可追溯到 20 世纪 70 年代初。此外，1981—1984 年期间为伽利略号任务生产的 LWRHU 让实验室科学家丰富了热源氧化钚处理的经验。[9] 在这些经验的基础上，卡西尼号任务所需的钚-238 热源最终于 1993 年开始生产。[10]

　　当能源部努力解决钚燃料形态的问题时，出现了另一个需要额外关注的问题。到 1989 年，环境和安全问题导致萨瓦纳河厂的生产反应堆（包括 K 型反应堆）暂时关闭。没有 K 型反应堆，唯一的钚-238 生产能力就丧失了。

　　随着 K 型反应堆的关闭，能源部开始审视其综合体内的其他反应堆，以寻求解决钚-238 生产问题的可能方案。这次"搜索"将他们的关注点带到了国家的另一处，即位于汉福德场区的快速通量测试设施[①]。这是一个有吸引力的选择，因为它靠近燃料与材料检查设施。随后，另一个汉福德的设施被改建，以接纳计划从土墩实验室转移的 RTG 组装和测试操作，来支持国防部未来的动态同位素电源系统任务。成为国家空间核动力系统中心就会具有良好的前景，华盛顿州的乐观情绪高涨。[11]

　　然而，这种乐观情绪很快就消失了。RTG 组装和测试任务从未真正实现，因为冷战结束后，国防部的高功率同位素电源系统计划被取消。将快速通量测试设施用于钚 -238 生产让位于能源部内的其他优先事项。虽然最初人们对最终重启 K 型反应堆抱有很高的希望，但到 20 世纪 90 年代初，随着反应堆永久关闭，这些希望都破灭了。尽管能源部手头有足够的钚-238 库存来满足已知的现有需求，但库存是有限的。这是近 30 年来，能源部首次面临热源同位素生产的未知未来。[2]

位于能源部旗下萨瓦纳河厂的 K 型反应堆。(来源：萨瓦纳河厂)

　　最后，为了巩固与铱硬件生产相关的活动，20 世纪 80 年代末，铱包壳和透氦阻钚窗的生产责任从土墩实验室转移到了橡树岭国家

---

　　① 萨瓦纳河厂位于美国东南部的佐治亚州，汉福德场区则位于美国西北部的华盛顿州，二者地理位置形成鲜明对比。——译者注

实验室。实验室的金属与陶瓷部长期致力于开发各种用途的高级合金。20 年来，实验室一直是铱原料的生产基地，这些原料随后被运往土墩实验室，用于制造热源 (例如 MHW 燃料球套件和 GPHS
135 燃料舱) 的包壳和透氦阻钚窗。[12] 在展示了具备满足飞行质量要求的铱硬件生产能力之后，实验室被赋予了从卡西尼号任务开始的未来铱硬件生产责任。与此同时，实验室还负责维护生产 GPHS 模块中使用的碳碳复合纤维隔热套筒所需的设施和设备。[13]

随着 20 世纪 80 年代接近尾声，美苏之间长达数十年的冷战也走向终结。此后武器生产不再受到重视，能源部开始评估如何重新配置其综合体的设施、设备和人员，以减少其规模和成本。随着重组规划的推进，能源部开始了大规模的清理计划，以解决数十年来的核材料生产及其遗留的环境后果。这两项工作都导致了设施关闭，所有场地都受到了影响，无一例外。在土墩实验室，这导致在 20 世纪 90 年代决定关闭所有与武器相关的活动，从而使 RTG 组装和
136 测试操作成为其唯一的涉核作业活动。

放射性同位素电源系统基础设施和新千年

到 20 世纪 90 年代初，放射性同位素电源系统基础设施已准备好为即将到来的 NASA 卡西尼号任务生产 3 台 GPHS-RTG。铱包壳和透氦阻钚窗的生产在橡树岭国家实验室进行。洛斯阿拉莫斯国家实验室使用萨瓦纳河厂提供的钚 -238 生产了压制的氧化物燃料芯块，并将燃料芯块封装在橡树岭国家实验室提供的铱包壳排气装置中。封装的 GPHS 燃料舱被运送到土墩，进行 GPHS 模块组装和 RTG 组装与测试。萨瓦纳河厂继续维持钚 -238 氧化物燃料库存量，并通过化学分离工艺过程纯化用于热源的氧化物燃料。

在支持卡西尼号任务的同时，一项并行的工作正在进行，以努力解决如何最好地确保在卡西尼号任务以外未来的钚 -238 供应。随着萨瓦纳河厂的 K 型反应堆的关闭，能源部面临着有限的选择：要么使用其他核反应堆生产新的钚 -238，要么从外国供应商采购这

种材料。随着其武器设施综合体和国防生产反应堆的未来处于不断变化的状态，能源部最终采取了双路径战略——在短期内用外国材料补充现有库存，同时以追求国内钚-238生产为长期战略。

在国外供应方面，能源部找到了一个最不寻常的合作伙伴，至少在当时是这样，它来自苏联。几十年来，美国和苏联一直陷入军备竞赛，各自生产核武库以跟上对方的步伐。保密一直是常态，两国都采取了大量措施保护与核有关的信息和材料。然而，随着1991年苏联的解体，这两个冷战时期的敌人之间很快出现了建立新伙伴关系的机会。从供应的角度来看，俄罗斯保留了以前生产出的钚-238库存。从需求的角度来看，美国需要钚-238来补充其日益减少的库存，以满足预期的任务。到1992年底，实质性合作得以实现——能源部与俄罗斯联邦马亚克生产协会签订了一份合同，购买40千克的钚-238燃料。[14]1994年，俄罗斯根据该购买合同将第一批钚-238运往美国。

美国钚-238的生产进展较慢。近15年来，能源部分析了生产方案，评估了其设施，并编制了必要的环境文件，以支持钚-238的生产决策。20世纪90年代初，能源部的冷战后构架初现端倪，这是一个战略规划和制定的时期。到1998年，已经制订了一项生产热源同位素的计划，能源部宣布准备编制钚-238生产环境影响报告。[15]这项计划很快就被放弃了，取而代之的是一项更广泛的任务，以解决未来能源部核能基础设施的能力问题，钚-238的生产只是其中的一部分。随后，核能基础设施项目的环境影响报告接踵而至。就在能源部发布了一份决策记录宣布核能基础设施未来计划的几个月后，[16]美国经历了有史以来在美国领土上发生的最严重的恐怖袭击。2001年9月11日的袭击引发了一系列影响深远的举措，美国试图巩固和加强国家安全。

对于能源部来说，新的国土安全模式意味着需要改进安全和保障措施，以保护其特殊核材料。这种需求很快就到达了土墩实验，因为那里的RTG组装和测试设施需要升级以满足新的安全标准【见附录C35】。由于能源部考虑了其他资产的升级成本，在能源部综合体其他地方的现有安全设施中进行 RTG 作业可能更具经济性。这个其他地方最终变成位于爱达荷州的阿贡西部国家实验室。

阿贡西部国家实验室成立于 20 世纪 60 年代初，是各种核反应堆开发和测试业务的所在地，包括燃料开发和锕系元素研究。实验室拥有大量安全的钚和铀燃料设施，并且在能源部核能办公室家族中已有数十年，因而它显然是一个合乎逻辑的选择。从 2003 年开始，RTG 组装和测试作业随后从土墩实验室迁移到阿贡西部国家实验室。[17] 经过一年的努力，设备、工具和其他材料完成转移，土墩实验室不再是 RTG 家族的一部分 ①。令人哭笑不得的是，RTG 发明的黄金周年纪念居然标志着土墩实验室在与 RTG 相关的发明、开发和运营中所扮演角色的谢幕。尽管有这样的结局，但通过一小群前员工的努力，建立了土墩博物馆，从而土墩的故事将继续流传下去。正如 RTG 的组装和测试业务转移到阿贡西部国家实验室那样，以类似的方式，能源部在 2004 年决定将其储存的镎 -237 从萨瓦纳河厂转移到阿贡西部国家实验室。[18]

伴随着新的 RTG 组装和测试任务，阿贡西部国家实验室还收到了用于高速公路运输的组装好的 RTG 和相关核材料的设备及运输包裹。随着两项新的任务落地，阿贡西部国家实验室已被纳入能源部的放射性同位素电源系统家族。

展望未来

随着新千年的第一个 10 年即将结束，钚 -238 生产的未来在很大程度上仍然未知。放射性同位素电源系统雷达上最大的信号 ② 出现在这 10 年的中期。"9•11"事件后，由于安全需求引起的其他

---

① 有关从 Mound 向 ANL-W 转移活动的更多信息，请参见第十二章。——原文注

② 雷达上的信号通常指一些小的或不重要的事情，就像雷达屏幕上的微小信号点，出现和消失转瞬即逝。此处所指的最大信号译者猜测为 2006 年放射性同位素电源系统服役于新视野号任务，以雷达信号暗喻与放射性同位素电源系统相关的事情没有得到广泛关注。——译者注

变化，能源部曾一度考虑将钚-238生产方法作为一项更大举措的一部分，将放射性同位素电源系统业务整合到爱达荷国家实验室。该概念包括利用爱达荷国家实验室先进试验反应堆和建造一个新的钚-238生产设施。[19] 最终，当能源部决定重新审查规划方案的成本和其他标准时，该计划被搁置。

最后，在2012年能源部启动了一个项目，利用橡树岭国家实验室和爱达荷国家实验室的现有设施生产钚-238，平均产量目标为每年1.5千克。随着项目的进行，放射性同位素电源系统基础设施的最后一块拼图已经就位，以继续支持未来的NASA任务。

139

参考信息来源

[1] Casani, J., G. Burdick, R. Carpenter, et. al., "Report of the RPS Provisioning Strategy Team," Appendix N, pp. 105-111, 2001.

[2] Reed, M. B., M. T. Swanson, et. al., 2003, "Savannah River at Fifty," 2003, available at www.srs.gov.

[3] DOE, 1993, "Environmental Assessment of the Import of Russian Plutonium-238," DOE/EA-0841, June 1993.

[4] Groh, H. J., W. L. Poe, and J. A. Porter, 2000, "Development and Performance of Process and Equipment to Recover Nuptunium-237 and Plutnoium-238," WSRC-MS-2000-00061, 50 Years of Excellence in Science and Engineering at the Savannah River Site, pages 165-177, May 2000.

[5] FAS, 2014, "History of Key Projects at Mound," downloaded from Federation of American Scientists webpage, http://fas.org/nuke/space/mound.pdf, webpage visited June 26, 2014.

[6] United States General Accounting Office, 1977, "Safety of Plutonium-238 Activities at Mound Laboratory," EMD-77-49, B-131115, Report to Robert W. Fri, Acting Administrator, Energy Research and Development Administration, by Monte Canfield Jr., Director, Energy and Materials Division, June 29, 1977.

[7] DOE, 1991, "Report of an Investigation into Deterioration of the Plutonium Fuel Form

Fabrication Facility (PuFF) at the DOE Savannah River Site," DOE/NS-0002P, U.S. Department of Energy, Office of Nuclear Safety, October 1991.

[8] Rankin, D. T., W. R. Kanne, et. al., 2000, "Production of Plutonium-238 Oxide Fuel for Space Exploration," WSRC-MS-2000-00061, 50 Years of Excellence in Science and Engineering at the Savannah River Site, pages 179-186, May 2000.

[9] DOE, 1991, "Environmental Assessment for Radioisotope Heat Source Fuel Processing and Fabrication," DOE/EA-0534, July 1991.

[10] LANL, 1996, "NMT's Contributions to the Cassini Saturn Mission Follow Division's Space Exploration Tradition," The Actinide Research Quarterly of the Nuclear Materials Technology Division, Los Alamos National Laboratory, Fall 1996.

[11] Hearing Before the Subcommittee on Energy Research and Development, 1989, "Nuclear Power in Space," Committee on Science, Space and Technology, House of Representatives, One Hundred First Congress, First Session, September 30, 1989, see testimony of Jerry D. Griffith, Acting Assistant Secretary for Nuclear Energy (pp. 45-49) and statement of John Nolan, President, Westinghouse Hanford Company, Hanford, WA (pp. 88-89).

[12] ORNL, 1997, "Materials and Ceramics Division History 1946-1991," ORNL/M-6589, September 1997.

[13] Ulrich, G. B., 1990, "Iridium Alloy Clad Vent Set Manufacturing Qualification Process," 8th Symposium on Space and Nuclear Power Systems, CONF-910116, American Institute of Physics.

[14] The New York Times, 1992, "U.S. to Buy Plutonium From Russia," December 29, 1992.

[15] DOE, 1998, "Environmental Impact Statement for the Proposed Production of Plutonium-238 for Use in Advanced Radioisotope Power Systems for Future Space Missions," Department of Energy, Federal Register, Vol. 63, No. 192, October 5, 1998.

[16] DOE, 2001, "Record of Decision for the Programmatic Environmental Impact Statement for Accomplishing Expanded Civilian Nuclear Energy Research and Development and Isotope Production Missions in the United States, Including the Role of the Fast Flux Test Facility," Department of Energy, Federal Register, Vol. 66, No.

18, January 26, 2001.

[17] DOE, 2002, "Future Location of the Heat Source/Radioisotope Power System Assembly and Test Operations at the Mound Site, Miamisburg, Ohio," DOE/EA-1438, Finding of No Significant Impact, July 1, 2002.

[18] DOE, 2004, "Supplement Analysis for the Programmatic Environmental Impact Statement for Accomplishing Expanded Civilian Nuclear Energy Research and Development and Isotope Production Missions in the United States," DOE/EIS-0310-SA-01, August 2004.

[19] DOE, 2005, "Draft Environmental Impact Statement for the Proposed Consolidation of Nuclear Operations Related to Production of Radioisotope Power Systems Summary," DOE/EIS/0373D, U.S. Department of Energy, June 2005.

随着卡西尼号轨道飞行器及其附属的惠更斯号探测器搭载泰坦 IV-B 型 / 半人马座火箭 (Titan IV-B/Centaur rocket) 升空，为期 7 年的土星之旅开始了。(来源：NASA、喷气推进实验室、肯尼迪航天中心)

第十一章

探访土星

——卡西尼号任务

　　随着 20 世纪 80 年代接近尾声，能源部特殊应用办公室忙于空间核电源系统的工作。虽然为伽利略号和尤利西斯号任务组装和测试了 4 台 GPHS-RTG(包括 1 台备用)，但其他项目占据了空余时间。在战略防御倡议框架下启动并持续进行的 DIPS 评估和开发，随后转变成为在太空探索倡议框架下的有限基础上继续进行。SP-100 空间反应堆计划和热离子燃料元件验证计划正在进行开发和测试。能源部还继续支持国防部在战略防御倡议赞助下开始的空间核热推进系统开发工作。

　　自 20 世纪 80 年代初以来，NASA 针对土星的新行星任务就一直在酝酿之中。长期以来，科学家们一直试图访问这颗太阳系第二大行星，它有着迷人的星环系统、大量的卫星和独特的磁场。由 RTG 驱动的先驱者 11 号飞船在 1979 年飞越土星，旅行者 1 号和 2 号飞船分别在 1980 年和 1981 年飞越土星，它们提供的照片信息进一步激发了人们的兴趣。1989 年，随着国会对拨款的授权，争取探访土星任务的努力终于取得了成果。

　　作为与欧洲航天局和意大利航天局联合建立的国际合作项目，

卡西尼 - 惠更斯号任务 (又称卡西尼号任务) 始于 1990 年，它由
1 个轨道飞行器 (卡西尼号) 和 1 个探测器 (惠更斯号) 组成【见附
录 C36】。卡西尼号轨道飞行器被设计为在 4 年内环绕土星及其若
干个卫星飞行。惠更斯号探测器的任务是穿越土星最大的卫星土卫
六的大气层，并在不到 1 小时的短暂任务中对其表面进行短暂的勘
测。轨道飞行器上有 12 台仪器，探测器上有 6 台仪器，依托上述
配置，深空行星侦察队被建立起来，以收集有关该行星、其星环系
统和卫星的大量信息。

　　由于土星距离太阳的距离几乎是地球距离太阳的 10 倍，所以
它每平方米接收到的阳光大约是地球的 1%。因此，将太阳能用于
NASA 的新任务从来都不是一个真正的选择——太阳能电池板的尺
寸和重量会使其发射变得不可行。[1] 因此，NASA 求助于能源部，
141　为卡西尼号飞船提供 3 个 GPHS-RTG，以满足其近 900 瓦的功率需
求，同时提供 100 多个 1 瓦的小型 RHU，以便在卡西尼号和惠更
斯号近 8 年的土星探索及其后续任务中为科学仪器和其他设备保持
温度。

为卡西尼号供电和供热

　　拥有了为伽利略号和尤利西斯号任务组装与测试 GPHS-RTG
和 RHU 的经验，在卡西尼号任务中重复这些工作看上去似乎相对
简单。然而，随着时间的推移，事实并非如此。在为预计的 1997
年卡西尼号发射工作做准备的过程中，能源部空间核动力系统小
组在满足 NASA 需求方面面临着几个挑战。对其联邦承包商来说，
挑战正是来自于几个首次。例如，钚燃料芯块的生产和随后的封装
(之前伽利略号和尤利西斯号任务的相关活动由萨瓦纳河厂承担)
于 1990 年转移到洛斯阿拉莫斯国家实验室。1987 年，用于封装燃
料芯块的铱包壳和透氢阻钚窗组件 (称为包壳排气装置) 的生产从
土墩实验室转移至橡树岭国家实验室。最后，能源部将引入一种新
的运输系统，将组装好的 GPHS-RTG 从土墩实验室运送到佛罗里

达州的肯尼迪航天中心。

在橡树岭国家实验室，材料工程部开始了多年的努力，以建立生产铱包壳杯和透氦阻钚窗组件的能力【见附录 C37】。土墩实验室给予了协助，这项工作需要复制模具设计、制模、加工步骤和检验等流程，这些流程已在土墩实验室成功地制造了在伽利略号和尤利西斯号任务中获得飞行认证的铱硬件。具备投入使用的条件只是先决条件，因为在任何生产的铱组件用于任务之前，橡树岭国家实验室的新制造工艺都要经过严格的审查和验证，以确保最终产品是满足严格要求具备空间飞行资格的硬件。该过程包括一系列鉴定测试和研究，以及随后的试生产工作，以确保橡树岭国家实验室团队能够可靠地生产出用于卡西尼号 RTG 的铱组件。[2]

虽然进行了严格的准备，但具备空间飞行资格的硬件的生产并非一帆风顺。尽管铱合金组件的最初生产始于 1989 年【见附录 C38】，但最终还是出现了与透氦阻钚窗组件的冶金完整性相关的问题。透氦阻钚窗的完整性至关重要，因为它允许由钚 -238 衰变产生的氦气从燃料包壳中排出，从而防止可能导致包层破裂的压力积聚。由于这些担忧，自 1992 年 9 月开始，橡树岭国家实验室的业务停止了 6 个月，在此期间，对制造工艺和产品进行了仔细审查。在成功地证明了制造工艺的严谨性之后，第二年恢复了生产。[3] 包壳排气装置的生产活动最终将制造 425 套飞行合格装置、500 多个焊接护罩 (用于在铱合金包壳杯焊接过程中保护燃料芯块) 和其他配套硬件。[4] 具备空间飞行资格的硬件随后被送往洛斯阿拉莫斯国家实验室，在那里新的燃料芯块生产和封装作业正在建立，以支持卡西尼号任务。

142

铱包壳杯与焊接护罩套件（上）、已安装透氦阻钚窗的排气杯套件（中）和经过所有制备流程组装形成铱包壳（下）。（来源：橡树岭国家实验室）

　　燃料芯块生产的转移带来了一些预期的困难。就像任何好的大规模生产流程一样，目标是生产完全相同的小部件。在支持伽利略

143

号和尤利西斯号的工作期间，在萨瓦纳河厂进行的燃料芯块生产作业流程已经得到完善。如果一次又一次以完全相同的方式执行，能源部知道结果会是什么。这就是严谨的制造流程的本质。在 20 世纪 90 年代初，洛斯阿拉莫斯国家实验室主要是一个研发机构，生产作业不是它的强项。尽管研究人员和开发人员努力追求一致性和可重复性，但还有一种倾向是尝试并试图让生产变得更好。因此，随着燃料芯块生产业务转移到洛斯阿拉莫斯国家实验室，能源部必须确保在萨瓦纳河厂已经完善的生产流程的严谨性被贯彻到洛斯阿拉莫斯国家实验室即将进行的新的燃料芯块生产和封装作业中。[5]

热源和加热器单元的生产由洛斯阿拉莫斯国家实验室旗下核材料技术部的锕系陶瓷和制造组负责。经过 2 年的运行准备和 1 年的成熟度审查（包括内部的和独立的），LWRHU 和 GPHS 燃料舱的生产于 1993 年开始。在 3 年的时间里，洛斯阿拉莫斯国家实验室团队为卡西尼号任务生产了 157 个 LWRHU 和 216 个 GPHS 燃料舱。[6]

GPHS 氧化钚燃料芯块。（来源：洛斯阿拉莫斯国家实验室）

在橡树岭国家实验室准备生产铱硬件以及洛斯阿拉莫斯国家实验室准备生产和封装燃料芯块的同时，能源部于 1991 年授予通用电气航空公司一份合同，生产用于卡西尼号任务的温差发电器样机。尽管卡西尼号 GPHS-RTG 项目是在通用电气航空公司的领导下开始的，但公司层面的变化很快就随之而来。1993 年，通用电气航空公司被马丁·玛丽埃塔公司收购。仅仅 2 年后，马丁·玛丽埃塔公司与洛克希德公司合并，成为洛克希德·马丁公司，该公司在卡西尼号发射过程中对 GPHS-RTG 负责。[7]

对于通用电气公司团队及其继任者来说，卡西尼号项目的工作范围相对简单，即制造、组装和测试 2 个新的电加热温差发电器 (electrically-heated thermoelectric generator, ETG)，这 2 个将在土墩实验室进行燃料装载；并为第 3 个 ETG 制造组件，用于长期储存。只需要 3 个新的电加热装置，因为 1 台 ETG(编号 E-2) 和 1 台已装载燃料的 GPHS-RTG(编号 F-5) 作为伽利略号和尤利西斯号任务的备件仍然可以使用①。除了生产新的 ETG 外，还将在安全评估准备、运送组装好的 RTG 至肯尼迪航天中心、将组装好的 RTG 集成到卡西尼号飞船等领域提供专业技术支持。

通用电气及其继任者面临的主要任务之一是重新建立生产硅锗热电材料的能力，以及 GPHS-RTG 中使用的硅锗热电单偶的生产流程。由于继伽利略号和尤利西斯号之后缺乏后续任务，热电生产和制造流程在 20 世纪 80 年代中期被关闭。[7]

重新建立这种能力不是一件简单的事情——必须确定并采购原材料与设备，必须安装设备并验证其运行的正确性，必须对执行制造流程的工人及提供独立检验的工人进行培训和合格认证。与洛斯阿拉莫斯国家实验室的燃料芯块生产、橡树岭国家实验室的铱组件生产一样，能源部对用于生产新型硅锗热电单偶的制造流程进行了严格审查，以确保最终产品可用于空间应用。经过两年半的准备工作，在此期间解决了几个制造问题，1993 年 5 月硅锗热电单偶的生产条件被认为已经准备就绪。[7]

---

① 发电器 (E-2) 已于 1983 年完成建造与测试，用于支持伽利略号和尤利西斯号任务。该装置一直被储存和维护，从未使用过，直到服役于卡西尼号任务。——原文注

在卡西尼号的生产过程中，为多台 ETG 转换器样机、1 台鉴定样机和备件生产了 2000 个单独的硅锗热电单偶，需要数万个单独的制造步骤。一旦完成，组装完成的鉴定样机和 ETG 转换器样机被运送至土墩实验室，以便进行后续的装料和测试。

在俄亥俄州，土墩实验室的工作人员于 1996 年开始接收洛斯阿拉莫斯国家实验室生产的燃料舱[①]。燃料舱随后被组装成 GPHS 模块，它是 GPHS-RTG 中热源的基本组成部分。土墩工人总共组装并检查了 72 个 GPHS 模块，每个 RTG 有 18 个模块。3 台 ETG 转换器样机 (E-2，E-6 和 E-7) 的燃料装载于 1996 年完成，从而变成 3 台 GPHS-RTG(F-2，F-6 和 F-7)。燃料装载后，RTG 接受了一系列测试，包括振动和热真空测试，以及磁场和质量特性测量，以判断其工作性能是否满足预期任务的要求。由于平均功率输出约为 296 W_e(任务初期)，3 台样机的输出总功率超过了任务要求的最低功率 (即 826 W_e)。曾经作为伽利略号和尤利西斯号任务的备用样机的 F-5 号 GPHS-RTG，又一次以备用身份参与卡西尼号任务。在 1997 年年初完成测试后，RTG 被存放在仓库中，直到将其运送至肯尼迪航天中心。[8]

土墩实验室技术人员正在用滑轮吊将 GPHS-RTG 放入振动测试腔。(来源：土墩博物馆协会)

---

① 在为卡西尼号任务组装和测试 GPHS-RTG 之后，在土墩实验室执行的 RTG 作业随后转移到阿贡西部国家实验室，如第十章所述。—— 原文注

　　将 GPHS-RTG 运至肯尼迪航天中心为土墩实验室的 RTG 团队带来了新的机会。1 个新的 RTG 运输系统于 1997 年年初从位于汉福德的生产地点转移到土墩实验室，包括 3 个新的 9904 型运输包裹和 2 辆新的半拖车。新设备意味着承担操作和维护的新责任。新的 RTG 运输系统将于那一年晚些时候进行首航，届时 3 个卡西尼号 RTG 将从土墩实验室转移至肯尼迪航天中心，为预计于 1997 年 10 月的发射做好准备。[9]

直面反对

　　当洛斯阿拉莫斯国家实验室、土墩实验室正在制造燃料芯块和组装热电转换器时，NASA 及其国际合作伙伴正在建造卡西尼号飞船和惠更斯号探测器以及将安装于这两个深空旅居者号上的 19 台科学仪器。在幕后，随着卡西尼号任务准备工作的继续展开，某些机构正在着手另一项任务，这项任务最终将占据中心位置。该任务涉及分析和评估飞船上 3 个 GPHS-RTG 中所含钚燃料的相关风险。

　　预期在卡西尼号上使用的 3 个 GPHS-RTG 所含氧化钚燃料的总质量为 33 千克，40 万居里 [①]。除 RTG 外，任务还计划使用 117 个 LWRHU，每个产生大约 1 瓦的热量。LWRHU 分散布置在卡西尼号和惠更斯号航天器上，以保持仪器和其他航天器设备在太空中的温度。这是有史以来 NASA 计划发射的最大量的核材料。至于卡西尼号的有效载荷，它的质量略大于 5670 千克，这是 NASA 计划发射的最大的行星际航天器/探测器系统。与伽利略号和尤利西斯号由航天飞机送入太空的方式不同，NASA 计划使用泰坦 IV-B 型火箭和半人马座上面级运载火箭将卡西尼号从卡纳维拉尔角的发射台发射升空。泰坦 IV-B 型/半人马座火箭高 180 英尺，使用 2 个大型固体燃料火箭助推器和 1 个基于液体发动机的两级火箭来执行其设计的任务。发射时，该系统装有约 907 185 千克的推进剂。[10] 能源部、NASA 所进行的安全和风险分析重点是涉及运载火箭故障和诸如航天器再入大气层等其他场景的假想事故。

146

---

　　① 　1 居里 = $3.7×10^{10}$ 贝克。——译者注

到 1995 年夏天，NASA 完成了对计划中的土星任务可能产生的环境影响的评估，并编制了最终环境影响报告。[11] NASA 考虑了 1997 年发射计划的几种替代方案，包括延期数年后发射和取消任务。然而，在 1995 年 10 月，该机构宣布打算按计划继续执行卡西尼号任务。在其正式决定中，空间科学副局长韦斯利·亨特里斯指出："我相信，我们已经采取了合理的措施，避免或尽量减少卡西尼号任务对环境的危害；或者，如果某些措施尚未采取，那么将在安全分析结束后采取。"在完成了旨在响应安全分析结果的补充环境评估后，该机构坚持其先前的决定。[12]

亨特里斯提到的安全分析是专门针对卡西尼号开展的，最初由能源部执行，但最终必须通过跨机构核安全审查小组审查。与 NASA 类似，能源部负责编制一份单独的、更详细的安全分析报告，其中正式评估并记录了可能对 RTG 中钚燃料产生不利影响的事故风险。卡西尼号的跨机构核安全审查小组对能源部安全分析报告进行了独立审查，并开展了第三次评估，为白宫批准或拒绝发射提供依据。卡西尼号所采用的分析和审查过程延续了一种制衡、严谨和独立的体系，该体系已用于自 1961 年以来所有涉及核动力源的发射任务。[13]

操作人员从 RTG 运输系统拖车中拆卸出一个空的 9904 型运输包裹 (2005 年前后)。1997 年，正是使用这套运输系统将卡西尼号任务用 GPHS-RTG 从土墩转移至肯尼迪航天中心。(来源：爱达荷国家实验室 / 放射性同位素电源系统计划)

根据关于批准向太空发射核动力系统的总统指示[14]，审批权掌握在白宫科学技术政策办公室主任约翰·吉本斯博士手中。在仔细审查评估后，吉本斯指出："NASA 及其跨机构合作伙伴在评估和记录卡西尼号任务的安全性方面做了非常彻底的工作。"关于任务风险与科学收益，吉本斯的结论是："这项科学任务的重要收益大于潜在风险。"[15]

并非所有人都对这次任务的安全分析有信心。例如，始于 20世纪 90 年代中期的"停止卡西尼号！"运动组织是反对向太空发射任何核材料的几个团体之一。[16] 从他们的角度来看，任何事故导致的钚泄漏都是不可接受的。特别令人担忧的是，卡西尼号任务计划使用几次引力辅助机动来提高航天器的速度，以缩短其到达土星的时间。在经过两次金星引力辅助后，航天器将前往地球进行第三次引力辅助。如果计算错误或其他事故导致以这种速度意外再入大气层，GPHS 包容钚燃料的能力可能会受到严重挑战。能源部和NASA 针对此类事故给出了风险与后果评价，但在怀疑声和不信任气氛中饱受质疑。[16]

上述这些和其他担忧是反对卡西尼号任务的核心论点，地方和国家的新闻报纸挑起了这场争论。头条新闻包括"评论家警告NASA 发射核灾难"[17] 和"土星任务使用钚引发了危险警告"。[18]除了印刷品和其他媒体外，一些团体还利用了全球网络，信息可以通过该网络快速而广泛地传播。用户很快就会发现，作为一种新生方式，网络允许信息直接传播，而不受新闻报纸、电视和广播等其他媒体的过滤或限制。[19]

随着"反卡西尼号"和"反核"情绪在发射前的几个月里持续，NASA 和能源部继续坚定地开展既定的公众教育、宣传工作。他们试图让公众相信发射的卡西尼号及其核动力系统是安全的，并消除他们的所有恐惧。他们的保证和信心本质上来源于钚热源的设计及其所经受的安全测试；这种测试证明了它们能够承受各种可能事故，包括爆炸、高速撞击、碎片撞击、火灾和再入大气层。热源的每一个方面——从陶瓷燃料芯块到封装燃料的铱包壳以及燃料舱周围的石墨组件——都经过了专门设计和选择，以确保在发生事故时释放最少量的钚（如果有的话）。

　　在此，需要介绍一下能源部空间核计划主任贝弗利·库克的相关情况。库克在核反应堆设计和安全方面有着多年的经验，并为能源部负责卡西尼号任务的安全，她对 GPHS-RTG 核电源系统的技术细节了如指掌。到 1997 年，她已经成为能源部和 NASA 关于卡西尼号任务有关核安全问题的实际发言人。她善于利用日常生活传达技术信息，作为一名母亲，她计划让女儿现场观看发射，她可以在个人层面上与公众建立联系。通过采访、交流论坛，以及诸如有线电视新闻网、早安美国、公共事务卫星有线电视网等媒体，库克与机构[①]的其他人员一起努力教育公众并消除他们对未知的恐惧。[5]

　　在抗议的背景下，NASA 和能源部继续为安全成功的发射而努力，而反对卡西尼号的抗议者们则在努力阻止这一天的到来。1997 年 10 月 3 日，吉本斯批准了卡西尼号的发射。任务支持者们兴高采烈。尽管反卡西尼号运动未能阻止发射，但他们的努力后来得到了一些人的认可，因为这促使 NASA 重新考虑其空间核动力系统的使用，并引起了国会议员的关注并随后要求 NASA 和能源部开展进一步分析。[16]

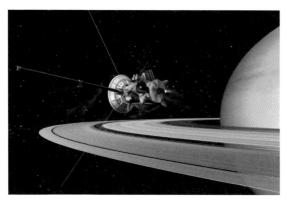

艺术家对卡西尼号宇宙飞船飞越土星的概念构想，展示了 3 台 GPHS-RTG 中的 1 台。（来源：NASA）

---

　　① 此处的机构指能源部、NASA 及与卡西尼号任务相关的其他机构。——译者注

在卡西尼号发射后的几年里，能源部启动了一项安全改进计划，通过修改 GPHS 的航空烧蚀层设计来提高其整体强度和生存能力，以应对更严重的撞击和再入事故。该计划导致开发形成了"Step-1 设计"[①]，该设计随后被用于 2006 年发射的冥王星新视野号任务（将在第十二章中讨论）。2011 年，搭载于火星科学实验室发射的多任务放射性同位素温差发电器 (multi-mission radioisotope thermoelectric generator，MMRTG) 采用了"Step-2 设计"，该设计进一步提高了航空烧蚀层在撞击和再入大气层时的生存能力（将在第十三章中讨论）。在这两种情况下，用于制造航空烧蚀层的烧蚀材料用量都有所增加。[20]

终于抵达土星

1997 年 10 月 15 日，卡西尼 - 惠更斯号飞船于美国东部夏令时间凌晨 4 点 43 分在清晨天空的黑色背景下发射升空。随着泰坦火箭点火，大地被照得如同白天一样明亮——宇宙飞船被送上太空，开始了为期 7 年、22 亿英里的土星之旅。发射按计划进行，没有发生爆炸或其他问题。卡西尼 - 惠更斯号宇宙飞船在前往金星后，在那里获得了两次引力辅助，然后沿着轨道返回地球附近。1999 年 8 月 17 日，宇宙飞船在 727 英里的高度掠过地球，并获得了引力辅助，使其以 18 776 米 / 秒的速度前往木星，在那里它将在飞往土星的途中接受最后一次引力辅助。[21]

2004 年 7 月 1 日，卡西尼号宇宙飞船在经历了 7 年太空之旅后，进入土星轨道。截至 2014 年 7 月，航天器已返回数百千兆字节的科学数据，基于此形成了 3000 多份科学报告。在 200 多个轨道上拍摄了超过 30 万张关于土星系统的图像。针对土星卫星完成了 130 多次近距离飞越，发现了 7 颗新卫星。在它的无数成就中，包括第一次完整地观测到土星北极六边形，在土星两极发现巨大飓

---

① GPHS 的"Step-1 设计"又通常称为"Solid 设计"，即文献中常见的"Solid GPHS"。——译者注

风，以及对行星环系统的深入研究。至于欧空局 / 意大利航天局的惠更斯号探测器，它是第一个在外太阳系的卫星 (土卫六) 上着陆的人造物体，在降落过程中和电池供电短短的 30 分钟内，获取了数据和图像。卡西尼号的最后一次任务还要持续 3 年 ①，时间将告诉我们它还会有什么新的发现。[22]

　　至于卡西尼号飞船上的 3 台 GPHS-RTG，它们表现出色，为仪器和其他系统提供了稳定的电源，只要卡西尼号任务继续，它们就会持续这样做。

150

土星及其环系统。通过 RTG 供电拍照获取诸如此类的图片是完全可能的。(来源：NASA)

151

参考信息来源

[1]　NASA Facts, "Cassini Mission to Saturn," National Aeronautics and Space Administration, Jet Propulsion Laboratory, California Institute of Technology, saturn.jpl.nasa.gov/

---

①　北京时间 2017 年 9 月 15 日，卡西尼号土星探测器燃料将尽，科学家控制其向土星坠毁，北京时间 19:55，卡西尼号与地球失去联系，它进入土星大气层燃烧成为土星的一部分。卡西尼号任务至此结束。GPHS-RTG 圆满完成服役任务。——译者注

files/cassini0406-21.pdf.

[2]　Ulrich, G. B., 1991, "Iridium Alloy Clad Vent Set Manufacturing Qualification Studies," CONF 910116, Oak Ridge ORNL Plant, ©1991 American Institute of Physics.

[3]　Ulrich, G. B., 1994, "The Metallurgical Integrity of the Frit Vent Assembly Diffusion Bond," Y/DV-1321, June 1994.

[4]　Helle, K. J., and J. P. Moore, 1995, "Production of Iridium-Alloy Clad Vent Sets for the Cassini Mission to Saturn," CONF-950110, pp. 245-251, ©1995 American Institute of Physics.

[5]　Bev Cook interview, April 15, 2011.

[6]　LANL, 1996, "NMT's Contributions to the Cassini Saturn Mission Follow Division's Space Exploration Tradition," Los Alamos National Laboratory, The Actinide Research Quarterly of the Nuclear Materials Technology Division, Fall 1996.

[7]　Lockheed, 1998, "Cassini RTG Program – Final Technical Report," Lockheed Martin Astronautics, August 1998.

[8]　Kelly, C. E., and P. M. Klee, 1997, "Cassini RTG Acceptance Test Results and RTG Performance on Galileo and Ulysses," 32nd Intersociety Energy Conversion Engineering Conference, Vol. 4, 1997.

[9]　Becker, D. L., and J. C. McCoy, 1996, "A Compendium of the Radioisotopic Thermoelectric Generator Transportation System and Recent Programmatic Changes," WHC-SA-2980, March 1996.

[10]　JPL, 1999, "Cassini-Huygens Launch," JPL 400-856C, Fact Sheet, Jet Propulsion Laboratory, California Institute of Technology, September 1999, http://saturn.jpl.nasa.gov/files/launch.pdf.

[11]　NASA, 1995, "Final Environmental Impact Statement for the Cassini Mission, Solar System Exploration Division, Office of Space Science," National Aeronautics and Space Administration, June 1995.

[12]　Federal Register, Vol. 62, No. 168, "Notice of Cassini Record of Decision," August 29, 1997.

[13]　Bennett, G. L., 1995, "Safety Aspects of Thermoelectrics in Space," Chapter 43, CRC

Handbook of Thermoelectrics, edited by D. M. Rowe, 1995.

[14] Presidential Directive/National Security Council Memorandum-25, 1977, "Scientific or Technological Experiments with Possible Large-Scale Adverse Environmental Effects and Launch of Nuclear Systems into Space," PD/NSC-25, dated 14 December 1977 (as modified 8 May 1996), http://www.jimmycarterlibrary.gov/documents/pddirectives/pres_directive.phtml.

[15] NASA, 1997, "NASA Receives Approval to Launch Cassini Mission," NASA Press Release 97-225, National Aeronautics and Space Administration, October 3, 1997.

[16] Launius, R. D., 2008, "Powering Space Exploration: U.S. Space Nuclear Power, Public Perceptions, and Outer Planetary Probes," 6th International Energy Conversion Engineering Conference (IECEC), July 28-30, 2008, AIAA 2008 5638.

[17] Chicago Tribune, October 12, 1997, based on article by Seth Borenstein of The Orlando Sentinel, same date, webpage visited July 28, 2014.

[18] Broad, W. J., September 8, 1997, New York Times, http://www.nytimes.com/1997/09/08/us/saturn-mission-s-use-of-plutonium-fuelprovokes-warnings-of-danger.html.

[19] Rodrigue, C. M., 2001, "Internet Media in Technological Risk Amplification: Plutonium on Board the Cassini Huygens Spacecraft," Risk: Health, Safety & Environment, 12, (Fall 2001), pp. 221-254. Franklin Pierce Law Center, http://www.csulb.edu/ ~ rodrigue/risk01.html, website visited August 4, 2014.

[20] Bennett, G. L., J. J. Lombardo, R. J. Hemler, et. al., 2008, "The General Purpose Heat Source Radioisotope Thermoelectric Generator: A Truly General-Purpose Heat Source," CP969, Space Technology and Applications International ForumSTAIF 2008.

[21] JPL, 1999, "Cassini Completes Earth Flyby," Jet Propulsion Laboratory, News Release 99-070, August 17, 1999.

[22] Dycher, R., and W. Clavin, 2004, "Cassini Celebrates 10 Years Exploring Saturn," JPL News Release 2014-203, June 25, 2004.

艺术家对冥王星及其卫星卡戎①概念构想。(来源: NASA.gov)

① 卡戎 (Charon) 即冥卫一。——译者注

第十二章

至冥王星及以远

——新视野号

经过多年向邻近行星和太阳系的遥远地区派遣"机械大使"之后，冥王星仍然是一个遥远的、冰冷的、基本上不为人知的星球。虽然去往遥远天体的任务经常被设想，但没有一个成为现实。然而，这种情况很快就会改变。[1], [2]

计划去旅行

2001 年 1 月，NASA 发布了一份《机会公告》，其中征求了前往冥王星和邻近的柯伊伯带（包括冥王星在内的一大片冰天体带）的任务建议。此次任务的主要目标集中在冥王星及其最大卫星（卡戎或称冥卫一）的地质、形态和地表组成。该任务还试图研究冥王星的大气层，因为冥王星在其周期为 248 年的公转轨道上继续远离太阳，大气层可能会冻结。[1]

接下来的几个月里经历了反复的提案制订与筛选过程，最终只有两个提案通过筛选，这使得任务概念逐渐完善、清晰。2001 年 11 月，通过再次评估，NASA 最终为其冥王星任务选择了新视野号方案。西南研究所的艾伦·斯特恩博士担任该任务的首席研究员，与约翰·霍普金斯大学应用物理实验室等机构合作。任务名称——新视野号，一方面象征着探索冥王星和柯伊伯带的新科学视野，另一方面代表了由首席研究员而非联邦机构领导外行星任务的新计划视野。凭借 5 亿美元的合同和 2006 年 1 月的发射日期，为最终到达冥王星和柯伊伯带奠定了基础——这是被行星科学界广泛认可的最优先的太阳系探测任务之一。[3]

153

艺术家对新视野号飞船和科学仪器的概念构想。如图左侧所示，GPHS-RTG 通过机械连接在航天器上。(来源：NASA)

　　为历史性的冥王星之旅而设计的太空探测器是由应用物理实验室建造的，它将携带 7 台科学仪器。这些仪器是由斯特恩及其他合作者设计和制造的。使用爱丽丝和拉尔夫这样的名字命名，让人想起 20 世纪 50 年代的《蜜月者》[①]喜剧系列的克拉姆登，还有洛瑞和雷克斯，每种仪器都为任务带来了独特的能力。爱丽丝被设计用来收集大气成分的数据。拉尔夫将绘制冥王星 - 冥卫一系统的表面组成。洛瑞是一种远程成像设备，它将在航天器接近目标时对其表面进行拍摄。[4] 由于远离太阳，当有朝一日要将图像传回地球时，仪器和数据传输系统需要来自太阳能以外的电力供给。这一电力将由 GPHS-RTG 提供，该技术与在 NASA 前几次任务中成功使用的技术相同【见附录 C39】。

RTG 快速通道

与过去一样，RTG 将由能源部及其承包商组装、测试和交付，该发电器将由洛克希德·马丁公司在宾夕法尼亚州福吉谷附近的工厂制造，洛斯阿拉莫斯国家实验室将提供已封装燃料，橡树岭国家实验室将提供材料方面的专业知识，圣地亚国家实验室随后将为洛克希德·马丁公司的安全分析工作提供支持。RTG 组装和测试，历史上在土墩实验室进行，现在将在阿贡西部国家实验室进行，这是自 2002 年接受任务以来的首次开展此类工作。

随着新视野号计划于 2006 年 1 月推出，能源部及其新的阿贡西部国家实验室团队在斯蒂芬·约翰逊的领导下，有 3 年时间完成 RTG 装料、测试和交付。在正常情况下，这样的时间进度被认为是容易实现的。但是，用 3 年时间来重新安置一个项目 (2002 年从土墩实验室转移)，包括建造一个新设施和建立一个新业务，是一项艰巨的任务。这几乎没有犯错的余地，即便有也非常小。这样的举动需要的不仅仅是一种"能够做"的态度。可能更需要一种"想要做"的态度，在这种态度中，根本没有"失败"这一选项。这就是能源部和约翰逊倡导的态度。

154

---

① 《蜜月期》是美国哥伦比亚广播公司出品的情景喜剧，1955 年 10 月 1 日至 1956 年 9 月 22 日播出，共 39 集。故事主要围绕着拉尔夫和他的妻子爱丽丝及其他们的好友"艾德"展开。——译者注

约翰逊很早就意识到，在拥有 RTG 实践经验的土墩实验室工作人员的帮助下，项目成功的机会可以大大提高。经过多次讨论和谈判，8 名土墩实验室工作人员同意被约翰逊雇佣并帮助搬迁。3 年后，当 RTG 组装完成时，只有 1 名工人还留在爱达荷团队①；然而，他们对搬迁工作以及整个放射性同位素电源系统计划的付出和贡献被认为是无价的。正是这种奉献精神渗透了能源部放射性同位素电源系统项目及其 NASA 客户数十年，并将在未来若干年继续流传下去。

为了支持这一行动，能源部制定了一个激进的时间表，在 2003 年 9 月底之前将所有东西从土墩实验室运出。另一方面，位于阿贡西部国家实验室的 RTG 新设施需要在 2004 年中期投入使用，以便有足够的时间为新视野号组装和测试 GPHS-RTG。随着团队的就位、目标的确定以及摆在面前的时间进度要求，真正的工作于 2003 年 1 月开始。2003 年 1 月至 9 月期间，28 辆半挂车运载 300 多吨设备从土墩转移到爱达荷州。与此同时，梅里克工程公司和约翰逊团队的其他成员致力于 RTG 设施的设计。

建筑初具规模

阿贡西部国家实验室的 RTG 设施最终成为现有建筑的一个附属设施，占地 10 000 平方英尺。该设施被设计为可抵御极端大风、地震和其他自然事件造成的危害，从而为最终将在该设施中组装和储存的贵重空间电源提供最大限度的保护。[5] 2003 年 8 月至 11 月完成了建筑地基的挖掘和施工。设施建设开始于 2004 年 1 月，当时正处于爱达荷州的冬季，这可能会为建筑施工带来独特挑战，尤其是在冰点温度以下浇筑混凝土时。虽然施工人员使用特殊手段防止设备结冰，并确保采取适当的混凝土养护措施，但有时还是会出问题。约翰逊回忆了当时这样的一幕：

① 由于阿贡西部国家实验室位于爱达荷州，因而此处的爱达荷团队代指约翰逊领导的阿贡西部国家实验室团队。——译者注

　　"我们第一天浇筑混凝土……是在一个星期六，当时外面大约 9 度[①]……我们已经支起了混凝土模板。我们通过管道泵送混凝土进入模板，并安装了振动器，这样我们就可以浇筑混凝土而不冻结。但实际上是连接振动器的气动管道先冻结了。我想，那天我们浇筑了 10 或 12 辆水泥车的混凝土，我们这样做了好几天，这是一个挑战。当人们说我们做不到的时候，我总是想起那段经历。我们只有这么多时间。我的意思是，你知道，如果你有条理并且不放弃，你几乎可以完成任何事情。"[6]

设施的设计人员、施工人员与推动 RTG 业务的男男女女[②]一样敬业。该设施的建造于 2004 年 7 月完成，历时约 13 个月，费用略低于 500 万美元，它后来被正式命名为空间和安全电源系统设施。　　155

为新的空间和安全电源系统设施墙壁浇筑混凝土的设备。（来源：爱达荷国家实验室 / 放射性同位素电源系统计划）

---

　　①　根据冰点温度为 0 摄氏度，结合美国的温度单位使用习惯，推测此处应为 9 华氏度，即零下 12.8 摄氏度。——译者注

　　②　指与 RTG 直接相关的业务，包括设计、制造、组装、测试、运输、存储、维护等。——译者注

新落成的空间和安全电源系统设施的剪彩仪式现场。从左至右分别为阿贡西部国家实验室副主任约翰·萨克特，能源部核能、科学和技术办公室助理部长威廉·马格伍德，能源部副部长凯尔·麦斯拉罗，来自爱达荷州的国会议员迈克·辛普森。（来源：爱达荷国家实验室 / 放射性同位素电源系统计划）

　　在设施建设进展的同时，其他项目活动的重点是确保人员和文件资料为最终运行做好准备。编制的程序文件为运行的各个方面提供了指导，如通风系统、手套箱环境、RTG 组装与测试。该程序经过了验证，整个过程在没有核材料的情况下逐步执行，以确保 RTG 的组装和测试在第一次就完全正确。操作员、质量保证人员和工程师均未组装或操作过 RTG，他们接受了培训，新安装的设备也经过了测试，以确保正常运行。在能源部对设施、设备、人员和程序进行彻底审查后，阿贡西部国家实验室获得能源部的批准，于 2004 年 10 月开始运行。

重新复用 RTG

新视野号任务需要 1 台 GPHS-RTG，与卡西尼号、尤利西斯号和伽利略号任务使用的电源系统相同。GPHS-RTG 使用了 18 个热源模块，每个模块包含 4 个燃料舱。燃料舱由氧化钚燃料芯块和铱金属包壳组成。在 RTG 所需的 72 个燃料舱中，有 20 个新的由洛斯阿拉莫斯国家实验室提供。2004 年期间，洛斯阿拉莫斯国家实验室现场的安全和安保问题导致了长时间停工，无法提供全部热源。幸运的是，能源部没费多大力气就找到了另外 52 个燃料舱。[6], [7]

早在 2002 年，当能源部在预感到的安保等级即将提升后，将其热源材料从土墩实验室迁移至阿贡西部国家实验室，转移的物项之一是 1 台装料的 GPHS-RTG。这台 RTG 的代号为 F-5，于 20 世纪 80 年代中期完成组装，并作为伽利略号、尤利西斯号和卡西尼号任务的备用电源样机。虽然从未使用过，但能源部持续保持电源系统具备飞行合格状态，以备不时之需。这一天终于到来了。[8]

重新复用 F-5 RTG 的热源给新视野号 RTG 的制造者带来了一些独特但并非无法克服的挑战。首先，由于 F-5 的氧化钚燃料已经使用了大约 20 年，其燃料单位质量的热功率低于洛斯阿拉莫斯国家实验室燃料舱中的新燃料。为了确保新视野号 RTG 能够满足任务功率要求，工程师必须确定并选择具有最高热功率的 F-5 热源，以便与洛斯阿拉莫斯国家实验室提供的新热源一起使用。其次，F-5 RTG 中使用的 GPHS 模块采用原始设计，被称为 Step-0。

由于模块已经重新设计，以提高它们在高空事故发生时承受再入大气层受热的能力，因而旧的 Step-0 模块将不会用于新视野号 RTG。因此，F-5 样机于 2005 年 5 月在空间和安全电源系统设施的一个惰性腔室中拆卸，以回收其已装料的 GPHS 模块。一旦回收，这些模块就会被拆卸，取出包裹燃料舱（其中含有氧

156

化钚燃料芯块) 的石墨冲击缓冲层。然后将包裹燃料舱的石墨冲击缓冲层组装成新的 Step-1 GPHS 模块，用于新的 GPHS-RT-G(后来命名为 F-8)。[8]

由洛克希德·马丁公司制造和测试的未装料 RTG 转换器于 2005 年 6 月被爱达荷团队接收。新的燃料舱已于当年年初从洛斯阿拉莫斯国家实验室运出。GPHS 模块的组装在模块组装手套箱内的惰性氩气环境中进行。组装后，这些模块被转移到惰性气氛装配腔室，在那里再被堆叠并装入 F-8 转换器中。

代号为 F-8 的 GPHS-RTG 正在惰性气氛装配腔室中装配。(来源：爱达荷国家实验室)

到 2005 年 9 月初，F-8 已经完成组装，这标志着能源部建造的第 8 台飞行合格的 GPHS-RTG 和第 1 台在爱达荷州组装的 RTG 完成。RTG 使用 5 个包含新燃料的 GPHS 模块和 13 个包含 F-5 燃料的

模块。18 个模块包含约 11 千克的氧化钚燃料，热功率约为 4000 W_t。 157
预计到新视野号飞船抵达冥王星时，RTG 的发电功率约为 200 W_e，
超过 191 W_e 的最低任务功率要求。其他任务要求，如 RTG 质量也
得到满足或超过指标要求。

　　装配完成后，对 F-8 进行了各种测试，以确保其在太空中正常
运行。质量特性测试确定了 RTG 的重心，这是 NASA 规划如何在
太空中控制航天器所必须的输入条件。热真空测试确定了 RTG 在
类似于太空环境的高真空条件下的功率输出性能。使用振动台进行
振动测试，使 RTG 承受与发射相关的力学环境。此外，还对组装
好的 RTG 进行了辐射测量和射线照相。RTG 的测试于 10 月底成
功完成。所有的组装和测试操作都经过了能源部审查，F-8 最终于
2005 年 12 月被批准用于飞行。[5]

从佛罗里达州前往冥王星

　　在 F-8 的组装和测试之后，RTG 被运送至肯尼迪航天中心的
RTG 设施。随后对 RTG 进行了热适配检查，在此期间，它将与新
视野号飞船完全集成，与在太空中的状态一样，以确保所有系统都
经过了可接受性检查。在成功完成热适配检查后，RTG 被送回肯尼
迪航天中心仓库，等待与航天器最终集成的那一天。

　　与之前使用核动力源的任务一样，新视野号也接受了严格的
核安全评估，包括《国家环境政策法案》要求的环境影响报告，
以及为核发射总统批准程序准备的安全分析报告和安全评估报告。
[10] 这些评估旨在确保事故及其后果得到充分的分析和评价。[11]
然而，冥王星新视野号任务的发射批准周期异常紧张，必须在不
到两年半的时间内完成。从安全角度来看，新视野号的跨机构核
安全审查小组对已封装 20 年的 GPHS 燃料芯块的完整性提出了
质疑。作为回应，能源部核发射安全项目经理莱尔·罗格指出，
GPHS 组件已经经过了严格的安全测试，燃料舱在从原始 RTG 鉴
定样机拆卸后也经过了详细的检查。经过彻底的分析、评估和讨

论，科学技术政策办公室最终批准冥王星 - 新视野号携带 F-8 发电器一起发射。

　　相反，NASA 正在解决新视野号运载火箭推进剂罐 (即燃料罐) 的问题。2005 年 9 月，也就是在计划发射日期的几个月前，一个与运载火箭上使用的燃料罐相似的鉴定级燃料罐在测试中失败。由于任务可能处于危险之中，NASA 进行了全面的审查、调查和评估，再加上参与该计划的许多人的技术投入和经验，最终决定在已
158　计划的 2006 年 1 月发射窗口期进行发射。[12]

　　就在计划于 1 月 17 日发射的几天前，RTG 被转移到佛罗里达州卡纳维拉尔角空军基地的垂直集成设施，在那里它与新视野号飞船进行了最后一次集成。2006 年 1 月 19 日，美国东部标准时间下午 2 点，一架洛克希德·马丁阿特拉斯 V-551 型运载火箭从卡纳维拉尔角空军基地的 41 号航天发射场发射升空。新视野号宇宙飞船终于开始了为期 10 年的冥王星之旅。

　　对于所有参与其中的人来说，当火箭在大西洋上空越飞越高时，都有一种难以形容的敬畏感和深深的成就感。NASA 已经克服了若干个障碍，包括关于燃料舱的结构完整性的问题①。能源部团队建造了一个新的 RTG 组装和测试设施，将 RTG 操作从土墩转移到新的空间和安全电源系统设施，并在爱达荷州组装和测
159　试了他们的第一台 RTG。另一艘由 RTG 供电的宇宙飞船正在前往深空。

---

　　① NASA 决定为新视野号任务接受燃料舱的决策过程是一个很好的案例，它平衡了建立在彻底的技术调查、评估和审查基础上的设备鉴定过程与基于合理工程判断的应用。——原文注

2006 年 1 月 19 日，新视野号飞船从卡纳维拉尔角空军基地的 41 号航天发射场发射升空。(来源：NASA.gov)

参考信息来源

[1] Weaver, H. A., and S. A. Stern, 2008, "New Horizons: NASA's Pluto-Kuiper Belt Mission," from The Solar System Beyond Neptune, University of Arizona Press, 2008.

[2] Guo, V., and R. W. Farquhar, 2002, "New Horizons Mission Design for the PlutoKuiper Belt Mission," AIAA 2002-4722, Johns Hopkins University Applied Physics Laboratory, August 2002.

[3] NRC, 2003, "New Frontiers in Solar System Exploration," Solar System Exploration Survey, National Research Council, National Academy of Sciences, 2003.

[4] Keiger, D., 2005, "Mission: Pluto," Johns Hopkins Magazine, Volume 57, No. 5, November 2005, http://hub.jhu.edu/magazine, website visited December 2, 2013.

[5] Rosenberg, K. E., and S. G. Johnson, 2006, "Assembly and Testing of a Radioisotope Power System for the New Horizons Spacecraft," INL/CON-06-11282, AIAA 4th International Energy Conversion Engineering Conference and Exhibit (IECEC), June 2006.

[6] Interview with Steve Johnson, June 1, 2012.

[7] NNSA, 2005, "NNSA Imposes Major Fee Penalty in Response to Los Alamos Safety and Security Problems," National Nuclear Security Administration, press release dated January 28, 2005, www.nnsa.energy/print/mediaroom/pressreleases, website visited on December 4, 2013.

[8] Harmon, B. A., and W. A. Bohne, 2007, "A Look Back at Assembly and Test of the New Horizons Radioisotope Power System," Space and Technology Applications International Forum – STAIF, 2007, American Institute of Physics Conference Proceedings 880.

[9] Bennett, G. L., J. J. Lombard, et. al., 2006, "Mission of Daring: The General Purpose Heat Source Radioisotope Thermoelectric Generator," AIAA 2006-4096, 4th International Energy Conversion Engineering Conference and Exhibit (IECEC), June 26-29, 2006.

[10] Presidential Directive/National Security Council Memorandum-25, 1977, "Scientific or Technological Experiments with Possible Large-Scale Adverse Environmental

Effects and Launch of Nuclear Systems into Space," December 14, 1977.

[11]   Change, Y., 2007, "Aerospace Nuclear Safety at APL: 1997-2006," Johns Hopkins
       APL Technical Digest, Volume 27, Number 3, 2007.

[12]   NASA, case study, "Launching New Horizons: The RP-1 Tank Decision," Academy
       of Program/Project & Engineering Leadership, National Aeronautics and Space
       Administration.

NASA 的火星漫游车机遇号在傍晚拍摄到自己的侧影，这张照片是由该漫游车
后部的避险摄像头拍摄的。（来源：NASA、喷气推进实验室 - 加州理工学院）

第十三章

漫游火星

——重回红色星球

2003 年，美国宣布继续进行火星探测计划，并发射了勇气号和机遇号火星漫游车，开启了对这颗红色星球长达数十年探索的新篇章。对火星的探索可以追溯到 20 世纪 60 年代，当时第一艘水手号飞船飞越火星，发回了类似月球表面的图像，这可能会让那些希望看到在类似地球的环境中充满生命的人感到失望。火星探索在 20 世纪 70 年代继续进行。1976 年，维京 1 号和 2 号轨道着陆器成功着陆火星，继续探索了解这位地球的远亲，该任务按计划正好赶上美国建国二百周年庆典。通过使用 SNAP-19 型 RTG，第一批踏上火星表面的人造机器探险者得以持续数年。近 30 年后，SNAP-19 技术将演变产生一种新的放射性同位素电源系统，以支持下一代火星"机器探险者"。[1], [2]

前往火星的新任务

2004 年 3 月，NASA 宣布，它打算为火星科学实验室的仪器和科学考察征求建议，该任务计划于 2009 年发射。同年晚些时候，作为基于漫游车的移动实验室的一部分，NASA 选择并宣布了八项提案。这一整套科学设备及能力包括：(1) 高科技相机，用于在火星表面 (以及航天器下降和着陆期间) 收集火星照片；(2)X 射线光谱仪和荧光仪器，用于岩石和土壤样本的化学成分分析；(3) 气体成分分析仪器，用于分析火星大气组成。拥有俄罗斯联邦航天局、西班牙教育和科学部及加拿大航天局等组织提供的仪器和研究人员，火星科学实验室蕴含了极强的科学能力，这反映了国际空间组织之间的持续合作关系。[3], [4]

火星科学实验室除了具备一系列广泛的考察能力外，任务拟使用的漫游车将是 NASA 有史以来在行星上着陆的最大漫游车。新的火星科学实验室漫游车比 1997 年 7 月 4 日登陆火星的小型火星车旅居者号大得多，比分别于 2004 年 1 月 4 日和 2004 年 1 月 25 日登陆的火星漫游车勇气号和机遇号大 4 倍，它代表着人类探索另一个世界能力的重大飞跃。尽管火星科学实验室任务考虑使用太阳能，但核动力将确保实现最完整的任务目标，其中包括火星科学实验室可在最大纬度范围内着陆。放射性同位素电源系统还能保证系统、仪器和科学研究日夜运行，从而避免因没有阳光照射导致的停机，并提供余热用于进行热控制。自 2003 年 6 月以来，能源部一直在开发 MMRTG，这成为任务所需放射性同位素电源系统的首选。[5]

图中前排中部是第一辆火星漫游车旅居者号的飞行备用件，该车于 1997 年登陆火星，是火星探路者项目的一部分。图中左边是火星探索漫游项目的测试车，它是 2004 年登陆火星的勇气号和机遇号的家族同胞。图中右边是火星科学实验室项目测试车，其大小与该项目的火星漫游车好奇号相当，该车于 2012 年 8 月登陆火星。(来源：NASA、喷气推进实验室 - 加州理工学院)

一种多用途放射性同位素电源系统

能源部和 NASA 正在考虑的 MMRTG 概念于 2001 年得到确认，当时这两个机构召集成立了一个联合机构小组，以确保在 2004—2011 年期间放射性同位素电源系统供应能力达到任务需求。该小组由 NASA 的约翰·卡萨尼领导，其任务是制定一个供应策略，以指导与放射性同位素电源系统相关的决策并支持各机构之间的综合规划。[6]

164

这一联合机构小组的努力使得能源部和 NASA 在涉及空间放射性同位素电源系统开发与供应的事项上继续进行合作，这种做法体现在 1991 年的《谅解备忘录》，其中正式界定了每个机构的权力和责任。[7]

在制定策略的过程中，有一小部分问题被认为是建立未来规划框架的基础，主要包括：

(1) 潜在的任务是在太空真空中使用，还是在行星大气中使用，还是二者都有可能？

(2) 潜在任务需要多少电力？

虽然在最近的太空探索任务中，在太空真空中提供了大量电力（大于 300 W_e），但预计在未来任务中，需求的功率水平会降低。各种放射性同位素电源系统技术的成熟度对交付能力和安全与发射批准程序至关重要，也需要仔细考虑。

(3) 有多少钚-238 可供使用？

随着 20 世纪 90 年代初萨瓦纳河厂生产反应堆的关闭，美国国内的热源用同位素生产已经停止，有限的热源材料国内库存随着来自俄罗斯的有限供应而增加。

(4) 各种放射性同位素电源系统组件是否具备生产能力？

随着卡西尼号任务之后硅锗热电材料生产的终止，对于放射性同位素电源系统计划而言，某些材料的库存非常有限，除非重新开始生产。

在一份预先决策的报告中，该小组建议开发一种既能在太空真空中使用又能在行星大气中（例如火星表面）使用的放射性同位素电源系统。该小组还推荐了一种以斯特林转换器（当时已经在开发中）和新的 MMRTG 为基础的双路径开发策略。小组提出开发一种新的 RTG，作为应对当时斯特林技术不成熟的措施。此外，小组形成的战略、建议及基本评价对放射性同位素电源系统发展状况进行了全面概述，以供两个机构的决策者使用。

MMRTG 逐渐成形

新型 RTG 的开发始于 2003 年，当时能源部授予波音公司洛克达因分部一份合同。洛克达因曾与特励达能源系统公司合作，后者的热电经验可追溯到 SNAP-19 型 RTG。特励达公司制造的 RTG 长期在火星大气层和太空真空中可靠地运行，其经验对新型 MMRTG 的开发至关重要。[8-11]

随着开发新型 RTG 工作的推进，它与 NASA 的任务联系起来只是时间问题。这种联系发生在 2004 年，当时通过 1991 年跨机构谅解备忘录的补充协议，能源部和 NASA 将发电器与即将到来的火星漫游车任务联系起来。[12]

随着洛克达因 - 特励达团队将概念转化为产品，接下来的几年设计、工程、制造和测试活动持续进行。任务要求和限制，如功率水平、重量和热负荷，被转化为最初的 MMRTG 设计。洛克达因利用其位于加利福尼亚州卡诺加公园的设施担任 MMRTG 开发活动的系统集成商。电力转换系统和碲化铅 /TAGS① 热电材料的制造在位于马里兰州亨特谷的特励达工厂进行。根据最初的设计，制造了一台工程样机，用于检查新型电力系统中每个部件的装配、功能和操作特性。就像一位制表大师一样，洛克达因 - 特励达团队将各种零件和组件组装在一起，以确保组装后的产品能够按预期运行。对工程样机进行了一系列全面的性能和环境测试。随着设计和开发的进展，随后建造了一台鉴定样机，用以在模拟装载了核热源的热条件

---

① TAGS 一词来源于材料主要成分的名称集合：碲 (tellurium)、锑 (antimony)、锗 (Germanium) 和银 (Silver)，可译为"碲锑锗银合金"。 TAGS 是碲化银锑在碲化锗中的固溶体。——译者注

165

下测试新型 RTG 的性能。由于时间进度限制和燃料舱的有限可用性，鉴定样机从未被装入燃料，而是采用电加热器单元进行了充分测试，并且还被喷气推进实验室用于与火星漫游车的集成和测试演练。最后，两台飞行样机中的第一个，代号 F1，被制造出来并准备运往爱达荷国家实验室，在那里它将被装载燃料并通过另一组测试。

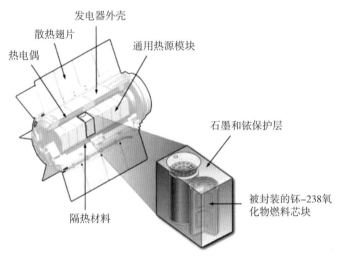

如图所示，MMRTG 有 8 个 GPHS 模块、多对热电偶、1 个外壳和 8 个散热翅片。
（来源：爱达荷国家实验室 / 放射性同位素电源系统计划）

　　设计一个可在行星大气中工作的 RTG 时，设计者必须考虑大气中化合物与热电材料之间发生不良反应的可能性。在使用寿命内，热电器件的转换效率会经历一个稳定的、较小的、可预测的老化过程。电源系统设计者应考虑到这种老化效应，以确保在任务全生命周期内有足够的电力水平。然而，热电材料与大气化合物（如火星大气中的氧气或二氧化碳）的反应会加速这种老化行为。为了避免 MMRTG 出现这一问题，热电模块被放置在一个完全密封的外壳中，该外壳在最终封闭之前充满氩气。惰性氩气不会与热电模块的组件发生反应，同时又因为热电模块是完全密封的，所以它们与火

166

星大气也不会发生任何反应。[13]

除了面临材料和化学方面的挑战，工程师在设计放射性同位素电源系统时还面临着热方面的挑战。考虑到当前空间 RTG 的热电转换效率相对较低 (<7%)，设计时必须考虑适当措施以管理多余热量。在任务初期，MMRTG 热源产生的额定 2000 W_t 中，只有约 120 W_t 转化为可用电能。必须妥善管理剩余未使用的热量，以确保 RTG 和周围航天器的长期有效运行。通过排热系统，设计师在任务的各个阶段采用各种方法来耗散多余的热量，包括巡航、进入、下降、着陆和火星表面运行。此外，漫游车上的一个热交换器覆盖了 MMRTG 的部分外表面，捕获多余的热量，并通过流体回路传递热量，以便在火星表面运行期间对漫游车硬件进行热管理。

当 MMRTG 与漫游车集成后放置于运载火箭内，但在发射前尚未完成最终集成时，巡航段排热系统也为热管理提供了支持。在运载火箭内，如果不适当地管理 MMRTG 产生的热量，可能会导致航空电子设备和为航天器肼推进剂储存罐过热，从而引起爆炸危险。为了解决这一问题，喷气推进实验室工程师设计了一套简单的跳线管套件，将 MMRTG 外壳上的冷却管与位于运载火箭外的冷却系统相连接，从而提供了一种在 MMRTG 与漫游车集成后将 MMRTG 热量排出的方法。当完成巡航段排热系统集成安装后，将临时跳线管断开①。虽然看似简单，但跳线管的安装、操作和拆除需要至少 9 个独立部门的人员相互协调。这种紧密协调只是参与火星科学实验室任务的多个组织之间所需众多协调的一个缩影。[14], [15]

随着 MMRTG 的开发工作在洛克达因 - 特励达团队的领导下有序推进，能源部实验室正在为 GPHS 模块装料准备所需的组件。例如，橡树岭国家实验室制造了铱包壳杯和透氢阻钚窗，二者组装成了一套包层排气装置。完成的包层排气装置被运送到洛斯阿拉莫斯国家实验室，在那里钚 -238 燃料芯块已经制备完成并等待封装。

---

① 临时跳线管断开后，MMRTG 的冷却管切换至与巡航段排热系统连接，热量由该系统排出。——译者注

封装好的燃料舱将从洛斯阿拉莫斯国家实验室运送到爱达荷国家实验室，在那里它们被装入 GPHS 模块，而 GPHS 模块又是 MMRTG 热源的基本组成部分。

在新墨西哥州的圣地亚国家实验室，一个能源部安全评估小组开始了一个另类的"组装过程"——彻底、详尽地开展分析和准备报告的过程，最终为火星科学实验室及其核动力源的发射批准提供支撑。该过程包括评估将在 MMRTG 中首次使用的新型 Step-2 GPHS 的航空烧蚀层设计。火星科学实验室任务还将标志着圣地亚国家实验室首次独立负责为空间核任务编写安全分析报告。圣地亚国家实验室发射安全团队于 2005 年底首次组建，该团队必须在 2008 年底前完成一项完整、全面的安全评估，以支持 2009 年秋季的发射任务。[5], [16—19]

168

装配、测试和挫折

第一台 MMRTG 飞行样机（代号 F1）于 2008 年 8 月在爱达荷国家实验室被接收。到那年 10 月底，爱达荷国家实验室的工程师、质量检验员和技术人员为新发电器装载了燃料。发电器的装料操作在空间和安全电源系统设施的惰性气氛装配腔室中进行。8 个 Step-2 GPHS 模块组装成一个堆叠，然后整体放置在发电器的外壳内。一旦完成燃料装载，就对发电器外壳进行密封，之后 MMRTG 将准备接受下一轮测试。

在接下来的几个月里，对已装料的 MMRTG 进行了一系列常规测试，以确保该装置能够在太空和火星表面运行。振动台模拟了一些条件，如发射期间、穿越地球和火星大气层时所经受的振动等。在热真空腔室，对该装置的电输出性能进行了监测，以验证其在模拟的太空真空条件下性能的可接受性。对与 MMRTG 相关的磁场和辐射场进行测绘，因为这对 NASA 工程师设计航天器电气和数据系统至关重要。还测定了 MMRTG 的质量特性，包括重量和重心，以支持航天器相关特性的分析、评估和应用。

　　到 2009 年 5 月，所有测试都已成功完成。历时 6 年的开发和测试工作标志着近 20 年来首次将 RTG 从概念设计到飞行样机，而最近一次还是 GPHS-RTG。作为 NASA 任务的新电源系统，需要的电力超过太阳能或化学能，组装好的 MMRTG 重约 45 千克，高 0.6 米、散热翅片端到端①宽 0.6 米。在其最中心位置，由 8 个 GPHS 模块堆叠组成的热源阵列包含大约 5 千克的氧化钚燃料。用于制备燃料芯块的氧化钚燃料是从俄罗斯购买的，这使 MMRTG 成为能源部第一个完全由非国产燃料装载放射性同位素电源系统。热电转换系统利用 768 根碲化铅 /TAGS 热电偶将 2000 W_t 的热功率转换为大约 110 W_e 的可用电功率。[11]

　　随着能源部及其承包商继续为计划中的 2009 年发射提供 MMRTG，NASA 发现自己在通往火星的道路上遇到了一些技术难题。到 2008 年年初，用于隔热罩的材料在测试过程中发现了问题。[20] 在随后的几个月里，其他技术挑战相继出现，计划于 2009 年发射的可行性越来越令人怀疑。[2] 2008 年 12 月，NASA 最终将火星科学实验室发射推迟到下一个可用窗口期，即 2011 年年底。NASA 总部火星探测计划主任道格·麦奎斯廷指出："我们不会降低对任务复杂飞行系统的测试标准，因此我们选择了更负责任的方案——改变发射日期。"[22] 在做出推迟发射决定的同时，NASA 已占据了技术制高点，并一直关注这个火星珍宝②。

169

---

　　① MMRTG 散热翅片呈辐射状从外壳按径向向外延伸，共 8 片，相邻散热翅片之间的夹角为 45°。端到端指的是相对平行的两个翅片最外端之间的距离。——译者注

　　② 译者认为火星珍宝特指 MMRTG，即 NASA 重点关注其技术状态。——译者注

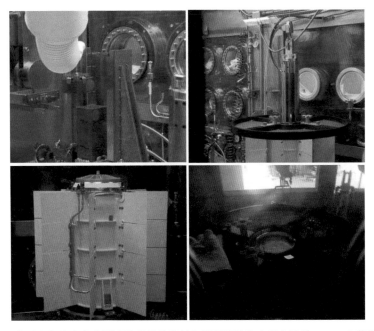

位于空间和安全电源系统设施的惰性气氛装配腔室内正在进行 MMRTG 装配。从左上角开始顺时针：(1) 正在堆叠已装料的 GPHS 模块；(2) 准备将 8 个 GPHS 模块堆叠装入 MMRTG 外壳中；(3) 发热的 GPHS 模块在隔热的 MMRTG 外壳中发出红光；(4)MMRTG 装配完成。(来源：爱达荷国家实验室 / 放射性同位素电源系统计划)

170

旅行开始

随着发射进度的修订和资助经费的到位，好奇号飞船和漫游车(以及科学仪器和运载火箭) 在接下来的 2 年里为执行任务做好了准备。在爱达荷国家实验室，MMRTG 被放置在一个存储结构中，以保护装置并将其热电元件的老化降至最低，工程师继续监测装置的电力输出及其他情况，直到准备将它运送至肯尼迪航天中心。在整个测试过程中，电源性能出现了一个意外状况。2009 年末，发现 MMRTG 的实测电功率低于其装料前的预测电功率。经调查，这种差异被确定为由预测 MMRTG 电功率特性的计算模型错误引起。尽管错误得到了纠正，但 MMRTG 的功率输出略低，导致必须对漫游车的功率预算进行一些调整。[23]

经过 2 年的储存和监测，2011 年 6 月，也就是火星科学实验室发射日期的 5 个月前，在一支由爱达荷国家实验室工作人员组成的小组及一批安全骨干的陪同下，将 MMRTG 运输了 4000 千米抵达肯尼迪航天中心。在安全抵达肯尼迪航天中心后，这批珍贵的货物被转移到 RTG 设施，那里将是它发射前的家。

2011 年下半年，NASA 完成了火星科学实验室发射的准备工作，能源部及其承包商继续密切关注 MMRTG。在确保 MMRTG 准备就绪的最后一项活动中，它与好奇号火星漫游车连接并完全集成。在最后一次热适配检查中，漫游车和发电器进行了一系列联合测试，以确保电功率输出和排热系统正常运行。这将是 11 月之前的最后一次测试，届时 MMRTG 将被转移到肯尼迪航天中心垂直集成设施，在那里它将最后一次连接安装至漫游车，为发射做准备。

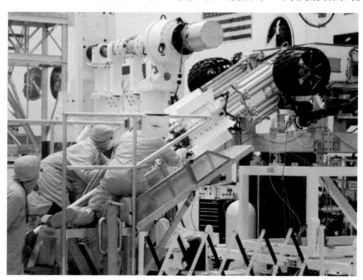

将 MMRTG 集成至好奇号火星漫游车上，在肯尼迪航天中心的有效载荷危险维护设施中进行测试。(来源：NASA)

2011 年 11 月 26 日，即火星科学实验室项目宣布 7 年半后，一枚阿特拉斯 V-551 型火箭从卡纳维拉尔角空军基地的 41 号航天发射场发射升空。虽然许多人在肯尼迪航天中心指定的观看地点观看，但其他更多人则聚集在肯尼迪航天中心和卡纳维拉尔角附近的小路和高速公路上，只为一睹发射的风采。发射升空时，运载火箭下方喷出一股白色的蒸汽云，运载火箭缓缓升出发射台。从开始升空到之后的数分钟，NASA 通过互联网连续报道了发射状态，让观众了解每一个阶段的进展。火星科学实验室开始了为期 8 个半月的前往火星之旅。

NASA 的火星科学实验室飞船被密封在联合发射同盟公司阿特拉斯五号火箭上的有效载荷整流罩内，在佛罗里达州卡纳维拉尔角空军基地 41 号航天发射场起飞升空。飞船的有效载荷包括如同汽车大小的火星漫游车——"好奇号"。(来源：联合发射同盟公司)

2012 年 8 月 5 日，许多曾聚集在一起观看发射的人们再次聚集在一起，见证火星科学实验室的着陆。在"恐怖七分钟"的动画视频中，NASA/ 喷气推进实验室对宇宙飞船穿越火星大气层时的最后一段旅程进行了生动的描述。好奇号在火星着陆和接收到火星轨道器的无线电信号之间有 7 分钟的延迟，各地的人们都在焦急地等待成功的第一个信号。随着 NASA/喷气推进实验室解说员艾尔·陈宣布："确认着陆，我们已安全抵达火星"，霎时间不仅在 NASA 和喷气推进实验室的办公室里，而且在美国各地都引发了欢呼和拥抱。随着好奇号的安全着陆和之后不久传回的图像，火星科学实验室开始了它在火星上的新旅程，美国人的自豪感溢于言表。

172

　　NASA 的好奇号火星漫游车在行驶过程中使用桅杆上的导航相机向东回望，并捕捉到了的车轮轨迹。MMRTG 出现在底部照片中。（来源：NASA、喷气推进实验室 - 加州理工学院、马林空间科学系统公司）

在接下来的几个月里，火星科学实验室采集了无数图像，收集了大量的大气、土壤和岩石样本。随着数据和信息从移动实验室传输到地球上，人类对火星的认识不断扩大。随着 MMRTG 悄无声息地为遥远的实验室提供动力，这种认识有望在未来几年继续扩大。 173

参考信息来源

[1] NASA, 2005, "Final Programmatic Environmental Impact Statement for Mars Exploration Program," National Aeronautics and Space Administration, March 2005.

[2] NASA, 2005, "Record of Decision for Mars Exploration Program," National Aeronautics and Space Administration, June 2005.

[3] NASA, 2004, "Announcement of Opportunity: Mars Science Laboratory Investigations," Solicitation Number NNH04ZSS001O, National Aeronautics and Space Administration, March 22, 2004, changed March 23, 2004.

[4] NASA, 2004, "NASA Selects Investigations for the Mars Science Laboratory," Press Release 04-398, National Aeronautics and Space Administration, December 14, 2004.

[5] NASA, 2006, "Final Environmental Impact Statement for the Mars Science Laboratory Mission," Volume 1, National Aeronautics and Space Administration, November 2006.

[6] JPL, 2001, "Report of the RPS Provisioning Strategy Team," Jet Propulsion Laboratory, May 8, 2001.

[7] DOE/NASA, 1991, "Memorandum of Understanding Between the Department of Energy and the National Aeronautics and Space Administration Concerning Radioisotope Power Systems for Space Missions," July 1991.

[8] Teledyne Technologies Incorporated, 2003, "Teledyne Awarded Over $50 Million DOE Space Power Contract," press release, June 30, 2003.

[9] Ritz, Fred (Boeing) and Craig E. Petersen (Jet Propulsion Laboratory), 1994, "Multi-Mission Radioisotope Thermoelectric Generator (MMRTG) Program Overview," IEEEAC paper #1595, Version 2, updated January 20, 2004.

[10] AEC, 1966, "SNAP Program Fact Sheet," United States Atomic Energy Commission, March 1966.

[11] Lange, R. G., and W. P. Carroll, 2007, "Review of recent advances of radioisotope power systems," Energy Conversion and Management 49 (2008), pgs 393-401, 2007, available online at www.sciencedirect.com.

[12] Casani, J., G. Burdick, R. Carpenter, et. al., "Report of the RPS Provisioning Strategy Team," Appendix N, pp. 105-111, 2001.

[13] Hammel, T. E., R. Bennett, W. Otting, and S. Fanale, 2009, "Multi-Mission Radioisotope Thermoelectric Generator (MMRTG) and Performance Prediction Model," AIAA-2009-4576, 7th International Energy Conversion Engineering Conference, August 2009.

[14] Mastropietro, A. J., et. al., 2012, "Launch Pad Closeout Operations for the Mars Science Laboratory's Heat Rejection System," 42nd International Conference on Environmental Systems, AIAA 2012-3539, American Institute of Aeronautics and Astronautics, July 15-19, 2012.

[15] Bhanderi, P., et. al., 2011, "Mars Science Laboratory Mechanically Pumped Fluid Loop for Thermal Control – Design, Implementation, and Testing," SAE International Journal of Aerospace, June 2011, Vol. 4, No. 1, pgs. 299-310.

[16] Vinning, C. B., and G. L. Bennett, 2010, "Power for Science and Exploration: Upgrading the General Purpose Heat Source (GPHS-RTG)," AIAA 2010-6598, 46th AIAA/ASME/SAE/ASEE Joint Propulsion Conference and Exhibit, July 25-28, 2010.

[17] Bennett, G. L., J. J. Lombardo, et. al., 2008, "The General-Purpose Heat Source Radioisotopic Thermoelectric Generator: A Truly GeneralPurpose Space RTG," Space Technology and Applications International Forum (STAIF 2008), American Institute of Physics.

[18] Sandia, 2006, "Methodology Assessment and Recommendations for the Mars Science Laboratory Launch Safety Analysis," SAND2006-4563, Sandia National Laboratories, September 2006.

[19] Lipinski, R. J., and D. L. Hensen, 2008, "Criticality Calculations for Step-2 GPHS Modules," AIP Conference Proceeding 969, pp. 452-457, Space Technology and Applications International Forum (STAIF 2008), American Institute of Physics.

[20] House of Representatives, 2008, "NASA Fiscal Year 2009 Budget Request, Hearing

Before the Committee on Science and Technology," 110th Congress, 2nd Session, February 13, 2008, pp. 61-62.

[21] Brown, A., 2009, "Mars Science Laboratory: the budgetary reasons behind its delay," The Space Review, March 2, 2009.

[22] NASA Mission News, 2008, "Next NASA Mars Mission Rescheduled for 2011," December 4, 2008.

[23] Woerner, D., V. Moreno, et. al., 2013, "The Mars Science Laboratory (MSL) MMRTG In-Flight: A Power Update," Proceedings of the Nuclear and Emerging Technologies for Space, Paper 6748, February 25-28, 2013.

在这张概念图中，一辆资源勘探车携带着"表土与环境科学以及氧与月球挥发物提取"(Regolith and Environment Science and Oxygen and Lunar Volatiles Extraction，RESOLVE)[①]有效载荷在月球表面漫游。(来源：NASA)

---

① RESOLVE 载荷是一个科学装置包，主要包括钻取装置、挥发物探测系统、挥发物提取装置以及挥发物分析装置等。——译者注

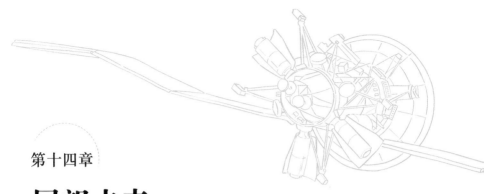

第十四章

展望未来
——为新任务提供动力

　　60多年来，美国空间核动力系统一直稳步向前发展。这一进程包括放射性同位素电源系统和空间核反应堆，静态和动态电力转换系统，以及被动和主动排热概念。推动这一进程是为了支持民用和军事任务，它跨越了多届总统政府，并在国会支持的潮起潮落中前进。由此催生了一个专注于利用原子能探索和征服终极领域[①]的产业。

　　这漫长的旅程给了我们RTG，它以其令人难以置信的简单性和可靠性，为地球轨道、月球、太阳、太阳系中的大多数行星，甚至太阳系之外的任务提供了电力。然而，RTG只是空间核动力技术体系中的一个系统，其中还包括动态放射性同位素电源系统和空间核反应堆，可能会在未来几十年中的某一天为新的、更庞大的任务提供动力。

　　随着对过去几十年空间核动力发展的概述接近尾声，我们有必要反思过去30年（本书所涵盖的主要时期）的成就和成功，以及失败。同时，关注发展趋势和经验教训对我们很有启发性，它们可能有助于指导未来空间核系统开发和使用。这些建立在无数个人劳动

① 终极领域指太空，最后一片未经开拓的领域。——译者注

和工作基础上的努力，为未来几十年执行新任务提供了坚实的技术基础、经验基础和必要资源。

供电三十 [余] 载

对于 RTG 这项安静技术来说，过去 30 年的亮点是成功开发和使用了两种新系统：GPHS-RTG 和 MMRTG。GPHS-RTG 成为了NASA 的真正主力军，总共有 7 台单独的 RTG 为 4 个独立的任务（伽利略号、尤利西斯号、卡西尼号和新视野号）提供电力。随着GPHS-RTG 在 2006 年新视野号发射后退出舞台，能源部交付了有史以来第一台 MMRTG，自 2012 年 8 月登陆火星以来，它已成功为好奇号漫游车提供电力。截至 2014 年，所有 RTG 都提供了可靠和稳定的电力，从而能够收集无数图像和数据，极大地扩展和丰富了人类对太阳系的理解和认知。

175

这两种 RTG 设计的核心都是 GPHS，它已经成功地使用了 30多年。除了模块化之外，GPHS 还满足了其设计者的另一个目标，即不再需要针对特定飞行任务进行昂贵的再鉴定。在 RTG 技术的电力转换方面，20 世纪 70 年代首次用于 MHW-RTG 的硅锗热电材料和热电单偶，继续在 GPHS-RTG 中使用。类似地，20 世纪 70 年代早期在先驱者号 SNAP-19 型 RTG 中使用的碲化铅 /TAGS 热电材料也被用于 MMRTG，只是进行了微小的改变。由于这两种热电材料具有非常高的可靠性和性能，它们已经使用了几十年。然而，这种成功并没有阻止正在进行的新材料研究，这些新材料有望提高电力转换性能。

其中一种热电材料属于砷化钴化合物家族，称为方钴矿。喷气推进实验室和特励达能源系统公司进行的早期测试表明，其转换效率可能比 MMRTG 中使用的碲化铅 /TAGS 材料高出约 25%。此外，方钴矿的衰减率低于 MMRTG 热电材料，这将进一步提高寿命。未来规划包括建立方钴矿热电材料、热电偶和热电模块的制造能力，以用于增强型 MMRTG(eMMRTG)。[2]

除了 RTG，NASA 有几次任务还用了紧凑型 LWRHU。能源部
及其承包商交付了超过 250 个加热器单元，供伽利略号、卡西尼号
飞船及探路者号、勇气号和机遇号火星车使用。加热器单元的小尺
寸，加上其简单性，继续使其成为维持航天器仪器和其他电子设备
所需热环境的非常有效的手段。

在 RTG 和 LWRHU 的准备与交付过程中，能源部将 RTG 组装和
测试业务从土墩实验室转移到了爱达荷国家实验室。RTG 的诞生地
(土墩实验室) 在 RTG 技术领域服务了 50 年后，于 2004 年被关闭。　176

除了基础设施的变化，能源部和 NASA 还于 2013 年启动了
钚 -238 供应项目，致使热源同位素的生产在中断 25 年后重新启动。
与之前的资助模式不同，NASA 将资助能源部建立并维持每年生产
约 1.5 千克钚 -238 氧化物的能力。能源部将继续利用其现有的核基
础设施，包括 2 个核反应堆，即橡树岭国家实验室的高通量同位素
反应堆和爱达荷国家实验室的先进试验反应堆，以及橡树岭国家实验
室的 1 个改进的化学处理设施。这些努力将满足美国对钚 -238 供应能
力的长期需求，这一需求曾通过从俄罗斯购买燃料而暂时得到满足。

高通量同位素反应堆的反应堆池。(来源：橡树岭国家实验室的 Flickr 网站)

随着 2014 年接近尾声，能源部和 NASA 正在展望 2020 年火星任务，作为组装和测试 MMRTG 的下一个机会。与过去一样，MMRTG 的交付责任将由能源部核能办公室下属的空间与防御动力系统小组承担。随着其基础设施的到位和钚 -238 未来供应的保证，能源部似乎已经做好了为 NASA 未来任务提供 RTG 的准备。

动态放射性同位素电源系统进展

虽然 RTG 是 NASA 任务中空间核动力系统的支柱，但能源部和 NASA 仍然在持续努力开发动态放射性同位素电源系统。在过去的 30 年里，最引人注目的是开发斯特林电力转换技术。在 SRG-110 项目下开始并在 ASRG 项目下继续，在 12 年的努力累积中，两种不同的斯特林转换器概念取得了重大进展。ASRG 的开发包括使用先进斯特林转换器。随着用于鉴定级和飞行级硬件的技术走向成熟，开发了几个不同系列的先进斯特林转换器。尽管斯特林转换器技术的所有领域都取得了进步，但预算条件的限制和对额外技术开发的需求导致了 ASRG 项目的终止。[3]

空间核反应堆——电源与推进

就空间核反应堆技术而言，过去 30 年的概念开发和技术进步主要可分为两个阶段。第一阶段起源于战略防御倡议，包括 SP-100，TOPAZ 和森林风 / 空间核热推进计划。第二个阶段起源于 10 年后的核系统倡议，并产生了普罗米修斯 / 木星冰月轨道飞行器项目。第三项工作在太空探索倡议的支持下进行，规模要小得多，仅限于对空间反应堆电源与推进技术的评价和评估。

SP-100 计划是美国自 1973 年漫游者 /NERVA 计划终止以来，迄今为止规模最大、最成功的空间反应堆开发计划。从一开始，该计划就专注于开发一种 100 kW$_e$ 的空间反应堆电源系统，该系统可以在广泛的功率水平范围内扩展 (10 ~ 1000 kW$_e$)，并可以适应多个用户的需求。可扩展性是通过设计和使用模块化组件来实现的，例如模块化的电力转换系统等。由于没有具体的任务，可扩展性概念特别有用。虽然能源部、国防部和 NASA 有一个发展空间反应堆动力系统的黄金机会，但在技术路线上的分歧（热离子技术相比于温差电技术）、持续的资金短缺及外国电力转换技术的诱惑都对该计划造成不利影响。

尽管存在这些障碍，但 SP-100 空间反应堆电源系统的开发取得了重大进展。该计划完成了反应堆电源系统的详细设计，包括验证设计所需的临界实验和液压流量测试。重新建立了氮化铀燃料销的制造工艺，并演示了用高温难熔合金制造反应堆容器及其内部结构组件的技术。在高温真空条件下完成了控制棒驱动套件原型的制造和测试。硅锗热电转换模块和用于电力转换系统的电磁泵也取得了进展。在其终止时，该项目被认为可在一年内证明其具有制造满足飞行质量要求的电源系统所需的所有关键组件的能力。SP-100 计划终止后，能源部进行了大量的硬件、文件和记录保存工作，为未来空间反应堆电源系统研发奠定了坚实的技术基础。

在核热推进领域，唯一的技术开发工作是在战略防御倡议组织和能源部国防计划办公室的主持下启动的，包括涉密的森林风计划，但之后演变成为由空军和能源部核能办公室主导的空间核热推进计划。森林风计划的工作重点是大功率颗粒床反应堆推进概念，主要目标是开发颗粒床反应堆燃料颗粒和燃料元件。尽管空间核热推进计划也继承了同样的目标，但对核热推进的渴望最终屈服于其他任务需求——空间核热推进计划被终止。

随着基于战略防御倡议的努力在冷战即将结束时接近尾声，太空探索倡议于 1989 年问世，并提供了短暂的 3 年驱动力，在此推动下，能源部和 NASA 开发和评估了几个空间反应堆推进系统概念，以支持载人火星任务，以及用于载人月球前哨站的各种空间反应堆动力系统概念。由于太空探索倡议的资金有限，工作的重点是对技术进行详细评估，并对潜在的反应堆电源和推进系统概念进行评估。

10 年后的 2002 年，核系统倡议为开发核电推进系统做出了最后的努力。在普罗米修斯 / 木星冰月轨道飞行器项目下，NASA 试图开发一种由能源部海军反应堆办公室提出的空间反应堆概念提供电力的核电推进系统。该项目在 3 年后终止，部分原因是开发空间反应堆动力系统的预期成本过高。

虽然 SP-100 和普罗米修斯的大型空间反应堆计划早已过去，但目前的空间反应堆开发工作主要集中于较小的系统概念，如千瓦级裂变动力系统，其电功率范围可从 1 kW$_e$ 扩展到 10 kW$_e$。[4] 除了正在进行的空间反应堆技术开发工作，NASA 和能源部在 2014 年启动了一项核动力评估研究，其中包括评估了 2011 年的十年研究，即《2013—2022 年十年行星科学愿景和旅程》中确定的两项 NASA 潜在任务，[5] 以及完成这些任务所需的技术。该研究于 2015 年初完成，为空间核动力系统的未来发展提供了有用的信息。

经验、趋势和收获

从过去 30 年来空间核动力系统开发和使用的成就、成功和失败中可以总结得出各种经验教训和趋势。尽管没有按重要性或优先顺序排列，但它们可以指导今后的发展和规划工作。

(1) 需要长期承诺

对长期承诺的需求可能是能源部、NASA 和国防部在开发未来空间反应堆动力系统方面面临的最大挑战。正如历史上的空间反应堆计划所示，如漫游者 /NERVA(终止时已进行了 17 年) 和 SP-100(终止时已进行了 10 年)，显然空间反应堆的开发需要大量的时间和资金投入。与此密切相关的是，需要把开发工作重点放在通常需要较长前置时间的技术进步上，例如核燃料和材料鉴定。根本没有办法加速此类系统的开发和部署。因此，对任何此类开发计划都必须有长期的承诺，不仅是合作机构之间的承诺，而且国会也必须做出承诺，以便为此类开发提供必要的资金。

(2) 面对有限资源的技术决策

过去 30 年进行的主要空间反应堆开发工作表明，可以将各种

技术结合起来，开发出满足特定任务需求的多种系统概念。经过 179
适当的筛选后，绝大多数系统概念通常都被排除在进一步的考虑之
外，只留下一小部分供决策者最终考虑。尽管相互竞争的技术可提
供所期望的性能水平，但技术决策最终必须由明确的任务要求和完
善的系统工程与采办过程来驱动。从长远来看，当开发工作分散到
太多的技术中时，系统开发工作实际上可能会受到阻碍。能源部 /
NASA 的约翰·沃伦在回顾 20 世纪 80—90 年代进行的各种空间反
应堆计划时提供了一个相关的视角："我们有太多相互竞争的概念。
问题是我们的资源有限——我指的是资金和人力——今后我们的资
源仍然有限，我认为我们的策略是'必须选择一个概念并付诸实
施'。"[6]

(3) 使用 RTG 的任务频率呈下降趋势

在过去 30 年里，需要使用 RTG 的任务频率显著下降。在 RTG
使用的前 20 年 (1961—1981)，完成了 22 次单独发射，携带了 38
台 RTG。然而，自 1989 年伽利略号发射以来，只发射了 5 个航天
器和 8 台 RTG，最近的是新视野号及其 GPHS-RTG(2006 年) 和好
奇号及其 MMRTG(2011 年)。随着 2013 年 ASRG 项目的取消，下
一次使用 MMRTG 的发射计划于 2020 年进行。到那时，距离最后
一次组装和测试 MMRTG 已经过去了将近 10 年。在过去，能源部
在两个方面显著地感受到了任务取消的后果。

首先，任务的延迟和停顿，正如伽利略号和尤利西斯号 RTG
生产活动之后发生的情况，导致决定终止热电材料生产和推迟设备
维护。在这两种情况下，在新的地点和依托新的承包商重新建立
业务都需要大量的精力和费用。虽然在任务之间保持基本业务水平
对维持工作人员的熟练程度和生产能力以及设备的可操作性是可取
的，但有限的资金和其他因素可能阻碍此类活动。当一项明确的
NASA 任务 (即卡西尼号) 被最终宣布时，能源部面临着需要重新
建立生产流程，包括设备和设施以及工人培训，这通常还需要承受
由激进的任务时间表所带来的压力。

其次，低频次的任务也会给留住知识丰富和训练有素的工人带来挑战，包括那些与热电、热源、RTG 组装与测试操作相关的工人，以及支持人员（工程师和质量人员）。管理人员经常需要寻找临时工作，工人的资格和培训经常被默认处于失效状态。

(4) 对强大基础设施的需求

20 世纪 80 年代末能源部环境管理计划办公室的出现，以及 20 世纪 90 年代大部分时间对核研究和发展的不重视，导致可用于支持空间核反应堆系统开发的设施数量显著减少。例如，曾用于支持 SP-100 计划材料和组件测试的核反应堆，如实验增殖反应堆 2 号和快速通量测试设施，被关闭并拆除。其他曾用于支持空间反应堆地面试验和飞行鉴定的设施，例如汉福德场区的钚循环试验反应堆，也已被拆除。因此，未来的空间反应堆开发工作应包括根据预期的测试和开发需求对现有能源部设施进行彻底的盘点，以确保任何差距都在长期的系统开发计划和预算中得到考虑。

虽然 RTG 操作基础设施在同一时期出现了扰动，但随着能源部将操作和活动迁移到新的地点，它仍然完好无损。萨瓦纳河厂的钚燃料形态设施的运行经验表明，我们将继续特别关注维护钚 -238 处理设施和设备的需求。

(5) 对明确任务的需求——也许不是

几十年来，空间核动力系统界一直在这样一个前提下运作，即只有在与特定任务相关联时，开发工作才能得到最佳支持和证明。1983 年国家研究委员会的报告特别强调了这一前提，并坚持认为关键在于将研发与确定的需求相匹配，或者至少与需求的出现相匹配。[7]

显然，RTG 技术的发展受益于定义明确的任务，在这些任务中，功率水平在早期就已经确定，并且通常不变，这为电力系统开发者在应用、进度和资金方面提供了一个固定的目标。最重要的是，RTG 任务很少消失——当 NASA 说在某个特定日期需要 RTG 时，能源部就能交付。

相比之下，在过去 30 年里，空间反应堆开发计划则经历了不同的结果。任务来了又去，通常是在一个更广泛的"倡议"的背景下。当需求消失时，支持最终会枯竭，当支持枯竭时，技术开发工作很快就会结束。从本质上讲，由于缺乏明确、持久的任务需求及相关要求，开发工作受到阻碍。同样的模式也出现在 SP-100、森林风/空间核热推进、TOPAZ 和普罗米修斯计划中。另一个对空间反应堆发展计划产生不利影响的因素是其高昂的成本——事实证明，当开发成本开始大大超过预估时，特别是当这种趋势反复出现时，很难维持对计划的支持。因此，很明显，与 30 年以前进行的大多数计划相比，与特定任务的挂钩并没有给近 30 年的空间反应堆开发计划带来更多的成功。

在没有明确和长期任务的情况下，空间反应堆系统的开发可以从任务驱动的大型系统开发工作取得的技术进步中受益匪浅。除了推动各种子系统组件技术发展，如燃料或电力转换技术等，这些努力还可以在未来出现特定需求时降低总体任务成本和进度。

或者，未来的空间反应堆开发计划可能会采用类似于 RTG 的发展模式——从小规模开始，逐步发展。RTG 技术的进步主要发生在 20 年的时间里，在此期间，通过几种 RTG 设计的持续发展，功率水平从 2.7 W_e 逐渐增大到 300 W_e。从一个小得多的系统开始可能会有优势，包括相对低的成本、更短的开发时间和更简单的技术等。然而，必须根据技术断点因素仔细权衡这些优势，例如产生热量的操作方面相对于推进和电力转换断点[①]。

(6) 核安全与应急准备

核安全仍将是所有未来空间核动力系统使用的关键点。这一关键点将继续受到严格的发射审批程序的推动，并随着与潜在发射事故环境有关的知识的不断增强以及对潜在事故后果模拟能力的不

181

---

① 根据前句所述的三个优势，即开发具有低成本、短时间和简单性，以及 RTG 由低功率逐渐增大的发展路线，推测此处"产生热量的操作方面"指反应堆发热功率由小至大不容易控制或不具备可操作性，且该过程涉及"推进和电力转换技术"的确存在一些技术断点。——译者注

断提高，它将持续得到支持。在高度强调安全的同时，还需要有计划周密的应急响应措施，以便在需要时能够快速果断地执行。这种响应措施必须包含相关条款，确保及时地、经常地与有关公众进行沟通。

面向未来

从原子能发电的基础科学和工程，到电力系统多年无人值守运行的可靠性和长寿命，空间核动力的历史和迄今为止开发的系统确实令人着迷。同样令人着迷的是核推进系统的发展和进步。但是，在这项技术的历史中不可或缺的是无数的工作者，他们的知识、技能、独创性和决心将概念变为现实，并为未来使用此类系统铺平了道路。

NASA 的斯皮策太空望远镜观测到了一个初生的太阳系，就像艺术家的概念构想描绘的那样，在其深处发现了大量水蒸气，足以填满地球海洋 5 次。(来源：NASA、喷气推进实验室 - 加州理工学院)

经过 60 年的发明、开发和使用，空间核动力系统继续提供太阳能和化学能系统无法填补的独特优势。形象地说，原子的力量已经把人类带到了太阳系的每一个星球 (水星除外) 以及更远的地方。它为火星漫游车和环绕土星的轨道飞行器提供了动力，并使对太阳的勘测成为可能。这样的系统使人类将触角延伸到太阳系内和太阳系外的目的地，否则我们对其将一无所知。然而，太空探索的大门仍然只是微开着。

只要探索"终极领域"的梦想和愿望还存在，原子的力量就会继续发挥作用，成为实现这些梦想和愿望的手段。凭借 60 年的经验，能源部俨然已准备好要勇敢且成功地将空间核技术带入未来。 182

参考信息来源

[1] Richard Furlong, personal communication, June 3, 2015.

[2] Hammel, T., B. Otting, R. Bennett, S. Keyser, and B. Sievers, 2014, "The enhanced MMRTG – eMMRTG – Boosting MMRTG Power Output," Nuclear and Emerging Technologies for Space (NETS) conference.

[3] Wilson, S. D., and W. A. Wong, 2014, "NASA Glenn Research Center Support of the Advanced Stirling Radioisotope Generator Project," NASA/TM-2015-218462, AIAA-2014-3859, April 2015.

[4] Gibson, M. A., L. Moon, C. Bowman, et. al., 2014, "Development of NASA's Small Fission Power System for Science and Human Exploration," M. A. Gibson, C. Bowman, et. al., Nuclear and Emerging Technologies for Space (NETS).

[5] NRC, 2011, "Vision and Voyages for Planetary Science in the Decade 2013-2022," National Research Council, National Academies Press, Washington, D.C., 2011.

[6] John Warren (DOE/NASA), personal communication, February 6, 2015.

[7] NRC, 1983, "Advanced Nuclear Systems for Portable Power In Space," National Research Council, 1983, p. 2.

附录 A 人名及职务对照表 ①

1. 史蒂文·阿夫特古德 (Steven Aftergood)，总审计局、美国科学家联合会代表
2. 韦恩·阿莫斯 (Wayne Amos)，土墩实验室 RTG 计划人员
3. 杰克·阿姆斯特朗 (Jack Armstrong)，上校，时任 AEC 飞机反应堆处处长
4. 尼尔·阿姆斯特朗 (Neil Armstrong)，美国宇航员，登陆月球第一人
5. 塔姆·埃林福德 (Tam Elingford)，爱达荷国家实验室技术图书馆职员
6. 德怀特·艾森豪威尔 (Dwight D. Eisenhower)，第 34 任美国总统 (1953—1961)
7. 古弗伦·安德森 (Guveren Anderson)，中校，AEC- 国防部飞行器核推进项目官员，AEC 反应堆开发司 SNAP 分部负责人
8. 埃德温·"巴斯"·奥尔德林 (Edwin "Buzz" Aldrin)，美国宇航员
9. 唐·奥夫特 (Don Ofte)，第一个空间核动力系统发射 50 周年纪念获奖者
10. 肖恩·奥基夫 (Sean O'Keefe)，NASA 局长
11. 保罗·奥斯迪克 (Paul Ostdiek)，约翰·霍普金斯大学应用物理实验室职员
12. 罗伯特·巴萨德 (Robert W. Bussard)，核反应堆火箭技术先驱
13. 瑞安·柏克德 (Ryan Bechtel)，能源部职员

---

① 以姓氏拼音为序。组织机构及职务，除单独表明国家之外，都是美国的。

14. 弗兰克·L·"斯基普"·鲍曼 (Frank L. "Skip" Bowman)，能源部海军反应堆办公室副局长，海军上将

15. 詹姆斯·鲍威尔 (James Powell)，布鲁克海文国家实验室职员

16. 加里·贝内特 (Gary Bennett)，原 RTG 计划安全总监

17. 威廉·比尔 (William Beale)，自由活塞斯特林发动机的发明者

18. 艾伦·宾 (Alan Bean)，阿波罗 12 号任务航天员

19. 约翰·博登 (John Birden)，热电转换技术专利发明者、持有者之一

20. 克里斯·伯纳姆 (Kris Burnham)，北风公司职员

21. 大卫·布登 (David Buden)，洛斯阿拉莫斯科学实验室空间反应堆技术评估小组成员

22. 德韦恩·布朗 (Dwayne Brown)，国家航空航天局职员

23. 乔治·布什 (老布什)(George H. W. Bush)，第 41 任美国总统 (1989—1993)

24. 乔治·布什 (小布什)(George W. Bush)，第 43 任美国总统 (2001—2009)

25. 约翰·达索拉斯 (John Dassoulas)，第一个空间核动力系统发射 50 周年纪念获奖者

26. 保罗·迪克 (Paul Dick)，第一个空间核动力系统发射 50 周年纪念获奖者

27. 乔治·迪克斯 (George Dix)，AEC 空间核安全项目前负责人

28. 哈里·杜鲁门 (Harry S.Truman)，第 33 任美国总统 (1945—1953)

29. 詹姆斯·杜瓦尔 (James A. Dewar)，*To the End of the Solar System —— The Story of the Nuclear Rocket*(《到太阳系的尽头——核火箭的故事》) 作者

30. 皮特·多梅尼奇 (Pete Domenici)，美国参议员

31. 哈罗德·芬格 (Harold Finger)，AEC-NASA 联合项目办公室经理

32. 珍妮·芬内尔 (Janine Finnell)，本书手稿撰写者之一

33. 詹姆斯·弗莱彻 (James Fletcher)，NASA 局长

34. 卡尔·弗里森 (Carl Friesen)，能源部爱达荷运营办公室职员

35. 理查德·弗隆 (Richard R. Furlong)，能源部职员 (已退休)

36. 米哈伊尔·戈尔巴乔夫 (Mikhail Gorbachev)，苏共总书记 (1985—1991)

37. 丹尼尔·戈尔丁 (Daniel Goldin)，NASA 局长

38. 乔治·格罗弗 (George Grover)，洛斯阿拉莫斯国家实验室物理学家，热管的发明者

39. 穆罕默德·艾·根克 (Mohamed EI-Genk)，新墨西哥大学教授

40. 詹姆斯·哈根 (James Hagan)，第一个空间核动力系统发射 50 周年纪念获奖者

41. 韦斯利·亨特里斯 (Wesley Huntress)，NASA 空间科学副局长

42. 格雷格·胡拉 (Greg Hula)，本书原文作者

43. 克里斯蒂安·惠更斯 (Christian Huygens)，荷兰科学家

44. 托尔·霍根 (Thor Hogan)，NASA 史学家

45. 唐纳德·基恩 (Donald Keirn)，少将，时任 AEC 反应堆开发司飞机反应堆助理主任

46. 约翰·吉本斯 (John H. Gibbons)，白宫科学技术政策办公室主任

47. 大卫·加布里埃尔 (David Gabriel)，AEC 空间核系统部主任*

48. 道格·加布里埃尔 (Doug Gabriel)，土墩博物馆职员

49. 尤里·加加林 (Yuri Gagarin)，人类进入太空的第一个人

50. 伽利略·伽利雷 (Galileo Galilei)，意大利天文学家、物理学家

51. 爱丽丝·卡波提娅 (Alice Caponiti)，空间与防御动力系统计划主任

52. 艾伦·卡尔 (Alan Carr)，洛斯阿拉莫斯国家实验室职员

53. 韦德·卡罗尔 (Wade Carroll)，能源部总部职员

54. 罗伯特·卡彭特 (Robert Carpenter)，轨道科学公司职员，第一个空间核动力系统发射 50 周年纪念获奖者

55. 约翰·卡萨尼 (John Casani)，旅行者号项目经理

56. 吉米·卡特 (Jimmy Carter)，第 39 任美国总统 (1977—1981)

57. 让·多米尼克·卡西尼 (Jean-Domique Cassini)，意大利籍法国天文学家

58. 鲍勃·坎贝尔 (Bob Campbell)，伽利略号和尤利西斯号任务参与者

59. 艾伦·克拉克 (Ellen Clark)，本书手稿撰写者之一

60. 威廉·克林顿 (William Clinton)，第 42 任美国总统 (1992—2000)

61. 约翰·肯尼迪 (John F. Kennedy)，第 35 任美国总统 (1961—1963)

62. 贝弗利·库克 (Beverly Cook)，能源部空间核计划主任

63. 彼得·莱昂斯 (Peter Lyons)，能源部核能助理部长

64. 比尔·赖特 (Bill Wright)，国防高级研究计划局职员

65. 罗杰·劳纽斯 (Roger Launius)，史密森国家航空航天博物馆高级馆长

66. 罗杰·勒纳德 (Roger Lenard)，国防部空军菲利普斯实验室职员

67. 杰伊·雷 (Jay Ray)，萨瓦纳河国家实验室职员

68. 惠特尼·理查德森 (Whitney Richardson)，北风公司职员

69. 安·里德塞尔 (Ann Riedesel)，北风公司职员

70. 罗纳德·里根 (Ronald W. Reagan)，第 40 任美国总统 (1981—1989)

71. 海曼·里科弗 (Hyman Rickover)，美国核海军之父，海军上将

72. 罗恩·利平斯基 (Ron Lipinski)，圣地亚国家实验室职员

73. 杰基·卢普 (Jackie Loop)，爱达荷国家实验室技术图书馆职员

74. 理查德·罗宾逊 (Richard Robinson)，洛斯阿拉莫斯国家实验室职员

75. 理查德·罗伯特 (Richard W. Roberts)，能源研究与发展管理局，核能助理局长

76. 莱尔·罗格 (Lyle Rutger)，能源部核发射安全项目经理

77. 帕特·罗林斯 (Pat Rawlings)，太空艺术家

78. 赫尔曼·罗瑟 (Herman Roser)，国家研究委员会专家

79. 罗伯特·罗森 (Robert Rosen)，NASA 航空航天技术副助理局长

80. 伯纳德·洛克 (Bernard J. Rock)，RTG 计划主任

81. 迪克·马丁 (Dick Madding)，土墩博物馆职员

82. 威廉·马格伍德四世 (William D.Magwood IV)，能源部核能、科学和技术办公室主任

83. 约翰·麦凯恩 (John McCain)，美国参议员

84. 戈登·迈克尔斯 (Gordon Michaels)，橡树岭国家实验室职员

85. 洛里·麦克纳马拉 (Lori McNamara)，北风公司职员

86. 约翰·麦肯 (John McCone)，AEC 第 4 任主席

87. 道格·麦奎斯廷 (Doug McCuistion)，NASA 火星探测计划主任

88. 凯尔·麦斯拉罗 (Kyle McSlarrow)，能源部副部长

89. 克里斯·摩根 (Chris Morgan)，爱达荷国家实验室职员

90. 特拉维斯·莫德尔 (Travis Moedl)，北风公司职员

91. 尼古拉斯·纳坦森 (Nicholas Natanson)，国家档案和记录管理局职员

92. 艾伦·纽豪斯 (Alan Newhouse)，空间与防御动力系统办公室主任

93. 拉尔夫·纽特 (Ralph NcNutt)，应用物理实验室专家

94. 海蒂·帕隆博 (Heidi Palombo)，能源部能源技术视觉收集和文件成像部职员

95. 理查德·普莱斯 (Richard Price)，本书手稿撰写者之一

96. 肯尼斯·乔丹 (Kenneth Jordan)，热电转换技术专利发明者、持有者之一

97. 蒂姆·乔治 (Tim George)，洛斯阿拉莫斯国家实验室职员

98. 约翰·萨克特 (John Sackett)，阿贡西部国家实验室副主任

99. 克里斯·斯科里斯 (Chris Scolese)，NASA 副局长

100. 史蒂夫·斯奎尔斯 (Steve Squyres)，康奈尔大学专家

101. 艾伦·斯特恩 (Alan Stern)，新视野号首席研究员

102. 罗伯特·斯特林 (Robert Stirling)，第一台封闭式斯特林发动机的发明者

103. 文森特·特鲁塞洛 (Vincent Truscello)，喷气推进实验室项目办公室负责人

104. 吉姆·图里 (Jim Turi)，能源部职员

105. 厄尔·瓦勒奎斯特 (Earl Wahlquist)，能源部职员

106. 罗伯特·威利 (Robert Wiley)，原国防部、能源部、NASA 承包商，能源部职员

107. 理查德·维加 (Richard Verga)，战略防御倡议组织电力技术经理

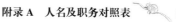

108. 爱德华·维勒 (Edward Weiler)，NASA 空间科学主管

109. 西蒙·"皮特"·沃登 (Simon "Pete" Worden)，战略防御倡议组织代表

110. 斯科特·沃尔德 (Scott Wold)，爱达荷国家实验室职员

111. 塔默·沃尔德龙 (Tamera Waldron)，爱达荷国家实验室技术图书馆职员

112. 霍华德·沃尔普 (Howard Wolpe)，国会听证会主席，众议员

113. 约翰·沃伦 (John Warren)，能源部、NASA 职员

114. 詹姆斯·沃纳 (James Werner)，爱达荷国家实验室空间核动力和同位素技术部项目人员

115. A·E·沃斯伯格 (A. E. Vossberg)，空间核应用指导小组主席

116. 詹姆斯·沃特金斯 (James Watkins)，能源部部长

117. 乔治·乌尔里希 (George Ulrich)，橡树岭国家实验室职员

118. 大卫·伍德尔 (David Woodall)，新墨西哥大学教授

119. 格伦·西博格 (Glenn Seaborg)，美国化学家，诺贝尔化学奖获得者，AEC 第五任主席

120. 迈克·辛普森 (Mike Simpson)，国会议员

121. 威廉·杨 (William Young)，能源部核能办公室代表

122. 丹尼尔·伊努伊 (Daniel Inouye)，美国参议员

123. 史蒂夫·约翰逊 (Steve Johnson)[1]，爱达荷国家实验室的空间核动力和同位素技术部主任

124. 斯蒂芬·约翰逊 (Stephen Johnson)[2]，能源部阿贡西部国家实验室的新视野号团队负责人

125. 罗伊·佐彻 (Roy Zocher)，洛斯阿拉莫斯国家实验室同位素热源设计师

---

① 爱达荷国家实验室的史蒂夫·约翰逊（Steve Johnson）与阿贡西部国家实验室的新视野号团队负责人斯蒂芬·约翰逊（Stephen Johnson）为同一人。——译者注

② 阿贡西部国家实验室的斯蒂芬·约翰逊（Stephen Johnson）与爱达荷国家实验室的空间核动力和同位素技术部主任史蒂夫·约翰逊（Steve Johnson）为同一人。——译者注

附录 B　组织机构名称对照表 ^①

1. 阿贡国家实验室(能源部下属)，Argonne National Laboratory，ANL
2. 阿贡西部国家实验室，Argonne National Laboratory-West，ANL-W
3. 锕系陶瓷和制造组(洛斯阿拉莫斯国家实验室核材料技术部下属)，Actinide Ceramics and Fabrication Group
4. 爱达荷国家实验室，Idaho National Laboratory，INL
5. 爱达荷运营办公室(能源部下属)，Idaho Operations Office，DOE-ID
6. 爱达荷州国家工程实验室(爱达荷国家实验室前身)，Idaho National Engineering Laboratory
7. 艾姆斯实验室，Ames Laboratory
8. 巴布科克·威尔科克斯公司，Babcock & Wilcox Company
9. 巴特尔哥伦布实验室，Battelle Columbus Laboratories
10. 白宫科学与技术政策办公室，White House Office of Science and Technology Policy
11. 柏克德工厂机械公司，Bechtel Plant Machinery Inc.
12. 北风公司，North Wind
13. 北美航空公司，North American Aviation, Inc.
14. 贝蒂斯原子动力实验室，Bettis Atomic Power Laboratory
15. 波音公司，Boeing

---

① 除单独表明国家外，都是美国的组织机构。

16. 波音公司洛克达因分部，Rocketdyne division of Boeing
17. 布鲁克海文国家实验室，Brookhaven National Laboratory
18. 材料工程部（橡树岭国家实验室下属），Materials Engineering Department
19. 参议院委员会，Senate Committee
20. 弹道导弹防御组织，Ballistic Missile Defense Organization，BMDO
21. 德照科技核实用勤务公司，Tetra Tech NUS
22. 俄罗斯联邦航天局，Russian Federal Space Agency
23. 俄罗斯联邦马亚克生产协会，Russian Federation-Mayak Production Association
24. 范登堡空军基地，Vandenberg Air Force Base
25. 佛罗里达和平与正义联盟，Florida Coalition for Peace and Justice
26. 盖瑞特公司，Garrett Corporation
27. 格鲁曼航空航天公司，Grumman Aerospace Corporation
28. 格鲁曼系统集成与试验实验室，Grumman System Integration and Test Laboratory
29. 格伦研究中心，Glenn Research Center，GRC
30. 公共事务卫星有线电视网，Cable-Satellite Public Affairs Network，C-Span
31. 管理和预算办公室，Office of Management and Budget
32. 轨道科学公司，Orbital Sciences Corporation
33. 国防部，Department of Defense，DOD
34. 国防核机构，Defense Nuclear Agency，DNA
35. 国防计划办公室（能源部下属），Office of Defense Program
36. 国防科学委员会，Defense Science Board
37. 国防能源项目和特殊应用办公室，Office of Defense Energy Projects and Special Applications
38. 国会，Congress
39. 国会预算办公室，Congressional Budget Office

40. 国家档案馆静态图片分馆，National Archives Still Picture Branch
41. 国家档案和记录管理局，National Archives and Records Administration
42. 国家反应堆测试站，National Reactor Testing Station
43. 国家航空航天局（宇航局），National Aeronautics and Space Administration，NASA
44. 国家核安全管理局，National Nuclear Security Administration
45. 国家研究委员会，National Research Council
46. 海军海洋系统中心，Naval Ocean Systems Center
47. 汉福德场，Hanford Site
48. 汉福德工程开发实验室，Hanford Engineering Development Laboratory
49. 核材料技术部（洛斯阿拉莫斯国家实验室下属），Nuclear Materials Technology Division
50. 核管理委员会，Nuclear Regulatory Commission，NRC
51. 核能、科学和技术办公室（能源部下属，能源部核能办公室的前身），Office of Nuclear Energy, Science and Technology
52. 核能办公室（能源部下属），Office of Nuclear Energy
53. 核实用勤务公司，Nuclear Utility Services Corporation，NUS
54. 红星国有企业，Krasnaya Zvezda (Red Star) State Enterprise
55. 环境保护局，Environmental Protection Agency，EPA
56. 机器制造中央设计局，Central Design Bureau of Machine Building
57. 基督教研究所，Christic Institute
58. 加拿大航天局，Canadian Space Agency
59. 经济趋势基金会，Foundation on Economic Trends
60. 卡纳维拉尔角，Cape Canaveral
61. 卡纳维拉尔角空军基地，Cape Canaveral Air Force Station
62. 康奈尔大学，Cornnell University
63. 科学工业协会，Scientific Industrial Association Luch
64. 肯尼迪航天中心，Kennedy Space Center，KSC
65. 空间反应堆项目办公室（能源部下属），Office of Space Reactor Projects

66. 空间核动力和同位素技术部，Space Nuclear Power and Isotope Technologies Division，SNPIT

67. 空间核动力评估委员会 Space Nuclear Power Assessment Committee

68. 空间核实验室 (西屋电气公司下属)，Astronclear Laboratory

69. 空间核项目办公室 (能源部下属)，Office of Space Nuclear Projects

70. 空间核应用指导小组 (国防部 - 能源研究与发展管理局)，Space Nuclear Applications Steering Group

71. 空间与防御动力系统办公室 (能源部下属)，Office of Space and Defense Power Systems

72. 空军，Air Force

73. 空军菲利普斯实验室，Air Force Phillips Laboratory，AFPL

74. 空军武器实验室，Air Force Weapons Laboratory

75. 库尔恰托夫原子能研究所，Kurchatov Institute of Atomic Energy

76. 跨机构核安全审查小组，Interagency Nuclear Safety Review Panel，INSRP

77. 劳斯莱斯公司，Rolls Royce

78. 雷泽联合公司，Rasor Associates

79. 联邦电力委员会，Federal Power Commission

80. 联邦能源管理局，Federal Energy Administration

81. 联合发射同盟公司，United Launch Alliance

82. 联合国，United Nations，UN

83. 联合空间核推进办公室，joint Space Nuclear Propulsion Office，SNPO

84. 联合信号公司，Allied Signal

85. 刘易斯场区，Lewis Field

86. 刘易斯研究中心，Lewis Research Center

87. 罗克韦尔国际公司，Rockwell International

88. 洛克达因公司，Rocketdyne

89.　洛克希德·马丁公司，Lockheed Martin

90.　洛克希德·马丁太空动力集团，Lockheed-Martin Space Power Group

91.　洛克希德公司，Lockheed

92.　洛斯阿拉莫斯国家实验室，Los Alamos National Laboratory，LANL

93.　马丁·玛丽埃塔公司，Martin Marietta[①]

94.　马丁公司，Martin Company

95.　马丁核部门，Martin Nuclear Division

96.　马林空间科学系统公司，Malin Space Science System

97.　麦道公司，McDobnnell Douglas

98.　梅里克工程公司，Merrick Engineering

99.　美国参议院，U.S. Senate

100.　美国科学家联合会，Federation of American Scientists

101.　美国无线电公司，Radio Corporation of America，RCA

102.　孟山都公司，Monsanto

103.　孟山都研究公司，Monsanto Research Corporation

104.　明尼苏达矿业和制造公司，Minnesota Mining and Manufacturing Company，3M

105.　能源部，Department of Energy，DOE

106.　能源部爱达荷运营办公室，DOE-Idaho Opeartions Office

107.　能源部海军反应堆办公室，Office of Naval Reactors，DOE-NR

108.　能源部能源技术视觉收集和文件成像部，Energy Technology Visuals Collection and Document Imaging

109.　能源部总部，DOE-Headquarters

110.　能源技术工程中心（能源部下属），Energy Technology Engineering Center

111.　能源研究与发展管理局，Energy Research and Development Administration，ERDA

112.　诺尔斯原子动力实验室，Knolls Atomic Power Laboratory

113.　诺斯罗普·格鲁曼航天技术公司，Northrop Grumman Space Technology

---

① 由 Martin 公司与 Marietta 公司合并而成。——译者注

114. 欧洲航天局 ①，European Space Agency，ESA

115. 喷气飞机公司，Aerojet

116. 喷气推进实验室，Jet Propulsion Laboratory，JPL

117. 热电公司，Thermo Electron Corporation

118. 萨瓦纳河厂 ②，Savannah River Plant

119. 萨瓦纳河国家实验室，Savannah River National Laboratory，SRNL

120. 森德斯特兰德公司，Sundstrand Corporation

121. 圣地亚国家实验室，Sandia National Laboratory，SNL

122. 史密森国家航空航天博物馆，Smithsonian National Air and Space Museum

123. 斯特林技术公司，Stirling Technology Company

124. 斯特林研究实验室 (格伦研究中心下属)，Stirling Research Laboratory

125. 苏联科学家全球安全委员会，Committee of Soviet Scientists for Global Security

126. 太空动力公司，Space Power Inc.

127. 太平洋西北实验室，Pacific Northwest Laboratory，PNL

128. 太阳能公司，Sunpower Incorporated

129. 汤普森·兰姆·伍尔德里奇公司，Thompson Ramo Wooldridge，TRW

130. 特励达能源系统公司，Teledyne Energy System，TES

131. 特殊应用办公室 (能源部下属)，Office of Special Applications

132. 特种应用办公室 (能源部下属)，Office of Special Applications

133. 通用电气公司，General Electric，GE

134. 通用电气航空公司 (通用电气公司下属)，GE Aerospace

135. 通用原子技术公司，General Atomics Technologies，GA Technologies

136. 土墩博物馆，Mound Museum

137. 土墩实验室，Mound Laboratory

138. 西班牙教育和科学部，Spanish Ministry of Education and Science

---

① 欧洲航天局又简称"欧空局"。——译者注

② 萨瓦纳河厂 (Savannah River Plant) 亦为萨瓦纳河场地 (Savannah River Site, SRS)。——译者注

139. 西南研究所，Southwest Research Institute

140. 西屋电气公司，Westinghouse Electric

141. 西屋汉福德公司，Westinghouse Hanford

142. 仙童公司，Fairchild

143. 仙童宇航与电子公司，Fairchild Space and Electronics Company

144. 橡树岭国家实验室，Oak Ridge National Laboratory，ORNL

145. 辛格公司，Syncal Corporation

146. 新墨西哥大学，University of New Mexico

147. 新墨西哥大学工程研究所，University of New Mexico Engineering Research Institute

148. 意大利航天局，Italian Space Agency

149. 英菲尼亚公司（前身为斯特林技术公司），Infinia Corporation

150. 应用物理实验室，Applied Physics Laboratory，APL

151. 有线电视新闻网，Cable News Network，CNN

152. 宇宙空间部（通用电气公司下属），Astrospace Division

153. 原子国际部（北美航空公司下属），Atomics International Division

154. 原子能联合委员会，Joint Committee on Atomic Energy，JCAE

155. 原子能委员会，Atomic Energy Commission，AEC

156. 约翰·H·格伦研究中心，John H. Glenn Research Center

157. 约翰·霍普金斯大学，Johns Hopkins University，JHU

158. 早安美国，Good Morning America

159. 战略防御倡议组织，Strategic Defense Initiative Organization，SDIO

160. 芝加哥大学，University of Chicago

161. 芝加哥艺术学院，School of the Art Institute of Chicago，SAIC

162. 总审计局，General Accounting Office，GAO

163. ThermoTrex 公司 ①，ThermoTrex Corporation

164. Y-12 厂，Y-12 Plant

① 译者未对该公司名称进行翻译。——译者注

附录 C　导读补充材料

1. 塞贝克效应：将热能转换为电能 3

　　1821 年，德国科学家托马斯·约翰·塞贝克观察到，当两种不同的导电材料连接在一个闭合电路中，并且两个连接结保持在不同的温度时，就会产生电压。这对连接结被称为温差电偶或热电偶。

2. 温差发电器基本原理 3

　　过程①：核燃料 (例如钚 -238) 自发衰变产生热量。
　　过程②：热电偶将热能转换为电能。
　　过程③：负载连接到热电偶的输出电极。
　　过程④：功率输出。

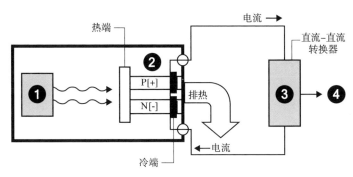

温差发电器基本原理图

12   # 3. 空间动力系统

不同空间动力系统的定性体系 (功率–寿命) 是普适的。核动力源特别适用于长时间的任务，尤其是在核反应堆的情况下，适用于大功率任务。核动力系统还具有适用于恶劣环境 (例如，木星周围的自然辐射、流星体或火星沙尘暴) 的优势。

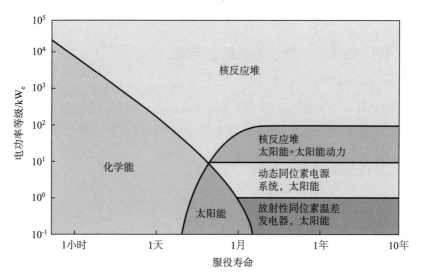

空间动力系统功率与寿命特性

25   # 4. GPHS-RTG 开发的关键承包商

GPHS-RTG 开发工作的系统级承包商是通用电气公司的宇宙空间部 (后来并入洛克希德马丁公司)。计划执行广泛分布，涉及众多承包商和国家实验室。

①系统级承包商

➢ 通用电气公司

➢ 特励达能源系统公司

②技术支持

> 仙童宇航公司
> 巴特尔哥伦布实验室

③技术

> 艾姆斯实验室
> 通用电气公司

④安全机构

> 应用物理实验室
> 洛斯阿拉莫斯国家实验室
> 海军海洋系统中心
> 核实用勤务公司

⑤热源制造与 RTG 组装 / 测试

> 孟山都研究公司
> 橡树岭国家实验室
> 萨瓦纳河国家实验室
> 萨瓦纳河厂

⑥可靠性和质量保证

> 圣地亚国家实验室

5. GPHS-RTG 技术规格 27

组成 GPHS-RTG 的 18 个 GPHS 模块，产生的 4400 W_t 额定热功率可转换生成约 300 W_e 电力。完全组装后，GPHS-RTG 的直径约为 0.4 米，长度约为 1.1 米，重量约为 56 千克，首次组装时的比功率约为每千克 5.4 W_e。（来源：圣地亚国家实验室）

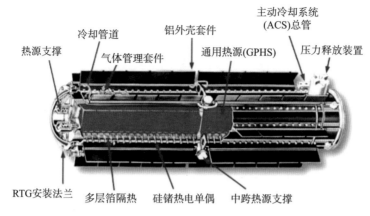

GPHS-RTG 剖视图

6. 正式且详尽的安全审查流程

在美国发射运载核材料的航天器之前，联邦机构合作完成两个单独的安全审查流程。首先是由发射航天器的机构（在能源部的支持下）编制一份环境影响报告，并纳入公众审查。能源部编制一份核风险评估，作为环境影响的报告。第二个过程是由专门为特定任务成立的跨机构核安全审查小组进行的独立安全评估，该过程以行政部门审查为终点，该审查需要总统直接做出或白宫科学与技术政策办公室主任做出最终的发射批准。为了支持这一过程，能源部编制了详细的安全分析报告，该报告描述了潜在的发射事故、核系统对这些事故的反应及其相关概率。它还提供了已经完成的任务、航天器、电力系统和测试的情况，以评估各种事故情况下核材料泄漏的风险。跨机构核安全审查小组编制安全评估报告，评估能源部的安全分析报告。这两个审查过程既全面又详细。RTG 发射批准的整个审查流程通常需要 4 ～ 8 年。

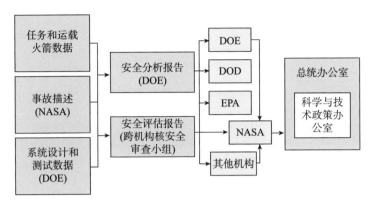

安全审查流程框图

7. GPHS–RTG 标识 31

GPHS-RTG 根据其自身状态，或者作为鉴定样机或者经能源部认证用于任务的飞行样机，并按照惯例进行标识。鉴定样机的标识为 Q，字母后跟序列数字以表示其装配顺序。例如，Q-1 表示该样机是采用 GPHS-RTG 设计的第一个鉴定样机。类似地，F-1 标志意味着该样机是采用 GPHS-RTG 设计的首个飞行认证版本。

8. 引力辅助 33

引力辅助是行星际任务的基本工具。航天器可利用行星和卫星的引力改变方向或速度。引力辅助通常用于航天器需要大幅改变速度的情况，例如在前往外行星或甚至水星时，因为该技术能够使航天器达到超出其火箭能力的速度。这使某些任务成为可能，同时也减少了旅行所需的燃料量或时间。使用引力辅助需要高水平规划和高导航精度。随着包括地球在内的行星不断运动，特定的引力辅助机动只能在短时间段内实现。航天器能够发射并成功完成其任务的时间段被称为发射窗口。

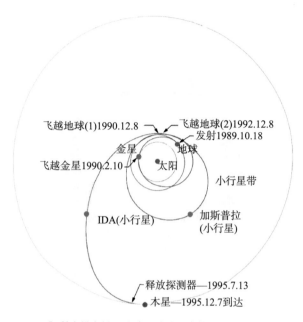

伽利略号金星—地球—地球引力辅助示意图
（改编自 NASA、喷气推进实验室插图）

当航天器接近将提供辅助的轨道天体时，该天体的引力将航天器拉向它。轨道上的天体不是静止的，而是以高速围绕太阳运动。如果航天器从后面接近正在移动的行星，它会被引力向前拉动从而继承行星的一些速度。同样，如果飞船从前方接近迎面而来的行星，它会被减速。经过精细的规划和执行，航天器将以合适的方向和所需的速度逃离行星引力。

水手 10 号于 1973 年发射，是第一艘在前往水星时使用引力辅助的航天器。先驱者 II 号 ① 利用木星的引力辅助到达土星，旅行者 1 号和 2 号利用引力辅助探索外行星。

---

① 先驱者 II 号实际为先驱者 11 号，该任务于 1973 年 4 月 6 日发射。此处，原文将阿拉伯数字"11"误写为罗马数字"II"。——译者注

9. 吉姆·图里采访记录

39

> "当你看到伽利略号和尤利西斯号任务发回的照片时,这些照片和科学令人惊叹……你会意识到,你知道,如果没有这些 RTG,这就不可能发生,通常 RTG 甚至不会被提及……但是我们知道,对于业界内的那些人来说,他们会有多么的自豪……当你想到你为这些任务的成功和科学的进步做出了一点小贡献……你帮助这些任务取得了成功,我想这就是为什么我和其他人在心中对这些项目充满热情的原因。让我们勇敢面对吧,太空探索仍然是令人着迷的,而且我认为在很长一段时间内都是如此。"

——吉姆·图里 (美国能源部)

10. 从热能获取电能

44

热力学循环是许多常见技术的基础,包括制冷、汽车发动机和飞机喷气发动机。热力学循环是一个过程,该过程控制工作流体的温度、压力和体积,将热能转化为电能,或使用电能去散热。每个循环都有其自身的复杂性,但有 4 个共同的过程:压缩、增热、膨胀和散热 (冷却)。3 种热力学循环因其高效率和与各种能源 (如太阳能和核能) 的兼容性而对太空计划至关重要。

① 朗肯

通常用于蒸汽发电厂,其中水被煮沸以产生过热蒸汽,过热蒸汽通过涡轮机膨胀以产生电力;蒸汽被冷凝变回水并被泵送至锅炉以重新开始循环。对于空间应用,根据系统重量、工作温度和压力等设计标准,选择不同的工作流体 (如汞、钾、甲苯)。朗肯使用的是两相流体 (液体和气体) 作为工作介质,这一事实带来了工程挑战,而且还必须在太空的低重力和零重力条件下解决这一挑战。然而,由于相变是传递热量的有效方式,朗肯循环通常是高功率空间应用的最低重量选择。

② 布雷顿

喷气发动机和发电燃气轮机经常使用这种循环。工作气体被压缩、加热以增加其压力，通过涡轮机膨胀以产生电力。涡轮机与压缩机相连，为增压步骤提供动力。在喷气发动机中，热空气被排到大气中，新鲜空气被吸入。在发电厂中，废热可以在锅炉中产生蒸汽，用于朗肯循环；这种使用方式被称为联合循环。太空中的布雷顿发动机必须使用封闭式系统，并回收其工作气体 (通常是氦气和/ 或氙气)，这些气体必须在重新进入压缩机之前冷却。

③ 斯特林

与其他循环一样，工作气体被压缩，热量增加，气体膨胀，通过排除热量以重新启动循环过程。目前存在多种斯特林发动机类型。最近正在为潜在空间应用研发的发动机被称为自由活塞斯特林发动机。在这种配置中，发动机是一种气缸，其一端暴露于热源而另一端使用热交换器保持在较低温度。气缸内的排出器活塞驱使气体在热端空间和冷端空间之间移动，并与动力活塞实现热力学耦合。气缸两端热量的增加和排出引起的压力变化导致两个活塞振荡。动力活塞通过该运动可驱动线性交流发电机发电。对于最近为潜在的放射性同位素电源系统应用而开发的小型斯特林发动机来说，这种振荡速度极快，大约每秒 50 ~ 100 个循环，活塞行程只有几毫米。

46 11. 战略防御倡议

1983 年 3 月，里根政府提出了战略防御倡议，并指示国防部部长开展天基核威慑。战略防御倡议旨在拦截和摧毁战略弹道导弹，并将由一个新的战略防御倡议机构组织实施。新国防机构的任务是研究复杂的监视、遥感、轨道转移飞行器 (在轨道之间移动卫星)、拦截系统和武器平台，其电力需求从数百千瓦到数百兆瓦不等。

战略防御倡议标志

12. DIPS 如何工作?

47

　　DIPS 由放射性同位素热源，电力转换系统 (由涡轮、交流发电机、压缩机共轴组成)，热交换器和气体冷却器，排热系统，以及相关管道、阀门和控制系统组成。在系统运行期间，工作流体 (例如，布雷顿循环的氙 - 氦气混合物和朗肯循环的有机液体) 以非常高的温度离开热源组件，并通过管道输送至电力转换系统。当热工作流体流经涡轮时，涡轮 - 交流发电机 - 压缩机轴旋转，导致交流发电机发电。通过涡轮后，工作流体通过热交换器和冷却器，然后通过压缩机泵送回热源。来自气体冷却器的多余热量通过冷却回路传递至排热系统。DIPS 产生的电力随后被"调节"用于为车载电气设备或离子推进系统供电。

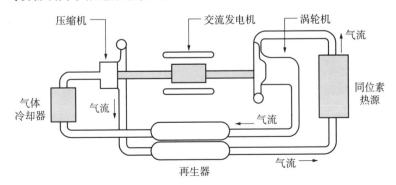

描述 DIPS 的通用流程图 (图片来自第三章参考资料来源 [14])

49 **13. 斯特林发动机的起源**

斯特林发动机的发明通常归功于苏格兰牧师罗伯特·斯特林，他于 1816 年发明了第一台实用的封闭式循环空气发动机。在 19 世纪开发的斯特林发动机最初是作为蒸汽机的竞争对手，20 世纪初至中期开发的运动斯特林系统用于便携式、船用发电机，以及各种汽车、机车应用。1974 年，威廉·比尔发明了自由活塞斯特林发动机，并于 20 世纪 90 年代中期开始应用于能源部和 NASA 开发的放射性同位素电源系统概念。

52 **14. ASRG 如何工作?**

ASRG 通过将发动机内部的热量转化为运动，然后将运动转化为电力供航天器使用。ASRG 内部是一个被称为先进斯特林转换器的装置，它包含 1 个振荡活塞和 1 个密封在封闭式气缸内并悬浮在氦气中的配套排出器。排出器和活塞来回运动，以响应由钚燃料加热的热端和由被动冷却器冷却的另一端（冷端）之间的压力变化。在斯特林热循环中，气体的稳定交替膨胀和收缩驱动磁化活塞在一组线圈中来回运动，磁铁和线圈形成一个称为线性交流发电机的装置（该装置也在先进斯特林转换器内部），磁化活塞每秒发生大约 100 次运动，根据法拉第定律（一种物理性质）产生交流电。

每台 ASRG 包含 2 个先进斯特林转换器。它们在发电器中部端与端对齐，当两者运动同步时将抵消其振动。每个转换器内的氦气起到静压轴承的作用，防止排出器、活塞与气缸壁摩擦，从而将物理磨损的可能性降至最低。

ASRG 还包括 1 个控制器，该控制器通过电缆连接到 ASRG 外壳，其设计用于同步 2 个活塞，向航天器提供 ASRG 相关数据，并将发电器产生的交流电转换成航天器可用电压下约 130 瓦的直流电。并将发电器产生的交流电转换为满足航天器电压要求的直流电，功率大约 130 瓦（改编自 NASA Fact Sheet - Advanced Stirling

Radioisotope Generator, 2013)。

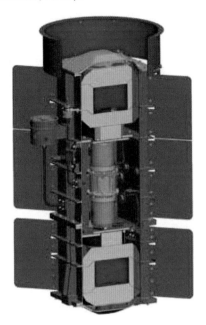

ASRG 剖视图

15. 热管技术

59

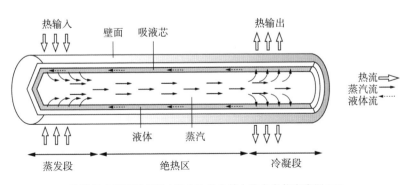

热管技术原理示意图 (图片改编自第七章参考信息来源 [1])

热管是一种将热量从一个位置传递到另一个位置的高效方式。它是一个密封管，含有与系统工作温度相匹配的低压工作流体（例如钠或锂）。流体在加热的一端蒸发，在较冷的一端凝结，释放热量并通过毛细作用向管的热端返回。对于 SPAR 概念，与热管作为堆芯的一部分，将延伸到堆芯之外，穿过反应堆屏蔽层，然后在那里与热电转换系统连接。由于没有运动部件（只有工作流体运动），热管非常可靠。热管由洛斯阿拉莫斯国家实验室物理学家乔治·格罗弗于 1963 年开发，并在 NERVA 计划中首次实施。NASA 在 20 世纪 60 年代继续开发热管技术。今天，热管通常用于冷却地球同步通信卫星上的电子设备。【见第四章参考信息来源 [13]】。

61　16. 里根的国家太空政策

1982 年 7 月，罗纳德·里根宣布了他的国家太空政策，旨在加强美国安全，扩大私营部门投资，增加资源开发和国际合作。1982 年的政策将航天飞机确定为美国计划的一个重要因素，并呼吁 NASA 继续探索所需的"要求、操作概念和技术"，为建成永久性空间设施（即空间站）提供支持。【见第四章参考信息来源 [20]】

63　17. 空间核动力专题研讨会

1982 年秋天，包括新墨西哥大学教授穆罕默德·艾·根克博士和大卫·伍德尔博士在内的一小群政府代表、行业代表和学术代表，决定每年举办一次空间核动力系统专题研讨会，原因是联邦政府对空间核动力系统越来越感兴趣。1983 年举行的第一次专题研讨会受到了空间核动力界的热烈欢迎。虽然最初规模很小，但几年后，一年一度的研讨会就开始崭露头角。在经历了 10 年的默默无闻、资金有限和缓慢的发展之后，空间核反应堆再次成为美国空间动力研究的头等关注焦点。

18. 冷战担忧 69

在 20 世纪 80 年代的大部分时间里，苏联的太空核活动仍然是军事和国际关注的焦点，这为 SP-100 计划提供了动力。其监视卫星被设计成在任务结束时与反应堆电源分离，之后反应堆将被推进到更高的轨道，数百年之后发生再入大气层，此时裂变产物已衰变至安全水平。1983 年年初，苏联于 1982 年 8 月发射的宇宙 1402 号间谍卫星的反应堆与卫星分离，但助推火箭未能点火。结果，该反应堆于 1983 年 2 月在南大西洋上空再入大气层。【见第五章参考信息来源 [9]】尽管没有 1978 年苏联的宇宙 954 号在加拿大上空再入大气层那么严重，至少在应急和清理方面，但这一事件引起了人们对苏联空间反应堆技术的担忧，正如能源部的赫尔曼·罗瑟先生在 1983 年 6 月 15 日在国家研究委员会的一次讲话中所指出的：

> "虽然核海军是利用核反应堆实现国防能源安全的一个杰出例子，但我们在 (空间) 反应堆计划中的表现并不理想……在空间反应堆方面，我们落后苏联 10 年……据《防务日报》报道，[在英国和阿根廷马岛战争期间]，两颗苏联核动力卫星在马尔维纳斯群岛上空运行。我国国民参与了两次苏联太空紧急事件：1978 年加拿大的宇宙 954 号反应堆紧急事件，以及今年 1 月[①]最近的宇宙 1402 号反应堆再入紧急事件。考虑到苏联在轨道上拥有数百千瓦级或兆瓦级的加固核反应堆，只需要发挥一点想象力就可以明白苏联在空间核能方面的优势，他们现在在太空中所做的事情，以及他们将来能够做什么。"【见第五章参考信息来源 [10] 】

19. 技术优势与劣势 70

在 20 世纪 80 年代初，有几个因素使空间反应堆电源系统对民

---

① 根据文献记载，苏联宇宙 1402 号间谍卫星的反应堆于 1983 年 2 月 7 日再入大气层，并在南大西洋上空解体。译者认为，此处是赫尔曼·罗瑟在讲话中的口误。——译者注

用和军事应用都具有吸引力 (其中一些至今仍适用)。例如，在大约 25 kW$_e$ 以上的电功率水平，空间反应堆系统的功率质量比可能远高于其太阳能 - 电池系统及其同类系统。空间反应堆电源系统也可用于深空应用，无须朝向太阳。相对较低的横截面结构提高了在辐射场中的生存能力，减少了轨道阻力，使可探测横截面更小，增强了机动性和淬透性。核动力源也可以通过对电力处理和控制系统进行保护设计以提升抗辐射能力。

相反，太阳能电池在数年内遭受辐射损伤，使得它们在高辐射的长期任务中不可靠 (木星的辐射带对 NASA 航天器构成同样的威胁)。在远离太阳的低光照、低温条件下，光伏板的性能也迅速下降。从军事角度来看，太阳能电池板已被证明容易受到核爆炸的影响，因为核爆炸会将带电粒子送入地球范艾伦辐射带的轨道。【见第五章参考信息来源 [11], [12]】

72　20. 什么造就了一个好的空间动力装置？

空间核动力装置设计者必须考虑各种不同的因素，但无论如何将始终包括下表所列的因素。

理想因素	因素内涵
低重量	动力装置的比质量 (单位功率的质量) 应尽可能低
可靠性	动力装置在流星体、高真空和其他太空危险环境中，在很少或根本不需要人维护的情况下，正常运行规定时间 (通常为几年) 的可能性应该很高
核安全性	在任何可预见的情况下，航天员或地球居民都不会受到放射性的威胁
兼容性	动力装置的特性不得对航天器的设计或操作提出不合理的限制
可用性	当火箭和 / 或有效载荷准备发射时，动力装置必须准备就绪

这些因素都是相互依存的，往往只有在牺牲其他因素的情况下才能最有效地改善某一个因素。例如，通过提高反应堆电源系统的运行温度，可以显著降低系统重量；然而，在较高的温度下，电源系统的设备可能会更快地老化。在这一点上，设计师可能会进行权

衡，例如，为了延长一个月的使用寿命，必须容许系统增加多少重量？理想情况下，这种权衡行为将产生一个低重量、低成本、超安全和高可靠性的动力装置。然而，在实际工作中，在电源系统优化过程中通常需要折中考虑。【见第五章参考信息来源 [18]】

21. 学术反应堆相比于实用反应堆 74

被称为美国核海军之父的海军上将海曼·里科弗描述了两种类型的反应堆，他将其分为学术型和实用型：

"……一座学术反应堆几乎总是具有以下基本特征：(1) 简单；(2) 很小；(3) 很便宜；(4) 很轻；(5) 可以很快建成；(6) 用途非常灵活；(7) 几乎不需要开发，将使用"现成"组件；(8) 反应堆处于研究阶段，现在还没有建造。

……一座实用反应堆可以通过以下特征来区分：(1) 正在建造中；(2) 落后于计划；(3) 需要对看似微不足道的项目进行大量的开发；(4) 很贵；(5) 由于工程开发问题，建造时间较长；(6) 很大；(7) 很重；(8) 很复杂……

学术反应堆设计师……可以自由地沉浸在优雅的想法中，其中的实际缺陷可以归类为仅仅只是技术细节问题。实用反应堆设计者必须面对这些相同的技术细节问题。尽管这些问题顽固而困难，但必须解决，不能拖到明天。这些问题的解决方案需要人力、时间和金钱……在很大程度上，那些从事学术反应堆工作的人更意愿和有更多时间来表达他们的想法……因为他们天真地没有意识到……他们提出的方案的困难之处，他们说得非常轻松和自信。那些从事实用反应堆工作的人，因自己的经验而谦卑，他们说得少、思虑多……"【见第五章参考信息来源 [22]】

22. 数兆瓦级反应堆电源系统分类 87

针对战略防御倡议空间应用需求，能源部开发的 MMW 反应堆电源系统分类如下【见第六章参考信息来源 [6]】：

	I 类	II 类	III 类
功率需求 /(MW$_e$)	10	10	100
运行时间 /s	100	100(总寿命一年)	100
是否有流出物	是	否	是

23. 开放式系统相比于封闭式系统

　　开放式循环反应堆电源系统的设计使工作流体只使用一次，然后排放至太空。开放式循环系统的特征包括可在更高温度下运行 (相对于封闭式循环系统)，以及需要工作流体存储系统代替排热系统。虽然这些特点通常转化为重量和材料上的优势，但开放式系统可能会导致热废气与航天器武器、传感器产生不良反应。【见第六章参考信息来源 [1]】

　　封闭式循环反应堆电源系统的设计使工作流体包含在系统中，而不是直接排放到太空。封闭式循环系统的特征包括具有较低的运行温度 (相对于开放式循环系统) 和使用排热系统，这两者通常转化为系统效率上的优势。【见第六章参考信息来源 [1]】

24. MMW 空间反应堆系统分类说明

　　(1) MMW 空间反应堆系统 I 类概念【见第六章参考信息来源 [6]】

　　通用电气公司提出一种 710 型反应堆的衍生产品，该反应堆是为 20 世纪 60 年代进行的冥王星核冲压发动机项目设计的。将快中子谱、陶瓷金属燃料，包括双反向旋转开放式布雷顿循环涡轮机和发电机的气冷反应堆概念与超导发电机集成。通过 710 计划的燃料元件测试已经获取了这种燃料类型的数据。

　　波音公司开发了一种氢冷却开放式布雷顿循环系统，该系统采用了一种新的反应堆设计，其燃料销堆芯由英国劳斯莱斯公司设计。堆芯采用双通道流动结构，氢气进入反应堆，通过外环的燃料销流入上腔室，然后反向流动，即向下流过燃料销的中心阵列。该系统的设计是可扩展的，目的是可通过修改满足 MMW 空间反应堆系统 III 类概念要求。【见第六章参考信息来源 [11]】

西屋公司团队利用带有反向旋转涡轮机和发电机的开放式布雷顿循环设计了一个 NERVA 衍生型的氢冷却反应堆。该设计运用了来自 NERVA 计划的大量运行数据。

(2) MMW 空间反应堆系统 II 类概念

通用原子公司提出了一种封闭式循环系统，该系统由一个液态金属冷却堆芯的热离子反应堆与碱性燃料电池耦合而成，可用于提供脉冲功率。

罗克韦尔公司提出了一种锂冷却陶瓷金属燃料快堆系统来驱动朗肯循环电力转换系统。封闭式循环反应堆系统将用于在钠硫电池提供脉冲功率后为其充电。

(3) MMW 空间反应堆系统 III 类概念

由格鲁曼公司领导的一个团队提出了一种氢冷却颗粒床反应堆，该反应堆使用带有十级涡轮和交流发电机的开放式布雷顿循环系统。

25. 空间反应堆设计要素

91

由于重量、微重力和高温等标准的限制，空间反应堆电源系统设计面临许多技术挑战。就战略防御倡议应用而言，以下设计要素也来自于天基武器的独有特征。【见第六章参考信息来源 [11]】

(1) 重量

由于发射成本约为每公斤数千美元，因此需要将重量降至最低，这体现在使用高工作温度来提高系统效率，使用高强度、耐高温金属和复合材料，以及开发改进的排热系统、电力转换系统和功率调节系统。

(2) 微重力

对于依赖于两相（气体和液体）流动的系统（如封闭式朗肯循环系统），需要特殊的设计考虑以减少微重力的影响。例如，由于不会发生降膜冷凝，蒸汽冷凝需要由剪切力控制。此外，重力的缺乏导致必须考虑泵送启动问题。

(3) 温度

根据高功率空间反应堆（如 MMW 计划中设想的反应堆）相关的温度特征，通常需要使用能够在其熔点附近运行的材料和核燃料。开发此类材料可能需要相应地投入更多的时间和资金。

(4) 优势

许多战略防御倡议系统概念使用液氢来冷却武器。一旦从武器中排出，氢气可以用作开放式循环反应堆概念中的冷却剂，例如开放式布雷顿循环系统。

94 26. 热离子电力转换

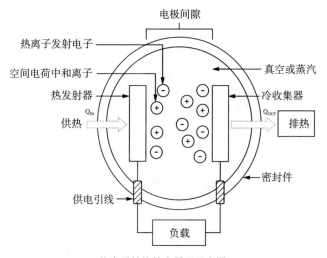

热离子转换技术原理示意图

热离子发射是从温度较高的表面（发射器）射向温度较低的表面（收集器）的热感应电子流，通常穿过一个小的充气间隙。

热离子转换器是一种静态电力转换装置，其中电子从热的发射器表面沸腾出射，通过小间隙（通常小于 0.5 毫米）到较冷的收集器表面。被收集器吸收的电子通过外部电路返回发射器时产生电流。发射器和收集器之间的空间充满了电离气体 (通常是铯)，用来中和在发射器周围积聚的空间电荷，否则，空间电荷积聚效应将减缓电子的通过。热离子转换器的效率约为 5% ~ 10%。【见第七章参考信息来源 [1]】

27. 堆芯内热离子转换器

95

堆芯内热离子转换器由几个独立的部件组成，包括核燃料、发射器、收集器、绝缘体护套和铯储层。发射器装有核燃料及在发射过程中用于固定燃料的各种组件。裂变产物捕集器用于收集固体和可凝结的裂变产物，以防止它们从燃料电池中逸出。隔热套的作用是保护发射器的上部和下部不受燃料高温的影响。三层护套包括内部收集器、中间绝缘层 (使集热器电绝缘于燃料元件结构层和冷却剂) 及外部金属结构层。铯储层向发射器和收集器之间的间隙提供铯气体。

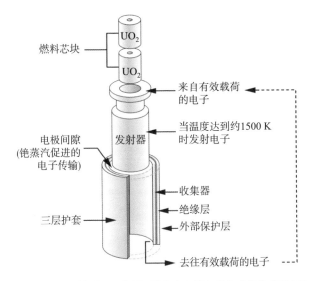

热离子燃料元件原理示意图 (图片来自第七章参考信息来源 [6])

99 28. 苏联热离子技术

苏联于 20 世纪 60 年代开始研究热离子空间反应堆技术。到 1967 年，两个不同的技术研究所团队通过秘密计划分别开发了两个热离子反应堆概念。研发是在两个技术机构之间激烈竞争的环境中进行的，类似于目前美国航空工业中洛克希德·马丁公司和波音公司之间的竞争。当美国专注于 RTG 技术的发展时，苏联在空间核动力研发方面对两种热离子反应堆技术进行大量投资。

机器制造中央设计局协同库尔恰托夫原子能研究所和红星国有企业，领导开发了一种利用多栅元热离子燃料元件的热离子概念。多栅元热离子燃料元件由一堆短热离子电池组成，充当单个燃料元件，类似于手电筒中电池的堆叠方式。多栅元热离子燃料元件概念是在一个名为 TOPAZ 的项目下开发的，TOPAZ 是俄语的首字母缩写，意思是"在活跃区进行转换的热离子实验"。【见第七章参考信息来源 [9]】1987 年，TOPAZ 系统在两颗苏联卫星——宇宙 1818 号和 1867 号上使用，标志着热离子核反应堆电源系统首次在太空中成功使用。宇宙 1818 号运行了 142 天，宇宙 1867 号运行了 342 天。【见第七章参考信息来源 [6—8]】

苏联和美国设计的主要区别在于设计寿命。TOPAZ 系统的设计寿命仅为一年，部分原因是因为受到机载铯供应能力的限制。与美国的密封设计不同，电极间隙中的铯在操作过程中流过间隙。这两台样机的发电量约为 5 kW$_e$，包含了运行钠钾液态金属冷却回路泵所需的电力需求 (约为 1 kW$_e$)。【见第七章参考信息来源 [5]】出于安全考虑，反应堆只有在达到距离地球约 800 千米的核安全轨道后才开始启动运行。【见第七章参考信息来源 [12]】

第二个热离子概念由库尔恰托夫原子能研究所和科学工业协会开发，使用了一种单栅元热离子燃料元件，该热离子燃料元件是通过 ENISEY(发音为 Yenisee) 项目开发的。尽管反应堆系统从未发射，但它已经被开发人员进行了大量地面测试，包括装载燃料和未装燃料的情况。与多栅元热离子燃料元件相比，它的一个优势是在测试过程中允许使用电加热器代替核燃料。为了区分美国的两个反应堆系统，单栅元反应堆系统，即 ENISEY，被称为 TOPAZ-II，多栅元反应堆系统，即 TOPAZ，被称为 TOPAZ-I。【见第七章参考信息来源 [9]】

29. 苏联解体   100

随着 20 世纪 80 年代末苏联经济的衰弱，米哈伊尔·戈尔巴乔夫将苏联从其国际承诺中拉了回来，并停止了与美国的冷战军备竞赛。这种声望的丧失导致了苏联政府内部的抵抗，最终导致了 1991 年苏联发生"8·19"事件。

1991 年 12 月 25 日，戈尔巴乔夫宣布辞去苏联总统职务。12 月 26 日，苏联最高苏维埃共和国院举行最后一次会议宣布苏联停止存在。在此，苏联解体，持续几十年的东西冷战格局也宣告结束。

30. 核热推进   108

核热推进系统通过加热经过核反应堆的推进剂（通常是氢气）并通过喷嘴使热气膨胀来产生推力。离开喷管的喉部时，热气会向喷管张开的两侧膨胀，从而产生推力，推动喷管/火箭前进。反应堆提供极高温度的能力和低分子量推进剂的使用，在为相对较低的推进剂和系统质量提供高比冲①（空间推进系统效率的一种衡量标准，定义为发动机推力与推进剂流率之比）和高推力方面颇具潜力。这类系统还具有产生非常高速度的能力。凭借这些优势，战略防御倡议组织希望开发出一种拦截系统，使当时使用的常规火箭发动机的性能提高一倍以上（例如，比冲接近 1000 秒，推力水平不小于 20 000 磅时的推重比②为 25 ～ 35）。核热推进系统的其他应用包括

① 如用重量描述推进剂的量，比冲拥有时间量纲，国际单位为秒（s）；如果用质量描述推进剂的量，比冲以速度量纲表现，国际单位为米每秒（m/s）。——译者注

② 推重比是航空器和航空发动机重要的技术性能指标，航天器发动机推力与发动机重力或航天器重力之比，它表示航天器发动机或航天器单位重力所产生的推力。——译者注

太空探索，如载人火星任务，以及将重型载荷送入太空。【见第八章参考信息来源 [3]】

115　31. 前往火星

在规划火星往返任务时，可以考虑两种空间核推进系统——核热推进和核电推进。在为给定任务选择特定系统时，规划者要考虑用途 (例如，将重物送入太空与航天器空间推进)、有效载荷重量和基于发射窗口的任务时间。

核电推进系统使用核反应堆发电，为电推进器系统提供电力。与核热推进系统不同，用于电推进系统的核反应堆被设计成在较低的温度下运行数年。核电推进系统通常产生非常低的飞行器推力和加速度，但比冲 (火箭发动机每单位推进剂所产生的冲量) 要高得多，可在很长一段时间内最有效地使用推进剂。

相反，核热推进系统提供较高的飞行器推力和加速度，这意味着反应堆运行时间相对较短 (小时)，比冲通常较低。对于计划中的太空探索倡议火星任务，核热推进固体堆芯概念作为从地球轨道推进至火星轨道并返回的基线技术被提出。【见第八章参考信息来源 [14]】

121　32. 启蒙的黎明

在希腊神话中，泰坦之子普罗米修斯为人类带来了火。由于他的行动，人类增长了知识和智慧。这个故事经常被用作比喻启蒙。在 NASA 任职期间，奥基夫认为，太空探索的下一个突破都将需要空间核动力，无论是载人任务还是机器人任务，正如喷气推进实验室项目经理约翰·卡萨尼多年后指出的那样。这种信念催生了普罗米修斯计划。【见第九章参考信息来源 [7]】

124　33. 布雷顿循环发电装置

布雷顿循环系统由涡轮机、热交换器、气体冷却器、压缩机及相关管道、阀门、控制系统组成。在反应堆运行过程中，氙 - 氦混合气体会以非常高的温度从反应堆堆芯排出，并通过管道从反应堆容器输送至布雷顿循环涡轮机。涡轮机和交流发电机共用一根轴。当热气通过涡轮机时，涡轮旋转带动交流发电机旋转，从而使交流发电机发电。通过涡轮机后，气体将通过热交换器和气体冷却器，然后通过压缩机泵送回反应堆堆芯。来自气体冷却器的多余热量将通过冷却回路传递至排热系统。随后，布雷顿系统交流发电机产生的电力将被调节，用于为离子推进器系统和其他机载电气设备供电。【见第九章参考信息来源 [12]】

34. 钚 -238 和镎 -237 是如何产生的?　132

钚 -238 不是天然存在的，是一种人造放射性同位素，由萨瓦纳河厂的 K 型反应堆中的中子辐照小型镎 -237 压块产生。镎 -237 因俘获中子形成镎 -238，而镎 -238 又以约 2 天的半衰期衰变为钚 -238。镎 -237 压块在 K 型反应堆中辐照后，将放置在仓库中，让短寿命的放射性同位素衰变 [减少]，然后在 HB 生产线中使用化学分离工艺将其溶解，以回收钚 -238。由此生成的钚 -238 溶液随后被提纯并转化为固体氧化钚，然后运往场外用于燃料形态生产。

镎 -237 是在生产反应堆运行期间，由核反应堆燃料中的铀 -235 通过中子俘获反应而产生的。经过辐照后，镎 -237 在 H-Canyon 燃料再处理设施中对乏燃料化学处理过程中被回收。回收的镎 -237 随后被提纯，转化为氧化物形态，然后制成靶件用于辐照。【见第十章参考信息来源 [3]】

35. 飞行前确保安全　138

虽然热源生产和 RTG 组装、测试主要依托放射性同位素电源系统基础设施完成，但这些活动还得到了圣地亚国家实验室、洛斯阿拉莫斯国家实验室和约翰·霍普金斯大学应用物理实验室科学家的支持，他们开展了必要的安全测试和分析，以证明放射性同位素电源系统在任务使用期间对公众和环境的安全防护。安全测试可在能源部综合体内部和外部的许多设施进行。这些设施有能力模拟高速撞击、火灾和再入、爆炸超压等事件，包括圣地亚国家实验室的火箭滑车和洛斯阿拉莫斯国家实验室的同位素燃料撞击测试仪。

图 C-12　GPHS-RTG 的安全测试包括使用圣地亚国家实验室的火箭滑车。GPHS 模块模拟件被加热并放置在 RTG 外壳中 (图片中的橙色 / 白色物件)。外壳以垂直方向 (顶部和底部左图) 放置在火箭滑车上，然后旋转至水平方向，并以约 57 米 / 秒的速度撞击混凝土目标物。测试后 RTG 如底部右图所示；如图片中右侧所示的凹陷部分首先击中了混凝土目标物。(来源：圣地亚国家实验室)

如第二章所述，安全测试期间收集的信息用于支持能源部对计划发射核动力源的每项任务所要求的核风险评估和安全分析。历史上，此类分析由系统集成承包商 (如洛克希德·马丁公司) 执行，并由能源部领导的团队进行审查，该团队包括德照科技核实用勤务公司、轨道科学公司和约翰·霍普金斯大学应用物理实验室。2005 年，分析的责任移交给了圣地亚国家实验室，这种能力仍然是支持核任务所需的能源部基础设施的一个组成部分。

36. 命名的内涵是什么？

　　1609 年，伽利略·伽利雷是第一个通过望远镜观测土星的人，但他使用的光学系统的局限性使他无法辨识土星环。荷兰科学家克里斯蒂安·惠更斯在 1659 年利用改进的光学技术观测到了土星环系统。惠更斯还发现了这颗行星最大的卫星——土卫六。几年后，意大利籍法国天文学家让·多米尼克·卡西尼又发现了几颗土星的卫星，以及一条将土星环系统分隔为两部分的狭窄缝隙。这个缝隙后来被称为"卡西尼环缝"。【见第十一章参考信息来源 [1]】

37. GPHS 燃料包壳的透氦阻钚窗

　　"排气技术真的很优雅……这就是所谓的熔料。你从……铱粉末开始。你把它压制成片材……然后……在高温下烧结，直到一些单独的粉末颗粒开始融合在一起……所以你最终得到的是一种多孔介质，可以让气体通过，但不能让颗粒通过……他们用……薄层……铱金属……将熔料夹在中间，通过焊接形成套件，然后将整个套件再焊接至燃料舱。"

　　　　　　　　——蒂姆·乔治，来自洛斯阿拉莫斯国家实验室

38. 铱和钨

　　"钨和铱是元素周期表上熔点最高的两种金属。我们面临的挑战是需要开发一种金属，它……可以密封所有的钚-238，并且能够……在发射台爆炸和再入地球大气层事故中幸存……所以我们必须要有一种材料……能够承受极高温度并且具有延展性，这样当它撞击地面时，它绝不会粉碎而是会变形但不破裂。这是一种非常专用的金属……"

　　　　　　　　——戈登·迈克尔斯，来自橡树岭国家实验室

157　39. 使用 GPHS–RTG 的 NASA 任务

已组装并服役于 NASA 任务的 GPHS-RTG 有【见第十二章参考信息来源 [9]】：

(1) 伽利略号：F-1，F-4

(2) 尤利西斯号：F-3

(3) 卡西尼号：F-2，F-6，F-7

(4) 备用：F-5(随后被拆解用于新视野号)

(5) 新视野号：F-8

160　40. 5886 号罗格小行星

5886 号罗格小行星 (原名 1975 LR) 以莱尔·罗格的名字命名，以表彰他担任能源部冥王星 - 新视野号任务核发射批准项目经理期间的重要贡献。这一命名是由西南研究所的艾伦·斯特恩博士提出的，他是新视野号任务的首席研究员。

165　41. 更快、更好、更省

在 1992—2001 年 NASA 局长丹尼尔·戈尔丁的领导下，NASA 开始了一项以"更快、更好、更省"为中心的倡议。该举措是一项积极努力的一部分，旨在改善人们对 NASA 的看法——该机构官僚臃肿，且执行的任务过于昂贵、开发时间过长、飞行频率过低。随之而来的是要减少劳动力、提高生产力和降低成本。相对于空间任务，航天器变得更小，功率需求更低；像旅行者号和伽利略号这样的 MHW 任务已经一去不复返了。该举措为能源部和 NASA 开发斯特林型放射性同位素发电器和 MMRTG 提供了驱动力。

168　42. GPHS 模块的发展历程

GPHS 被认为具有通用特性的是 Step-0 模块，这是伽利略号、尤利西斯号和卡西尼号任务中使用的第一代设计。卡西尼号发射后，能源部进行了两阶段的工作，增强 GPHS 的航空烧蚀层，以应对假定的发射和再入大气层事故。在冥王星 - 新视野号使用的 Step-1 模块中，石墨冲击缓冲层之间的间隔为 0.1 英寸，间隙完全被航空烧蚀层材料填充。在 Step-2 设计中，模块在垂直 (高度) 方向上增加了 0.2 英寸。每次变化也导致模块重量小幅增加 (Step-0 为 1.4 千克，Step-1 为 1.5 千克，Step-2 为 1.6 千克)。由于高度增加，如果不对热电转换器和热源结构支撑系统进行重大更改，则无法在 GPHS-RTG 中使用 Step-2 设计。(图片：爱达荷国家实验室放射性同位素电源系统计划)

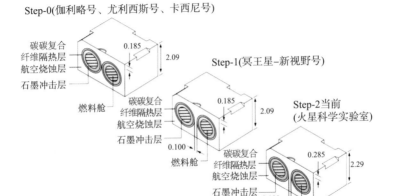

GPHS 模块三代设计对比示意图

43. 放射性同位素电源系统：在太阳照射不到的地方提供 176
电力

> "……我想为这项计划使用的一个标题或口号是 '我们在太阳照射不到的地方为它们提供电力……'"【见第十四章参考信息来源 [1] 】

——理查德·弗隆，能源部 (已退休)

　　这些电力系统的独特特性使其特别适合用于大型太阳能电池阵列不适用的环境，以及远离太阳的地方。迄今为止，能源部已经为 24 次任务提供了放射性同位素电源系统，并在 1 次飞行任务中使用了 1 个空间核反应堆电源系统，该系统为航天器提供了部分或全部的机载电力 (不包括 3 次失败的任务 / 发射)。此外，为 9 次任务提供了 RHU，为航天器和漫游车的关键组件加热保温。这些核动力系统使许多空间和行星探索任务成为可能，否则科学家们将无法在这些地方进行研究。

附录 D 美国已发射的空间核动力系统

表 D-1 空间核电源系统汇总表 *

序号	核电源系统 **	航天器	任务类型	发射日期	状态 ***	初始平均功率，总功率 *** / W_e
同位素电源系统 (RTG)						
1	SNAP-3(1)	子午仪 4A 号	导航卫星	1961 年 6 月 29 日	成功运行超过 15 年，目前在地球轨道	2.7，2.7
2	SNAP-3(1)	子午仪 4B 号	导航卫星	1961 年 11 月 15 日	成功运行超过 9 年，目前在地球轨道	2.7，2.7
3	SNAP-9(1)	子午仪 5BN-1 号	导航卫星	1963 年 9 月 28 日	RTG 按计划成功运行，非供电问题导致卫星在 9 个月后失效；目前在地球轨道	25.2，25.2
4	SNAP-9(1)	子午仪 5BN-2 号	导航卫星	1963 年 12 月 5 日	成功运行超过 6 年，目前在地球轨道	26.8，26.8
5	SNAP-9(1)	子午仪 5BN-3 号	导航卫星	1964 年 4 月 21 日	航天器未成功入轨，RTG 按照设计在再入时烧毁并耗散	25，25
6	SNAP-19(2)	雨云 B-1 号	气象卫星	1968 年 5 月 18 日	任务中止；热源被完好无损地回收，燃料再次用于后续任务	28，56
7	SNAP-19(2)	雨云 III 号	气象卫星	1969 年 4 月 14 日	成功运行超过 2.5 年，目前在地球轨道	28.2，56.4

续表

序号	核电源系统**	航天器	任务类型	发射日期	状态***	初始平均功率***/W_e 总功率
8	SNAP-27(1)	阿波罗 12 号	月球探测	1969 年 11 月 14 日	成功运行 8 年，目前在月球表面	73.6，73.6
9	SNAP-27(1)	阿波罗 13 号	月球探测	1970 年 4 月 11 日	在抵达月球途中任务中止，RTG 再入大气层并降落至南太平洋，未检测到辐射泄漏	73，73
10	SNAP-27(1)	阿波罗 14 号	月球探测	1971 年 1 月 31 日	成功运行 6.5 年，目前在月球表面	72.5，72.5
11	SNAP-27(1)	阿波罗 15 号	月球探测	1971 年 7 月 26 日	阿波罗月球表面实验包成功运行 6 年，目前在月球表面	74.7，74.7
12	SNAP-19(4)	先驱者 10 号	行星际探测	1972 年 3 月 2 日	在木星及以远成功运行，航天器运行于 2003 年终止	40.7，162.8
13	SNAP-27(1)	阿波罗 16 号	月球探测	1972 年 4 月 16 日	阿波罗月球表面实验包成功运行 5.5 年，目前在月球表面	70.9，70.9
14	Transit-RTG(1)	子午仪 (TRIAD-01-1X) 号	导航卫星	1972 年 9 月 2 日	目前在地球轨道	35.6，35.6

续表

序号	核电源系统**	航天器	任务类型	发射日期	状态***	初始平均功率，总功率****/We
15	SNAP-27(1)	阿波罗17号	月球探测	1972年12月7日	成功运行5年，目前在月球表面	75.4, 75.4
16	SNAP-19(4)	先驱者11号	行星际探测	1973年4月5日	在木星、土星及以远成功运行，航天器运行于1995年终止	39.9, 159.6
17	SNAP-19(2)	维京1号	火星探测	1975年8月20日	登陆火星并成功运行超过6年，运行于1982年终止	42.3, 84.6
18	SNAP-19(2)	维京2号	火星探测	1975年9月9日	登陆火星并成功运行超过4年，运行于1982年终止	43.1, 86.2
19	MHW-RTG(2)	林肯实验卫星8号	通信卫星	1976年3月14日	目前在地球轨道	153.7, 307.4
20	MHW-RTG(2)	林肯实验卫星9号	通信卫星	1976年3月14日	目前在地球轨道	154.2, 308.4
21	MHW-RTG(3)	旅行者2号	行星际探测	1977年8月20日	在木星、土星、天王星、海王星及以远成功运行，正在执行延长任务；目前位于日球层顶	159.2, 477.6
22	MHW-RTG(3)	旅行者1号	行星际探测	1977年9月5日	在木星、土星及以远执行成功运行，正在执行延长任务；目前位于星际空间	156.7, 470.1

续表

序号	核电源系统**	航天器	任务类型	发射日期	状态***	初始平均功率，总功率***/We
23	GPHS-RTG(2)	伽利略号	行星际探测	1989年10月18日	成功探索金星、然后绕木星运行；2003年航天器脱离轨道坠入木星	288.4，576.8
24	GPHS-RTG(1)	尤利西斯号	太阳极区探测	1990年10月6日	成功探索木星并进入太阳极区轨道，航天器运行于2009年终止	283，283
25	GPHS-RTG(3)	卡西尼号	行星际探测	1997年10月15日	成功探索金星、木星，目前正在绕土星运行	295.7，887
26	GPHS-RTG(1)	新视野号	行星际探测	2006年1月19日	探索木星，预计2015年7月飞越冥王星；随后对柯伊伯带及以远进行进一步探索	249.6，249.6
27	MMRTG(1)	好奇号	火星探测	2011年11月26日	2012年8月6日成功登陆火星，目前正在探索火星表面	113，113
空间核反应堆系统						
28	SNAP-10A(1)	SNAPSHOT	实验卫星	1965年4月3日	反应堆运行了43天，之后由于航天器上的非核电气问题关闭；目前在地球轨道上	500，500

*：统计时间截至2014年

**：括号里代表在航天器上核电源系统的数量

***：2015年6月18日，与能源部瑞安·柏克德的个人交流

表 D-2　放射性同位素加热器单元汇总表[*]

序号	任务	加热器单元 数量	功率 / 单元（材料表） / W_t
放射性同位素加热器单元 (RHUs)			
1	阿波罗 11 号	2	15
2	先驱者 10 号	12	1
3	先驱者 11 号	12	1
4	旅行者 1 号	9	1
5	旅行者 2 号	9	1
轻型放射性同位素加热器单元 (LWRHUs)			
1	伽利略号	120	1
2	探路者号火星漫游车	3	1
3	卡西尼号	117	1
4	勇气号火星漫游车	8	1
5	机遇号火星漫游车	8	1

*：统计时间截至 2014 年

附录 E　美国载有 RTG 的航天器事故

自 1961 年以来，美国已经发射了 27 艘载有 RTG 的航天器，其中 3 次任务失败，但没有一次失败是由 RTG 的问题引发的。

(1)1964 年 4 月 21 日：载有 1 台 SNAP-9A 型 RTG 的子午仪 5BN-3 号卫星

1964 年 4 月 21 日，一颗代号为 5BN-3 的子午仪卫星，从加利福尼亚州范登堡空军基地发射升空。当卫星未能进入轨道时，SNAP-9A 型 RTG 重新进入了南半球的大气层。与当时使用的"烧毁耗散"安全理念一致，SNAP-9A 装置及其金属钚燃料燃烧并扩散到大气中。尽管没有不可接受的健康风险，但随着未来 RTG 计划使用大量钚燃料，AEC 将其安全理念改为"完整再入"。

(2)1968 年 5 月 18 日：载有 2 台 SNAP-19 型 RTG 的雨云 B 号气象卫星

1968 年 5 月 18 日，NASA 的 1 颗装载 2 台 SNAP-19 型 RTG 的雨云 B 号气象卫星从范登堡空军基地发射升空。发射大约 2 分钟后，火箭偏离了轨道，发出了中止任务的命令。任务中止引发的爆炸摧毁了运载火箭，之后 2 台 RTG 落入加利福尼亚州海岸圣米格尔岛以北的圣巴巴拉海峡。5 个月后，SNAP-19 装置在大约 300 英尺深的海底被完整地回收。燃料舱被送回土墩实验室，在那里燃料被回收并在新的 RTG 中重复使用。

(3)1970 年 4 月 17 日：阿波罗 13 号登月舱搭载 SNAP-27 型 RTG 再入大气层

在阿波罗 13 号任务期间，登月舱及其 SNAP-27 型 RTG 本应留在月球上。然而，由于主飞船发生爆炸，登月舱与指挥舱一起被带回地球，为宇航员提供生命支持。在再入大气层之前，登月舱(其上载有 SNAP-27 型 RTG)从指挥舱中被丢弃。在再入大气层期间，登月舱解体，RTG 落入太平洋的汤加海沟。随后的监测和采样没有发现可检测到的放射性物质，这表明 RTG 在坠毁事件中完好无损。

附录 F 空间核反应堆信息汇总 (1955—1973)

（改编自 "Nuclear Reactors for Space Power, William R Corliss, 1971"）

序号	型号	电功率 /kW$_e$	总质量 /kg	质量功率比 /[kg(kW$_e$)$^{-1}$]	整体效率	堆芯类型	堆芯冷却剂	能量转换方式	状态
1	SNAP-2	3	668	223	5.4%	氢化铀锆	NaK	朗肯循环涡轮发电机	空间动力装置中止
2	SNAP-8	35	4450	127	7.8%	氢化铀锆	NaK	朗肯循环涡轮发电机+汞工作流体	已完成组件开发，动力装置概念于1970年中止
3	SNAP-10	0.3	—	—	—	氢化铀锆	无	温差电	早期设计基于热传导方式冷却反应堆，后演变为采用热对流传热设计的SNAP-10

续表

序号	型号	电功率/kW_e	总质量/kg	质量功率比/[kg(kW_e)$^{-1}$]	整体效率	堆芯类型	堆芯冷却剂	能量转换方式	状态
4	SNAP-10A	0.6	427	908	1.6%	氢化铀锆	NaK	温差电	已完成，1965年4月入轨
5	SNAP-50	100~1000	300 kW$_e$时，2700；1000 kW$_e$时，9000	300 kW$_e$时，909（未屏蔽）	15%	快中子+氮化铀	Li	朗肯循环涡轮发电机+钾工作流体	于1965年中止，被先进液体金属冷却反应堆替代
6	先进氢化物反应堆	10~100	—	—	上限20%	氢化铀锆	NaK	温差电+布雷顿	基于SNAP-8的技术改进
7	先进液体金属冷却反应堆	100~600+	—	—	15%~20%	快中子+氮化铀	Li	布雷顿+钾工质循环朗肯*	仅限基础技术计划
8	堆芯内热离子反应堆	100~1000	300kW$_e$时，8500	28**	10%~20%	快中子+热中子驱动器	—	热离子	一项以热离子燃料元件为关注重点的技术计划

*：在基础技术计划中研究的其他两种先进反应堆概念是：用于布雷顿循环的气冷反应堆和用于朗肯循环的沸腾钾反应堆

**：考虑了用于无人任务的屏蔽体质量

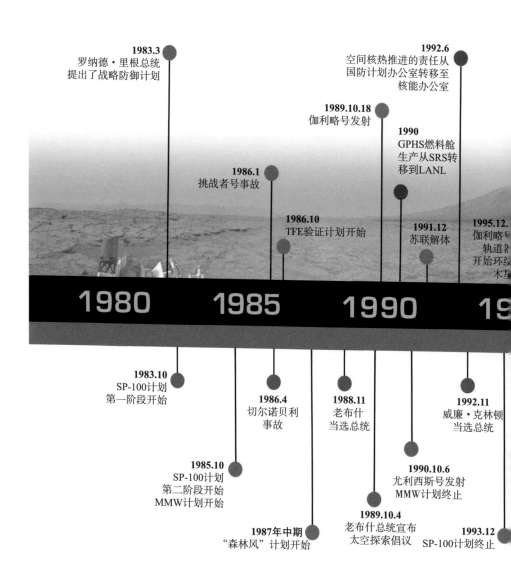

1983.3
罗纳德·里根总统
提出了战略防御计划

1992.6
空间核热推进的责任从
国防计划办公室转移至
核能办公室

1989.10.18
伽利略号发射

1990
GPHS燃料舱
生产从SRS转
移到LANL

1986.1
挑战者号事故

1986.10
TFE验证计划开始

1991.12
苏联解体

1995.12.
伽利略号
轨道器
开始环绕
木星

1980　　　1985　　　1990　　　19

1983.10
SP-100计划
第一阶段开始

1986.4
切尔诺贝利
事故

1988.11
老布什
当选总统

1992.11
威廉·克林顿
当选总统

1985.10
SP-100计划
第二阶段开始
MMW计划开始

1990.10.6
尤利西斯号发射
MMW计划终止

1987年中期
"森林风"计划开始

1989.10.4
老布什总统宣布
太空探索倡议

1993.12
SP-100计划终止

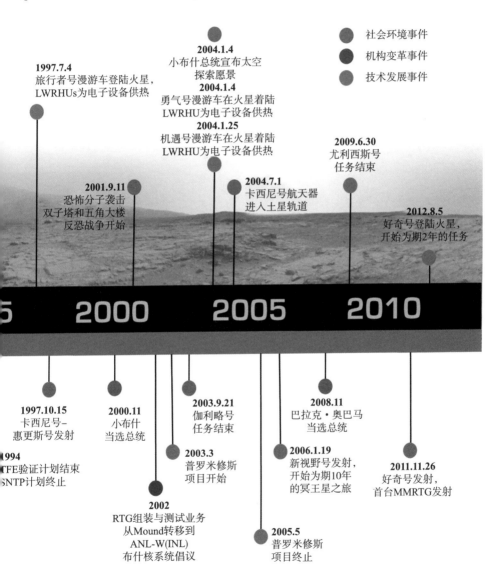

表 (1983 – 2013)

社会环境事件
机构变革事件
技术发展事件

1997.7.4
旅行者号漫游车登陆火星，
LWRHUs为电子设备供热

2004.1.4
小布什总统宣布太空
探索愿景

2004.1.4
勇气号漫游车在火星着陆
LWRHU为电子设备供热

2004.1.25
机遇号漫游车在火星着陆
LWRHU为电子设备供热

2009.6.30
尤利西斯号
任务结束

2001.9.11
恐怖分子袭击
双子塔和五角大楼
反恐战争开始

2004.7.1
卡西尼号航天器
进入土星轨道

2012.8.5
好奇号登陆火星，
开始为期2年的任务

5 2000 2005 2010

1997.10.15
卡西尼号–
惠更斯号发射

2000.11
小布什
当选总统

2003.9.21
伽利略号
任务结束

2008.11
巴拉克·奥巴马
当选总统

1994
TFE验证计划结束
SNTP计划终止

2003.3
普罗米修斯
项目开始

2006.1.19
新视野号发射，
开始为期10年
的冥王星之旅

2011.11.26
好奇号发射，
首台MMRTG发射

2002
RTG组装与测试业务
从Mound转移到
ANL-W(INL)
布什核系统倡议

2005.5
普罗米修斯
项目终止

附录 H 漫游者 /NERVA 反应堆测试汇总

序号	日期	测试对象	最大功率[①]	最大功率持续时间 *
1	1959 年 7 月 1 日	Kiwi-A	70	5 分钟
2	1960 年 7 月 8 日	Kiwi-A'	85	6 分钟
3	1960 年 10 月 10 日	Kiwi-A3	100	5 分钟
4	1961 年 12 月 7 日	Kiwi-B1A	300	30 秒
5	1962 年 9 月 1 日	Kiwi-B1B	900	数秒
6	1962 年 11 月 30 日	Kiwi-B4A	500	数秒
7	1964 年 5 月 13 日	Kiwi-B4D	1000	～40 秒
8	1964 年 8 月 28 日	Kiwi-B4E	900	8 分钟
9	1964 年 9 月 24 日	NRX-A2	1096	40 秒
10	1964 年 10 月 15 日	NRX-A2	重启	性能映射
11	1965 年 1 月 21 日	Kiwi-TNT **	—	—

① 指最大热功率，单位为 MW$_t$。 ——译者注

续表

序号	日期	测试对象	最大功率	最大功率持续时间 *
12	1965 年 4 月 23 日	NRX-A3	1093	3.5 分钟
13	1965 年 5 月 20 日	NRX-A3	1072	13 分钟
14	1965 年 5 月 28 日	NRX-A3	≤ 500	46 分钟（性能映射）
15	1965 年 6 月 25 日	Phoebus 1A	1090	10.5 分钟
16	1965 年 3 月 3 日	NRX/EST	1055	1.25 分钟
17	1965 年 3 月 16 日	NRX/EST	1055	14.5 分钟
18	1965 年 3 月 25 日	NRX/EST	1055	13.7 分钟
19	1966 年 6 月 8 日	NRX-A5	1120	15.5 分钟
20	1966 年 6 月 23 日	NRX-A5	1050	14.5 分钟（重启）
21	1967 年 2 月 10 日	Phoebus 1B	588	2.5 分钟
22	1967 年 2 月 23 日	Phoebus 1B	>1250	30 分钟（低功率运行）
23	1967 年 12 月 15 日	NRX-A6	1125	62 分钟
24	1968 年 6 月 8 日	Phoebus-2A	2000	～ 100 秒
25	1968 年 6 月 26 日	Phoebus-2A	4100	12 分钟
26	1968 年 7 月 18 日	Phoebus-2A	1280 ～ 3430	30 分钟（总运行时间）
27	1968 年 3 月 -4 日	Pewee	514	40 分钟

续表

序号	日期	测试对象	最大功率	最大功率持续时间*
28	1969 年 6 月 11 日	XE-Prime***	1140	3.5 分钟
29	1972 年 6 月 29 日 -7 月 27 日	Nuclear Furnace	44	109 分钟（6 次实验）

*：在某些情况下，反应堆在低功率状态运行，以期更长的运行时间

**：Kiwi-TNT 是一种安全试验反应堆，通过功率偏移将其故意破坏

***：1968 年 12 月 4 日—1969 年 9 月 11 日，XE-Prime 经历了 28 次实验重启

备注：主要参考文献 "Prelude to the Future: A Brief History of Nuclear Thermal Propulsion in the United States", G.L. Bennett, H.B. Finger, et. al., in A Critical Review of Space Nuclear Power and Proplusion, 1984-1983, edited by M.S. El-Gonk, American Institute of Physics, pgs 221-267, 1997"

首字母缩略词

AEC，Atomic Energy Commission，原子能委员会

ANL-W，Argonne National Laboratory-West，阿贡西部国家实验室

ASC，Advanced Stirling Converter，先进斯特林转换器

ASRG，Advanced Stirling Radioisotope Generator，先进斯特林放射性同位素发电器

BIPS，Brayton Isotope Power System，布雷顿同位素电源系统

BMDO，Ballistic Missile Defense Organization，弹道导弹防御组织

DARPA，Defense Advanced Research Projects Agency，国防高级研究计划局

DIPS，Dynamic Isotope Power System，动态同位素电源系统

DNA，Defense Nuclear Agency，国防核机构

DOD，Department of Defense，国防部

DOE，Department of Energy，能源部

DOE-ID，Department of Energy Idaho Operations Office，能源部爱达荷运营办公室

DOE-NE，Department of Energy Office of Nuclear Energy，能源部核能办公室

DOE-NR，Department of Energy Office of Naval Reactors，能源部海军反应堆办公室

EBR-II，Experimental Breeder Reactor-II，实验增殖反应堆 2 号

EIS，environmental impact statement，环境影响报告

ERDA，Energy Research and Development Administration，能源研究与发展管理局

ESA，European Space Agency，欧洲航天局

ETG，electrically-heated thermoelectric generator，电加热温差发电器

FFTF，Fast Flux Test Facility，快速通量测试设施

FMEF，Fuels and Materials Examination Facility，燃料与材料检查设施

FWPF，fine-weave pierced fabric，细编穿刺织物

GAO ，General Accounting Office，总审计局

GE，General Electric，通用电气公司

GPHS，General Purpose Heat Source，通用型同位素热源

GPS ，Global Positioning System，全球定位系统

GRC，Glenn Research Center，格伦研究中心

HiPEP，High Power Electric Propulsion，高功率电推进系统

INL，Idaho National Laboratory，爱达荷国家实验室

INSRP，Interagency Nuclear Safety Review Panel，跨机构核安全审查小组

ISA，Italian Space Agency，意大利航天局

ISPM，International Solar Polar Mission，国际太阳极区任务

IUS，inertial upper stage，惯性上面级

JIMO，Jupiter Icy Moons Orbiter，木星冰月轨道飞行器

JPL，Jet Propulsion Laboratory，喷气推进实验室

KIPS，Kilowatt Isotpe Power System，千瓦级同位素电源系统

KSC，Kennedy Space Center，肯尼迪航天中心

kW，kilowatts of electric power，千瓦（电功率）

LANL，Los Alamos National Laboratory，洛斯阿拉莫斯国家实验室

LASL，Los Alamos Scientific Laboratory，洛斯阿拉莫斯科学实验室（洛斯阿拉莫斯国家实验室的前身）

LLNL，Lawrence Livermore National Laboratory，劳伦斯利弗莫尔国家实验室

LRL，Lawrence Radiation Laboratory，劳伦斯辐射实验室（劳伦斯利弗莫尔国家实验室的前身）

LWRHU，Light-Weight Radioisotope Heater Unit，轻型放射性同位素

加热器单元

MHW，multi-hundred watt，数百瓦级

MITG，Modular Isotopic Thermoelectric Generator，模块化同位素温差
发生器

MMRTG，Multi-Mission Radioisotope Thermoelectric Generator，多任
务放射性同位素温差发电器

MMW，multi-megawatt，数兆瓦级

MOD，modular，模块化

MSL，Mars Science Laboratory，火星科学实验室

MW_e，megawatts of electric power，兆瓦（电功率）

MW_t，megawatts of thermal power，兆瓦（热功率）

NAS，National Academy of Sciences，美国国家科学院

NASA，National Aeronautics and Space Administration，美国国家航空
航天局

NEPSTP，Nuclear Electric Propulsion Space Test Program，核电推进空
间试验计划

NERVA，Nuclear Engine for Rocket Vehicle Application，火箭运载器
用核发动机

NEXIS，Nuclear Electric Xenon Ion System，核电氙离子系统

NRC，National Research Council，核管理委员会

NRX，nuclear rocket experimental，核火箭实验

NSI，Nuclear Systems Initiative，核系统倡议

NSTAR，NASA Solar Technology Application Readiness，NASA 太阳
能技术应用就绪

ORNL，Oak Ridge National Laboratory，橡树岭国家实验室

PBR，particle bed reactor，颗粒床反应堆

PIPET，PBR Integral Performance Element Tester，颗粒床反应堆整体
性能元件测试仪

PRTR，Plutonium Recycle Test Reactor，钚循环试验反应堆

psi，pounds per square inch，磅 / 平方英寸

PuFF，Plutonium Fuel Form Facility，钚燃料形态

RCA，Radio Corporation of America，美国无线电公司

RFS，reference flight system，参考飞行系统

RHU，Radioisotope Heater Unit，放射性同位素加热器单元

RPS，Radioisotope Power System，放射性同位素电源系统

RTG，Radioisotope Thermoelectric Generator，放射性同位素温差发电器

SDI，Strategic Defense Initiative，战略防御倡议

SDIO，Strategic Defense Initiative Organization，战略防御倡议组织

SEI，Space Exploration Initiative，太空探索倡议

SIG，Selenide Isotope Generator，硒化物同位素发电器

SNAP，Systems for Nuclear Auxiliary Power，核辅助电源系统

SNL，Sandia National Laboratories，圣地亚国家实验室

SNPO，Space Nuclear Propulsion Office，联合空间核推进办公室

SNTP 空间核热推进，Space Nuclear Thermal Propulsion，

SRG，Stirling Radioisotope Generator，斯特林放射性同位素发电器

SRS，Savannah River Site，萨瓦纳河厂

SSPSF，Space and Security Power Systems Facility，空间和安全电源系统设施

STS，space transportation system，太空运输系统

TDC，technology demonstration convertor，技术演示转换器

TES，Teledyne Energy Systems，特励达能源系统公司

TFE，thermionic fuel element，热离子燃料元件

TFEVP，TFE Verification Program，热离子燃料元件验证计划

TOPAZ(俄语的首字母缩写)，thermionic experiment with conversion in active zone，在活跃区进行转换的热离子实验

TRIGA，Training, Research, and Isotopes General Atomic，训练、研究和同位素通用原子

TSET，Thermionic System Evaluation Test，热离子系统评估试验

VEEGA，Venus-Earth-Earth Gravity Assist，金星—地球—地球引力辅助

W_e，watts of electric power，瓦（电功率）

W_t，watts of thermal power，瓦（热功率）

ZPPR，Zero Power Physics Reactor，零功率物理反应堆

3M，Minnesota Mining and Manufacturing Company，明尼苏达矿业和制造公司

中英文索引 ①

---

① 索引中的页码，为英文原著页码，即为本书的边码。——译者注

译者按

　　人类在对微观世界和宏观世界的探索中催生了 20 世纪以来两个对人类历史产生重大影响的科学技术领域，这就是核科学技术领域和空间科学技术领域。这两个科学技术领域的交叉融合为人类探索更加遥远的未知世界创造了新的机会。

　　1896 年，法国物理学家贝可勒尔 (H. Becquerel) 发现了铀原子核的天然放射性，打开了人类在原子核尺度认识微观世界的大门。伴随着人工放射性核素 [①] 和核裂变 [②] 等一系列重大发现，人们将核科学技术的重要成就应用到了人类社会的各个方面，对人类历史进程产生了重大影响。除了众所周知的核武器和核电，核技术在工业、农业、医疗、生物、环境等方面均有广泛的应用。在这一过程中，核衰变能的应用也在绚丽多彩的应用研究中悄然发展，英国科学家莫塞莱 (H. G. Moseley) 于 1913 年搭建世界上第一个核电池，美国科学家米勒 (P. H. Miller) 于 1945 年搭建了一台钋 -210 核电池，但是在 1961 年美国发射的海军导航卫星子午仪 4A 号首次将放射性同位素电源带入太空之前，核衰变能的应用一直没有机会一展身手。

　　20 世纪中期，美国和苏联已经进入冷战初期，两大阵营都在寻求拥有超越对方的军事实力和技术能力。美国和苏联逐渐开始注

---

　　① 1934 年玛丽・居里 (Marie Curie)。

　　② 1938 年莉泽・迈特纳 (Lise Meitner)。

意到放射性同位素衰变能和核反应堆裂变能可以服务于除核武器外的其他军事目的，由此产生了军用核动力技术。军用核动力主要包括军用舰船核动力和空间核动力。空间核动力具有重要的军用和民用前景，可以满足高功率通信卫星、空间武器平台、军事侦察预警、空间遥感、碎片清除、深空探测、空间飞行器推进等领域对电源和推进动力的需求。空间核动力按用途可分为空间核电源和空间核推进。空间核电源是指将核裂变或核衰变生成的热能转换为电能。放射性同位素温差发电器功率较小，为毫瓦级至百瓦级；核反应堆电源功率较大，为千瓦级至兆瓦级。在外行星探测中，由于空间探测器远离太阳，难以利用太阳能发电，必须采用核电源。

继 1961 年美国将第一个放射性同位素电源 SNAP-3B 成功发射之后，1965 年，美国又成功地将世界上第一个空间核反应堆电源 SNAP-10A 送上了太空。至此，空间核动力进入了实质性发展的新纪元。据公开文献报道，1961 年至今，美国在 28 次空间任务中使用了 300 个钚-238 同位素热源和 47 台钚-238 同位素电源，为美国国防部和 NASA 的航天器提供热能和电能。与美国不同的是，苏联乃至俄罗斯则更加偏好于空间核反应堆的研发与应用。截至当前，俄罗斯加上之前的苏联共发射了 38 个空间核反应堆电源。目前，美国和俄罗斯已建立了空间核电源开发、验证、生产、应用能力，处于世界领先地位。鉴于钚-238 同位素燃料获取难度较大和同位素电源研发面临较高的安全风险，美国能源部在《空间电源十年战略发展规划》中宣称，钚-238 同位素热源和电源研发能力是美国独特的国家能力。虽然经过短暂的停滞，但是 20 世纪 90 年代后，在明确的军事需求驱动下，美、俄两国被搁置的空间核动力研发计划重新启动。

近二十年来，我们共同见证了中国航天的飞速发展和取得的卓越成就。2013 年"嫦娥三号"实现了我国同位素热源的首次应用，2019 年，"嫦娥四号"实现了我国同位素电源的首次应用，标志着我国正式进入空间核动力时代。我们欣然看到，空间核动力已经成为联系我国核科学技术领域和空间科学技术的纽带，在走向更加遥远的星际空间，探索外太空奥秘的征途上，两个科学技术领域的交叉融合，必将孕育出熠熠生辉的创新成果。

译者所在的中国工程物理研究院核物理与化学研究所是以核科学技术为主要学科，聚焦国家国防和战略任务需求的国防科技研究所，致力于建设成为在核科学技术领域有影响力的创新型研究所。我所自 2007 年开始跟踪同位素电源技术，并在 2014 年组建了一支集"科学、技术、工程"于一体的研发团队。随后，我所又组建了空间核反应堆电源研发团队。目前，在国家空间核动力战略需求的牵引和支持下，我所依托核科学技术领域的长期积淀，逐步取得了空间核电源总体设计与分析、先进燃料芯块制备、高温热电材料与器件、高温高性能热管制造、材料辐照效应与考核、电源集成测试与试验等方面的重大进展。在国家空间核动力战略规划的统一部署下，我所将与业内同行和航天相关单位携手奋进，为我国的空间核动力事业发展贡献力量。

在空间核电源研发的过程中，我所的科研人员进行了广泛的调研。其中的两本书引起了我们的长期关注，但直到 2022 年才拿到原文，得以详细阅读全书内容，它们分别是 *Atomic Power In Space：A History* 和 *Atomic Power In Space II：A History of Space Nuclear Power and Propulsion in the United States*。这两本书与专注于任务情况介绍和技术细节描述的科技报告与论文不同，它们清晰地描绘了美国在空间核动力发展过程的一些历史事实和技术脉络。我们不加掩饰地承认，在翻开这两本书的那一刻就萌生了将其全文翻译并公开出版的想法。我们认为"他山之石，可以攻玉"，翻译出版它们的初衷，是让我国从事空间核动力的管理者、研发者和使用者都能够了解它们，从美国的经验教训中得到一些有益的借鉴和启发，从而推动我国空间核动力能够更快更好地发展。*Atomic Power In Space：A History* 一书是由美国能源部专项资助，聘请史学家撰写的，作者从史学家的独特视角用"非技术语言"讲述了自 1950 年中期至 1982 年期间美国放射性同位素电源的发展历程。*Atomic Power In Space II：A History of Space Nuclear Power and*

Propulsion in the United States 是由美国能源部要求并授权爱达荷国家实验室编写的，记录了美国 1983 年至 2013 年这 30 年间"太空中的原子能"的发展历程。尽管这两本书分别由史学家和科学家撰写，叙事方法存在巨大的风格差异，但这不影响我们从中获得期待的收益。为了让读者早日读到这两本书的中译本，我们先安排了 *Atomic Power In Space：A History* 一书的翻译出版（已于 2023 年 9 月正式出版），现在安排 *Atomic Power In Space II：A History of Space Nuclear Power and Propulsion in the United States* 一书的翻译出版。

《太空中的原子能 II：美国空间核电源与推进史》作为已出版的《太空中的原子能：一段历史》的续篇，讲述了 1983 年中期至 2013 年期间，美国空间核动力（包括同位素和反应堆）的发展背景、技术进步、组织变革，追溯了空间核动力系统的开发和使用，以及与之相关的任务和计划。在翻译过程中，我们尽可能对原著通篇进行逐字逐句直译，以求能够全面地、准确地反映原书的本意。原著包含序言、前言、正文、附录、首字母缩略词和索引，译文完整翻译了所有内容，未做任何增删。为了方便读者阅读与理解，中译本结合当前空间核动力的发展现状，在不影响原书框架及内容的前提下，做了适当的补充，主要包括：(1) 以脚注形式补充了一些译者的注解；(2) 整理并增加了两个附录，即"人名及职务对照表"和"组织机构名称对照表"；(3) 将穿插于原书正文中相对独立的延伸性资料进行整理，集中汇编成为"导读补充材料"；(4) 根据原书信息重制了更清晰的图和表（不包括照片）。

特别感谢国家航天局张克俭局长和吴伟仁院士，他们倾注了大量心血，对本书的翻译工作给了很多宝贵的指导和具体修改意见，使本书的翻译更加科学和准确。他们欣然命笔为本书作序，从任务总体、组织架构、技术融合的角度提出了深刻见解，为我们的后续工作指明了方向。

本书的翻译工作得到了众多专家的帮助，感谢国家航天局探月与工程中心唐玉华研究员、中国核动力研究设计院孙寿华研究员、中国空间技术研究院总体设计部朱安文研究员、中国电子科技集团公司第十八研究所任保国研究员和清华大学陈靖教授，没有他们的细心审阅和指导，译著无法得以高质量完成。此外，本书在翻译出版过程还获得了其他许多同志的帮助，在此无法一一列举，译者谨向他们一并致谢。

北京大学出版社陈小红编辑和王剑飞编辑为本书的翻译授权及编辑出版付出颇多，特此感谢。

本书可供我国空间核动力领域相关的决策者、管理者、使用者、科学家、工程师等从业人员参考阅读，也可供大专院校相关专业的研究生、本科生学习使用。译者认为，对航天领域或核领域感兴趣的普通读者而言，本书亦是一本"食之有味"的读物。

最后，由于译者学识所限，书中不足和错误在所难免，请读者不吝指正。

译者

2023 年 2 月 18 日

图书在版编目(CIP)数据

太空中的原子能. Ⅱ, 美国空间核电源与推进史 / 美国能源部组编; 向清沛, 彭述明, 郝樊华译. —北京: 北京大学出版社, 2024.2
ISBN 978-7-301-34987-8

Ⅰ.①太… Ⅱ.①美… ②向… ③彭… ④郝… Ⅲ.①航天器 – 核电池 – 历史 – 美国 Ⅳ.①V442

中国国家版本馆CIP数据核字(2024)第078598号

书 名	太空中的原子能II：美国空间核电源与推进史	
	TAIKONG ZHONG DE YUANZINENG Ⅱ：	
	MEIGUO KONGJIAN HEDIANYUAN YU	
	TUIJINSHI	
著作责任者	美国能源部 组编	
	向清沛 彭述明 郝樊华 译	
责任编辑	王剑飞	
标准书号	ISBN 978-7-301-34987-8	
出版发行	北京大学出版社	
地 址	北京市海淀区成府路205 号 100871	
网 址	http://www.pup.cn 新浪微博:@北京大学出版社	
电子邮箱	zpup@pup.cn	
电 话	邮购部010-62752015 发行部010-62750672	
	编辑部010-62765014	
印 刷 者	北京九天鸿程印刷有限责任公司	
经 销 者	新华书店	
	880毫米×1230毫米 A5 10.5印张 313千字	
	2024年2月第1版 2024年2月第1次印刷	
定 价	98.00元